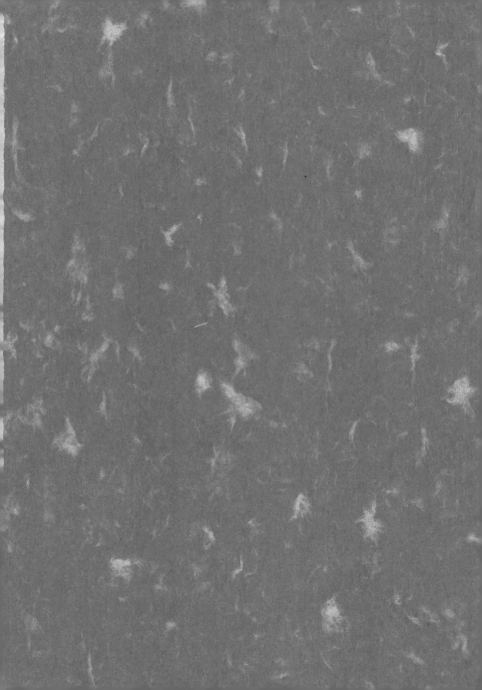

進化の謎を数学で解く

ARRIVAL OF THE FITTEST

Solving Evolution`sGreatest Puzzle

Andreas Wagner

チューリッヒ大学教授
アンドレアス・ワグナー◆著
垂水雄二◆訳／解説

文藝春秋

進化の謎を数学で解く　目次

プロローグ　その偶然は起こりうるのか？……8

ハヤブサの目は一キロ先のハトを見分ける。獲物を高速で追跡する間、眼の水分を保ちながら、泥をはらう第三のまぶたがある。紫外線をも見ることができる。しかし、このような複雑な機能を持つ眼が進化するには気が遠くなるような偶然と年月が必要なはずだ

第一章　最適者の到来……14

ダーウィンは、新種が生まれた時、なぜその新種が旧種におきかわっていくのかということを「自然淘汰」という考えで説明した。しかし、ではなぜ、その新種は生じるのだろうか。現代の分子生物学は、実験とコンピューターの力を借りてその謎を解こうとしている

第二章　生命はいかにして始まったか？……52

始まりはDNAだったわけではない。自己複製できるRNAが始まりの候補だ。しかし、RNAは、栄養がなければ複製できない。つまり、その前に、生命の原材料を生産できる化学反応のネットワークが存在していなければならなかった。熱水噴出孔がその候補地だ

第三章 遺伝子の図書館を歩く……93
グルコース、クエン酸、エタノールなど、ある物質を「代謝」してとりこむことができるか否かを0、1で表せば、その組み合わせは2の5000乗に達する。これを5000次元の図書館にみたてる。この5000次元の組み合わせを解くためにコンピューターを利用した

第四章 タンパク質の多様な進化……147
20種のアミノ酸でできるタンパク質も20×20×20×……と膨大な組み合わせの図書館をもつ。長年の研究でタンパク質の性質がかなり解明され、この図書館もコンピューターで分析可能に。そこである問題に有用なタンパク質を探すと、次々と新しい答えが見つかった

第五章 新たな体をつくる遺伝子回路……186
植物の光合成に有利な複葉のような、新たな体はどうやって生じるのか。体を形作る遺伝子は、多くの遺伝子がつながる「回路」に調節されている。この遺伝子回路も天文学的な組み合わせの図書館をもっていた。そこには、うまく働く新たな体の候補者が無数に待っていた

第六章　隠された根本原理とは……229
ここまで見たように、生命は一つの問題に、わざわざ複雑で膨大な解決策を準備している。なぜ単純にしないのか？　多少の変化で動じない「頑強さ」が、その答えのカギだ。多様な環境変化に対応する新種の候補を用意できるのは、隠れた「頑強さ」があるからだった

第七章　自然と人間の技術革新……262
自然が新種を生み出すイノベーションと、人間の技術革新は似ている。たとえばコンピューター言語の電子回路も、その組み合わせの図書館を考えられる。調べてみると、電子回路の図書館にも頑強な解決策のネットワークがあった。生命以外でも、同じ原理が働くのだ

エピローグ　生命そのものより古い自然の創造力……290
隠された遺伝子のネットワークが新種を生む原理は、コンピューターで数学的にシミュレートして初めてわかった。こうした原理は、生命のみならず、重力による銀河の形成にもあてはまる。哲学的に言えば、自然がおのずから創造する力の源泉は、生命や時間より古い

デザイン　関口聖司
CG制作　増田　寛

進化の謎を数学で解く

プロローグ　その偶然は起こりうるのか？

ハヤブサの目は一キロ先のハトを見分ける。獲物を高速で追跡する間、眼の水分を保ちながら、泥をはらう第三のまぶたがある。紫外線をも見ることができる。しかし、このような複雑な機能を持つ眼が進化するには気が遠くなるような偶然と年月が必要なはずだ

一九〇四年の春、三二歳のニュージーランド生まれの物理学者で、カナダのマギル大学に在職していたアーネスト・ラザフォードは、世界最古の学会である王立協会《ロイヤル・ソサエティ》で講演した。演題は、放射能と地球の年齢というものだった。

この当時、科学者たちは、地球の年齢がたった六〇〇〇年でしかないという聖書の記述をとっくの昔に否定していた。もっともひろく受け入れられていた年代は、もう一人の物理学者、ケルヴィン卿の名で知られるウィリアム・トムソンが計算したものだった——彼は熱力学と熱伝導率の公式を用いて、地球の年齢がおよそ二〇〇〇万年であると計算していた。

地質学では、二〇〇〇万年はたいした時間ではなく、たいした時間ではないということの意味は計り知れないほど重かった。地球の地質学的な特徴は、過去にも現代と同じ速度で火山活動や

浸食が進行したのだとすれば、そんな短時間のあいだに急速に出現することはありえなかった。[1]
しかし、ケルヴィンの計算の本当の犠牲者は、自然淘汰による進化というダーウィン説だった。ダーウィン自身が「サー・W・トムソンの計算した地球の年齢が若いことにはとても困惑しています」[2]と書き記していた。彼は、生物が最後の氷期以降にそれほど変化してこなかったことを知っていて、そのような小さな変化からすべての生物――現在生きているか化石に残されている――が産みだされるのに必要な時間は、掛け値なしに膨大なものでなければならないと推論していた。[3]二〇〇〇万年は、生物の多様性をつくりだすのに十分な時間ではなかった。

しかし、ほんの数年前に放射能の半減期という現象を発見していたラザフォードは、ケルヴィンが、少なくとも何桁かのオーダーでまちがっていることを知っていた。後に彼は次のように回想している。

「私が入っていったとき、会場は薄暗かった。そして、程なく聴衆のなかにいるケルヴィン卿の姿が目に入り、私はこの講演の後半で地球の年齢を扱うときに厄介なことになりそうだと気づいた。この部分での私の見解は彼と違っていたからだ。……崩壊過程で途方もなく大きなエネルギーを解放する放射性元素の発見は、つまり、この地球上において生命が存続しえたと考えられる限界を延ばすことになり、地質学者や生物学者が進化の過程に必要だと主張するだけの時間が許されることになるのだ」[4]［傍点は筆者］

これで問題は決着した。ケルヴィンは一九〇七年に死に、ラザフォードは一九〇八年にノーベル賞を受賞し、一九三〇年代には、この放射線を用いる手法によって、地球の年齢がおよそ四五億年であることが示されていた。ランダムな突然変異と自然淘汰には、生命の途方もない複雑さと多様性をつくりだすのに必要な時間があったことになり、ダーウィン説は救われた。

ハヤブサの眼が完成するにはどれほどの時間が必要か

本当に時間はあったのだろうか？

自然界におけるもっとも卓越した捕食者のひとつで、驚異的なほど完璧な体のつくりをもつハヤブサ（*Falco peregrinus*）について考えてみよう。その強力な筋肉は、極端に軽い骨格とあいまって、ハヤブサを地球上でずばぬけて速く飛ぶことのできる鳥にしており、その特徴的な急降下では、時速三〇〇キロメートルを超えることができる。ハヤブサが空中で剃刀《かみそり》のように鋭いかぎ爪で獲物に突進するとき、この速度のすべてが運動エネルギーに変換される。この衝撃だけで獲物に死をもたらすことができなくとも、ハヤブサはうまい具合に鋸《のこぎり》の刃のような切れ込みのある上嘴《じょうし》で獲物の脊柱を切断することができる。(5)

ハヤブサは獲物を仕留めにかかる前に、まず見つける必要がある。目標設定のメカニズムは、ヒトの眼の五倍以上の解像力で色付きの立体視ができる一対の眼であり、それはつまり、一キロメートル以上の距離からハトが見えるということである。(6) 多くの捕食者と同じように、ハヤブサの眼は高速で追跡するあいだ、眼の水分を保ちながら泥をきれいにするワイパーに似たような働きをする瞬膜《しゅんまく》と呼ばれる第三のまぶたをもっている。ハヤブサの眼には、ヒトの眼と比べて、より多くの光受容体、すなわち少ない光のなかで像を捉える桿体《かんたい》および色覚を与える錐体《すいたい》が含まれている。(7) これらの光受容体によって短い波長の紫外光さえ見ることができる。

まったく驚くべきものである。しかしもっと驚くべきは、このようなみごとな適応の一つ一つが、自然淘汰によって保存された、一分子の変化でしかない無数の小さなステップの総和であるという事実である。ハヤブサのおそるべき嘴《くちばし》やかぎ爪は、羽毛と同じ素材、ケラチンと呼ばれるタンパク質分子からできており、ヒトでは、毛髪や爪がケラチンでできている。(8)色覚については、眼の桿体および錐体にあるオプシンというタンパク質分子がなければならない。眼の驚嘆すべき正確さにとって決定的なのは、クリスタリンと呼ばれる透明なタンパク質で構成されたレンズである。(9)

レンズにクリスタリンを用いた最初の脊椎動物は、五億年以上も前にそれを採用しており、ハヤブサの色覚を可能にするオプシンが使われたのはおよそ七億年前だった。(10)どちらも、生命が地球上に最初に出現してから三〇億年ほど後に出現したことになる。これだけ時間があれば、これらの分子的なイノベーション（新機軸）が考案されるのに十分であるように思える。

しかし、こうしたオプシンやクリスタリンというタンパク質のそれぞれは、何百ものアミノ酸が鎖状に連なった分子で、二〇種類のアミノ酸のアルファベットで書かれたきわめて特異的な文字配列をもつのである。もし、そうした配列のうちのたった一つの配列だけが光を感知でき、あるいは透明なカメラに似たレンズをつくることができるのだとしたら、そのたった一つを、どれほど多数の異なるアミノ酸鎖から選別しなければならなかったのだろう？

一〇〇個のアミノ酸が連なった鎖の最初のアミノ酸は、二〇種類のアミノ酸のうちのどれでもよく、二番目についても同じことがいえる。二〇×二〇は四〇〇だから、二つのアミノ酸の鎖の可能な組み合わせの数は四〇〇通りになる。三番目のアミノ酸を考えれば、二〇×二〇×二〇、すなわち八〇〇〇通りの組み合わせが可能である。四つのアミノ酸であればすでに一六万通りの可能性に達する。一〇〇個のアミノ酸をもつタンパク質（クリスタリンやオプシンはそれよりはるかに長い）になれば、その数字は一のあとにゼロが一三〇個以上、すなわち10^{130}（一〇の一三〇乗）以上になる。この数字を感覚として捉えるためには、宇宙にある原子のほとんどが水素原子であり、物理学者たちはその数が10^{90}だと推計していることを考えてみてほしい。これは一〇〇〇のことだが、ゼロがわずか九〇「でしかない」。

潜在的なタンパク質の数は単に天文学的などというものではなく、超天文学的であり、宇宙の水素原子の数よりはるかに大きなものなのである。[11] これほどまでに特異的なアミノ酸配列を見つけだすのは、宝くじで大当たりを当てるようなものどころか、宇宙開闢《ビッグバン》以来毎年大当たりを続けるというのよりもずっと可能性が低い。[12] 実際には、それよりも数で表しきれないほどの倍数で可能性が低い。もしかりに一兆もの種が、生命が始まって以来毎秒、アミノ酸鎖を試してきたとしても、10^{130}という潜在的な組み合わせのほんのごくちっぽけな部分しか試すことができておらず、まだオプシンのアミノ酸鎖一本さえ見つけていないだろう。分子を配列する方法には、膨大に異なる数がある。それをすべて試す十分な時間はない。

生物のイノベーションを可能にする隠れた原理を求めて

一七世紀の抒情詩人アンドリュー・マーヴェルが、「ありあまるほどの広い世界と時間がありさえすれば」彼の行く末に横たわる「空漠たる永遠の砂漠の世界」を避けることもできようにと嘆いたとき、彼は恋人の寝室の扉を開けさせようとしていたのであり、自然の秘密の扉を開けようとしていたわけではなかった。しかし彼はいいところをついていた。通説では、自然淘汰がランダムな変化という魔法の杖と結びつくことによって、しかるべき時にハヤブサの眼をつくりだすのだと言われている。これは、ダーウィン主義的進化についての主流の見方である。小さくてランダムなごく微細な遺伝的変化が、その遺伝的な宝くじの大当たりを引き当てた生物個体に繁殖上の優位性を授け、そのような変化が時間的経過のなかで累積されることで、ハヤブサの眼の進化を説明できる――そして、それを敷衍《ふえん》することで、ハヤブサそのものから、生物の多様性のすべてに至るまでを説明できるとする。

　自然淘汰の力については異論の余地はないが、その力にも限界がある。自然淘汰は新機軸《イノベーション》を保存することはできるが、創出することはできない。それらを創出する変化をランダムと呼ぶのは、それについての無知を認める言い換えにすぎない。自然の多くの新機軸――その一部はまちがいなく完璧である――は、生物が新機軸を生みだす能力、つまりイノベーション能を加速させるような自然の原理を必要とする。

　ここ一五年のあいだ私は、最初は米国で、後にはスイスのチューリッヒにある私の研究室のきわめて有能な一群の研究者たちと共同で、そうした原理の解明にたずさわる特典を与えられてきた。ダーウィンやラザフォードには想像もできなかった実験技術やコンピューター技術を用いて研究している私たちの目標は、個々の新機軸を発見することではなく、すべての生物学的な新機軸が湧いてでる源泉を見つけることである。これまで私たちが発見したことはそれだけでもすでに、進化には眼に触れるよりもはるかに大きな事柄が存在すると告げている。それは、イノベーション能の原理が、この世のものとは思えない美しさを備えた生物の隠れた構造《アーキテクチャ》のなかに、DNAの分子的な構造さえもを凌ぐ形で、隠されていることを物語っているのである。そうした原理こそ、本書の主題である。

第一章　最適者の到来

ダーウィンは、新種が生まれた時、なぜその新種が旧種におきかわっていくのかということを「自然淘汰」という考えで説明した。しかし、ではなぜ、その新種は生じるのだろうか。現代の分子生物学は、実験とコンピューターの力を借りてその謎を解こうとしている

サリー・ガードナーこそ世界最初の映画スターだった。一八七八年に彼女が優雅なデビューをしたときまだわずか六歳だったが、それは映画そのものの始まりだった。そう、サリーはたまたま、英国生まれの写真家エドワード・マイブリッジが、二四台のカメラを走路に沿って並べたゾープラクシスコープで疾走中《ギャロップ》の姿を撮影したサラブレッド競走馬だった。これは、多くの人々を眠れなくさせるほど差し迫った難題「疾走中の馬は四本の脚をすべて地面から離すことがあるのかどうか」という疑問に決着をつけた（答えは、離すことがある）。

粒子が粗く、ぶれたこの無声動画は全部で一秒間しかなく、二一世紀初頭における高画質のデジタル・サラウンドサウンドの映画とはかけ離れた世界なのは当然のことだ。けれども、マイブリッジの写真による動画と現代の映画を隔てている時間はわずか一〇〇年であり、ダーウィンが

『種の起原』を出版してからの時間に比べてそれほど長いわけではない。『種の起原』の出版はマイブリッジのスターが登場する一九年前でしかなかった。

同じ期間内に、生物学は一つの革命によって、映画の歴史におけるよりもさらに劇的とさえいえる変容を遂げた。(1) この革命は、石器時代の人間にとっての宇宙のように、ダーウィンが近づくことのできなかった世界を明らかにしてきた。それはまた、ダーウィンもその後の世代の学者も答えられず、触れることさえできなかった、進化に関する一つのもっとも重要な疑問に答えることにも手を貸した。すなわち自然はいかにして、より新しく、よりすぐれた者を生じるのか？　いかにして生物は創造するのか？　という問いである。

読者は困惑するかもしれない。生物の進化を理解し、その仕組みを説明することこそ、まさにダーウィンの偉大な業績ではなかったのか？　それこそ彼の遺産ではないのか？

そうであると同時にそうではない。

ダーウィン説は、確かに彼の時代における、ひょっとしたらあらゆる時代を通じての、もっとも重要な知的達成である。しかし、進化に関する最大の謎は彼の理論から抜け落ちていた。彼はその謎の解明に近づくことさえできなかった。その理由を理解するためには、まずダーウィンが何を知っていて何を知らなかったか、彼の理論のどこが新しくて、どこが新しくなかったか、そして、なぜ一〇〇年以上たった今頃になってはじめて、生物の世界がいかにして創造するのかを理解できはじめるようになったかを見ていかなければならない。

ダーウィン以前のさまざまな進化観

自然界が進化するという考え方の萌芽は、ダーウィンよりずっと以前から存在した。二五〇〇年前もの昔に、ギリシアの哲学者アナクシマンドロス——太陽中心説の元祖としての方がよく知られる——は、人類が魚から生まれでたと考えていた。一四世紀のイスラムの歴史学者イブン・ハルドゥーンは、生物が、鉱物、植物から動物へと徐々に進歩してきたと考えた。時代をずっと下って、一九世紀のフランスの解剖学者エティエンヌ・ジョフロア・サンティレールは、化石化した爬虫類を調べ、それらが長い時間をかけて変化してきたものだろうと推論した。(2) ウィーンの植物学者フランツ・ウンガーは、ダーウィンが一八五九年に『種の起原』を出版するほんの数年前の一八五〇年に、すべての植物は藻類から進化したと主張した。(3) そしてフランスの動物学者ジャン・バティスト・ラマルクは、進化は器官の用不用によって起こるのではないかと考えた。

昔の思想家の何人かは進化論を予見していたようにさえ思われ、歴史を深く掘り進んでいけば、初期の人類は成熟するまで魚の内部にすみ、宿主がはち切れたときに放出されるというアナクシマンドロスの考えのような奇妙な情報《ナゲット》が見つかる。だが現代の科学にとって受け入れがたいと思える信念も、ダーウィンの時代までしっかり生きながらえていた。古代ギリシア人からラマルクまで多くの人間に共有されていたそうした信念の一つに従えば、単純な生物は、湿った泥のような生命をもたない物質から自然発生的につくられるという。(4)

進化論の支持者たちがいたのと同様に、ダーウィンの時代にも、同じように声高に反対の声をあげる者たちがいた。いや、地球が紀元前四〇〇四年一〇月の土曜日に創造されたと信じる(そしてノアの方舟《はこぶね》は一〇〇万種以上の生物を救うことができたと信じる。だが、どういうわけかノアは巨大な恐竜のことは忘れてしまった。ひょっとしたら彼が六〇〇歳だったということを考慮すれば許されるのかもしれないが)若い地球説を唱える現在の創造論者——ろくに勉強せず、まったく無知な——のような人たちのことを言っているのではない。私の言っているのはその時代をリードするような科学者のことである。

その一人は一八～一九世紀のフランスの地質学者ジョルジュ・キュヴィエで、古生物学すなわち文字通り「太古の生物」（恐竜のことを思い浮かべてみてほしい）についての科学の創設者だった。(5) 彼は、古い地層に埋もれている化石が若い地層の化石とはまるで違っていることを発見した。後者は現生の生物と似ていた。けれども彼は、それぞれの種は、本質的で不変の性質をもっていて、変わるのは表面的な形質（特性）だけだと考えていた。

もう一人の例はカール・リンネで、彼はダーウィンよりほんの一世紀だけ前に生きていた。彼は生物の多様性を仕分けする現代的な分類方式の創案者であるが、晩年になるまで、生物のあいだに偉大な進化的連鎖が存在することを信じなかった。(6)

そうした抵抗のもっともよく知られている理由はキリスト教信仰である。キュヴィエにとって、生物の多様性は進化の証拠ではなく、創造主の偉大な才能の証しだった。けれども、もう一つの理由はもっと深い根をもっている。それははるか遠くギリシアの哲学者プラトンにさかのぼるものだ。プラトンが西洋哲学に及ぼした影響は絶大で、二〇世紀の哲学者アルフレッド・ノース・ホワイトヘッドは、すべてのヨーロッパ哲学の地位を「プラトンへの一連の脚注にすぎない」と貶《おとし》めた。(7) プラトンの哲学は、数学および幾何学の観念的・抽象的世界から深く影響を受けていた。それは、目に見える物質的な世界は、三角形や円のような抽象的で幾何学的な形から構成されている高度な実在の、おぼろげではかない影にすぎないと主張する。プラトン主義者にとって、バスケットボール、テニスボール、ピンポン球は、球状の形という本質《エッセンス》を共有している。実在するのは、影のようにはかなく変化しうる物理的な球《ボール》ではなく、この——完全で、幾何学的で、抽象的な——本質なのである。

リンネやキュヴィエのような科学者が目指した――生命の多様性の混沌を秩序立ったものにするという――目標は、もし、それぞれの種《しゅ》が他のすべての種から区別されるようなプラトン主義的本質をもっているならば、はるかに達成しやすくなるだろう。たとえば、四肢とまぶたの欠如がヘビ類の本質であり、それによって他の爬虫類と区別できるといったやり方である。だが実際には、これは控え目な言い方だろう。本質主義者の世界では、本当の本質は種そのものである。[8]

これを、たえず変化し進化する世界と比べてみてほしい。そこでは、種はたえず互いに交雑可能な新種を世に送り出している。[9] 痕跡的な後ろ脚をもつ白亜紀後期のヘビであるエウポドフィスと、現在もまだ生き残っている脚のないクサリヘビは、種の境界が曖昧であることを示す数多くの証拠のほんの二例だ。進化の取り散らかされた世界は、本質主義者が切望する明快で汚れのない秩序にとって忌み嫌うべきものである。こう考えると、プラトンとその本質主義が、二〇世紀の動物学者エルンスト・マイアが呼んだように「進化論にとっての重要なアンチヒーロー」[10]になったのは偶然ではない。

ダーウィニズムの勝利と残された謎

ダーウィン主義者とその反対者たちのあいだの論争において、エウポドフィスのような化石は、ダーウィンの支持者たちが勝利を得るのを助けた山のような証拠のなかの一塊の岩石にすぎなかった。[11] ダーウィンの時代には、系統分類学者たちがすでに何千もの現生種を分類し、その奥深くに横たわる類似性を明らかにしていた。地質学者たちは地球の表面がかきまわされ、岩石の地層がたえず生成し、折りたたまれ、衝突していることを発見していた。古生物学者たちは無数の絶滅種を発見していて、若い地層で見つかるものは現在も見られる種と似ており、太古の地層に含まれるものは現在と非常に異なっていた。発生学者は、自由にその脚で漕ぎ泳ぐ小エビ類と船体に付着するフジツボのように異なった生物が、きわめてよく似た胚をもつことを立証していた。[12] ダーウィンもその一員だった探検家たちは、生物地理学における興味深いパターンを数多く見つけ出していた。小さな島は少数の種しかもたず、同じ大陸の反対側の海岸には非常に異なった動物相が見られること、ヨーロッパと南アメリカにはまったく異なった哺乳類がすんでいるといったことである。[13]

種の個別（特殊）創造説はこうした一連の知見を、もつれあい絡まり合ったままに放置することになる。あらゆる時代を通じてのもっとも偉大な体系家であるダーウィンは、それらの知見をつないで自らの理論の美しい織物に仕立てあげた。すべての生物は共通の祖先をもつと宣言することによって創造論者に決闘を挑み、それによって、論争のテーブルから聖書的な創世を取り除いた。

これはダーウィンの最初の偉大な洞察だった。二つ目は、自然淘汰の中心的な役割の洞察で、これは動植物の育種家たちの目を見張るような成功から着想を得たものだった。[14]『起原』の第一章全体が、人間の育種家たちがつくりだしたイヌ、飼いバト、作物品種、観賞用の草花の多様性への驚嘆に満ちている。人間が単一の共通祖先であるオオカミに似た祖先から、それもわずか数世紀のうちに、グレートデーン、ジャーマンシェパード、グレイハウンド、ブルドッグ、チャウチャウのすべてをつくりだすことができたというのは、考えてみるとまったく驚くべきことである。

ダーウィンは自然淘汰が、そうした人間による選抜育種とそれほど違ったものではないことに気づいた。違うのは、もっと壮大なスケールで、何十億年もの時間をかけるという点だけである。

自然はたえまなく生物の新しい変異をつくりだしていて、そのほとんどはもとの種より劣るものだが、少数のものはすぐれている。これらの変異個体はすべて、自然淘汰の篩《ふるい》を通り抜けなければならない。与えられた環境にもっともよく適した個体だけが生き延び、子をもうけ、さらなる変異を生じる。十分な時間が与えられれば、この過程は、生物多様性のすべてを説明するのに役立ち、それは遺伝学者テオドシウス・ドブジャンスキーが、一九七三年に、「生物学においては、進化の光の下でなければ、何事も意味をなさない」と言うほどのものだった。

そもそもの初めから、この光は生命の謎のなかの一部のものにより強く当てられ、他の謎に対してはさほどではなかった。光が当てられなかった謎の一つは、とりわけ深い影のなかに残されることになった。すなわち遺伝のメカニズムである。親から子への忠実な遺伝的継承を保証するなんらかのメカニズムなしには、適応——鳥類の翼、キリンの首、ヘビの牙——が、長期にわたって存続することはできない。そして遺伝なしでは、淘汰は無力であろう。だが、なぜ子が親に似るかについてダーウィン自身はまったく見当がつかず、わからないことを認める率直さは無邪気なほどである。彼は『起原』で、「遺伝を支配している法則についてはほとんど何もわかっていない」と述べている。(15)

三〇年以上気づかれなかったメンデルの遺伝理論

ダーウィン説は、疾走する馬を映した最初の動画とちょっと似ている。スチール写真に比べると革命的ではあったが、長編映画に向かう道のりとしてはゆるやかな一歩にすぎなかった。生物学の向かうべき道への次の一歩——遺伝の説明——は、ダーウィンが死んだときにはすでに踏みだされていたが、彼はそのことを知らなかった。それどころか、ダーウィンが『起原』を出版する三年前の一八五六年に決定的な実験がすでに始まっていたにもかかわらず、[16]他の有力な科学者も誰一人知らなかった。それらの実験をおこなった当の科学者でさえ、自分が最初に引き金をひき、最終的には生物学全体を呑み込んでしまう雪崩《なだれ》のような発展を見るまで生きながらえることはなかった。

その科学者とは、オーストリアの修道士グレゴール・メンデルで、ウィーンで勉強したあと、ブルノの聖トマス修道院に入り、そこで修道院長になるまで、二万本以上のエンドウで実験をおこなうことになる。実験にあたって彼は、いくつかの明確に異なる形質をもつエンドウを意識的に選んだ。ある個体は丸くなめらかな黄色い豆をつけるのに対して、別の個体はしわしわで緑色の豆をつけるが、色と形状に関して中間のものはない。また別の個体は花の色、莢《さや》の形、あるいは茎の長さで顕著に異なっていた。メンデルは、無数のエンドウについてそうした個体を交雑させ、できてくる子の形質を分析した。

彼が見たのは、そうした形質が子の代で混ざり合わない場合が多いということだった。[17]雑種第一代あるいは第二代の子は、丸い豆かしわしわの豆のどちらかをつくるが、中間的な形のものは一つもなかった。そして異なる形質は独立に遺伝することができ、たとえば、子が、両親のどちらももっていなかった組み合わせ――丸くて緑色、あるいはしわしわで黄色――を生じることがある。遺伝の原因物質は、明確に区別される分割不能な粒子のような振る舞いを見せていた。それぞれの親は、豆の丸さや色のような形質の原因となる二つの粒子をもっているが、子にはそのうちの一つだけを伝える。異なった形質は別の種類の粒子を通じて受け継がれ、したがって、別々に組み合わせたり、組み替えたりすることができたのである。

メンデルは、彼の時代の知的潮流から遠く離れた学問上の僻地で研究していた。そして彼は、今も昔も、多くの学者の成功を台無しにする過ちを犯してしまった。つまり彼は取るに足りない、不適切な場所――彼の場合は、地方の博物学雑誌――に発表してしまったのだ。[18]おまけに運の悪いことに、彼の後任の修道院長はメンデルの死後、論文類を焼却してしまう。しかし、一八六六年に発表してから三四年後に、眠れる美女であったメンデルの論文は、メンデルとよく似た実験を独立におこなったオランダの植物学者ユーゴー・ド・フリースによって、目覚めさせられることになる。

彼が本当にメンデルの法則を再発見したのか、あるいは自分で実験をしている途中でメンデルの研究のことを知り、自分が知っていたことを隠そうと試みたのかについては、いまだに科学史家のあいだで論争がある。[19]ただ単にそれまですくい上げられていなかったというだけでなく、すくい上げるまで三〇年もかかったという痛切な失望感によって、歴史を書き改めたかったという衝動は説明できるかもしれない。

それはともかく、メンデルの法則は再発見されたのであり、それ以後は、燎原の火のように燃えひろがった。それは新しい生物学の一分野、遺伝学という分野全体の基盤となっていった。メンデルの記載したような振る舞いをする形質は、ヒトを含めて多くの動植物に存在する。メンデル形質のなかには耳垢の粘性（乾性と湿性）のような奇妙なものもあるが、主要な血液型（A型かB型か）や鎌状赤血球症のように重要なものもある。

結果的に、ド・フリースは残念賞しか貰えなかった。彼は、科学においても大衆文化においても重要でありつづけている遺伝子（gene）という言葉を世に出す祖父の役割を果たした。ド・フリースはメンデルが記載した遺伝粒子を「パンゲン（pangenes）」と呼んだのだが、数年後にデンマークの遺伝学者ウィルヘルム・ルドヴィヒ・ヨハンセンは、そこから単純にpanを取って遺伝子（gen）という言葉をつくったのである。[20]

ヨハンセンは、現代生物学にとってさらに重要な二つの言葉についても貢献した。彼は遺伝子型（genotype）という言葉を造語し、表現型（phenotype）と区別した。現代の用語でいえば、遺伝子型は一個体のすべての遺伝子、すべてのDNAを含むのに対して、表現型は、その個体について観察できるその他すべてのこと、大きさ、体色、尾・羽根・あるいは甲羅をもつかどうかといったことを含む。この区別の理解は決定的に重要だ。なぜなら、それは生物が変化するときに結果から原因を言い当てることを可能にするからである。

mutation（突然変異）という言葉を取り上げてみると、この言葉は、二〇〇年以上も前からすでに、生物の外見に現れたあらゆる劇的な変化に対して用いられていた。だが二〇世紀の初めに、突然変異という用語が、ある時にはメンデル流の遺伝単位に、ある時には生物体（表現型）に用いられたために、変化の因果関係についての果てしない混乱をもたらすことになった。[21] 一〇〇年後の私たちは、突然変異が遺伝子型を変化させることを知っている。たとえば、私たちの遠い祖先動物の一部に、オプシンという光感受性タンパク質の青写真を変化させた突然変異のように。こうした遺伝子型の変化は表現型の変化を引き起こすことができ、変化した表現型の一部が、私たちが世界を色付きでみることができる能力のようなイノベーション――新奇で有用な形質――となるのである。

自然淘汰は最適者を選別できるが、つくりだすことはできない

ひとたび遺伝子型と表現型を区別してしまえば、いかにして突然変異は表現型の変異を引き起こし、新機軸《イノベーション》を生じるのか？　という、生命のイノベーション能の理解にとって決定的な問いを

発することができる。それは、ダーウィンが没した時点で未解決のまま残されたもう一つの大きな謎だった。

新機軸はどこからやってくるのか？　淘汰が必要とする新しい変異はどこからやってくるのか？　とりわけ、ある個体を改善し、少しでも長く生きながらえさせ、異性により魅力的に見せ、あるいはより多くの赤ん坊をもたせるのに役立つような変異はどこからやってくるのか？　この問いに空疎な決まり文句で答えることはできる。新しい変異は偶然によってランダムに生じるのだと。この決まり文句は現在でも用いられるが、ダーウィンはすでにその文句をよく心得ていた。同時にそれが何も意味しないことも知っていた。『起原』の変異の法則の章は次のように始まっている。

「これまでときどき私は、変異が……偶然によって生じるものであるかのごとく語ってきた。もちろんこれはまったく不正確な表現なのだが、個別の変異が生じる原因について私たちがまったく何も知らないということを率直に認めるうえでは役に立つ」

これは小さな問題ではない。なぜなら、自然淘汰は創造的な力ではないからである。それは新機軸を産みだすのではなく、すでにあるものを選別するだけだ。ダーウィンは自然淘汰が新機軸をひろめることができるのに気づいたが、そもそもそうした新機軸がどこからやってくるのかは知らなかった。

この問題の重大さを評価するには、ヒトと地球上に現れた最初の生物の違いの一つ一つがすべて、かつては新機軸《イノベーション》であったことを考えてみればいい。それは生物が直面するなんらかの特別な課題に対する適応的な解決策だったのだ。それは太陽からの光エネルギーを生体物質に変換するという課題であったかもしれない。あるいは別の生物を食べ物に変換するという課題かもしれない。あるいは、単純に、ある場所から別の場所に移動するという課題だったかもしれない。

地球表面のあらゆる平方メートル、地球の海のあらゆる立方メートル、あらゆる草地、森、砂漠に、あらゆる都市や郊外に、生物が限界まで詰め込まれており、すべての生物体が、無数のそうした新機軸を見せてくれる。光合成や呼吸のような根本的なものもある。爬虫類の鱗《うろこ》や断熱性の羽毛のように防御的なものもあれば、結合組織や骨格のように体を支えるものもある。数百の可動部をもつ複雑なものもあれば、そうでないものもある。しかし、シロナガスクジラの三メートルを超える尾ビレの突起から、細菌の一〇マイクロメートルの鞭毛まで、その大小にかかわりなく、一つ一つの新機軸はすべて、生命が出現して以降のどこかの時点で、適切な変異が出現したがゆえに存在するのである。

淘汰はこうした変異のすべてをつくりだしたのではなかった――できなかった。ダーウィンから数十年後に、ユーゴー・ド・フリースはもっとも適切な言葉でそのことを表現した。「自然淘汰は最適者の生存を説明できるかもしれないが、最適者の到来を説明することはできない」（傍点筆者）[22]。そして、その到来を説明するものがわからないのであれば、生命多様性の起源そのものを理解できないのである。

生物は新機軸《イノベーション》を生みだすことができる。イノベーション能をもっているのだ。それだけでなく、生物は忠実な遺伝を維持しつづけながら、新機軸を生みだすことができる。古いものを維持しながら新しいものを探求することができるのだ。生物は進歩的であると同時に保守的でもありうる。そして二〇世紀の前半を通じて、生物学者たちはそれがどうして可能なのか、皆目見当がつかなかった。やがて見るように、彼らがそれを知ることができなかったのは仕方がないことだった。生物学の実験技術やコンピューターを使った手法が、この問いに取り組むことができるだけ強力なものになるためには、発見のもう一世紀が必要だったのだ。

実際のところ、振り返って考えれば、二〇世紀初めの生物学者が遺伝子型と表現型を区別できていたというだけでも驚くべきことである。彼らはマイブリッジがカラー写真について知らなかったのと同じように、メンデル遺伝の物質的基盤について知らなかった。遺伝子が重力のように実体をもたない概念なのか、それとも肉体から分離して研究できるような物理的な対象なのかさえ明らかではなかった。[23] 遺伝子が染色体のなかに存在し、DNAから構成されたまぎれもない物質であることが明らかになるのは、ずっと後のことである。

漸進主義とメンデル主義の論争

遺伝子の物質的な実在が発見される以前でさえ、メンデルの発見は、ダーウィン以来ぐつぐつと煮えていた古い論争に火を付けて燃え上がらせた。一つ一つ個別に分かれていて、粒々で、微粒子的な遺伝因子というのは、私たちの誰もがよく知っている明白な事実と真っ向から対立する。身長六フィートの男と身長五フィートの女が子をなしたとする。遺伝子が個別に分かれているならば、子供たちは両親のどちらかの身長――五フィートか六フィート――になり、その中間の値にはけっしてならないはずだ。[24] しかし私たちはみな、子供の身長が連続したものであることを知っている。顔の形状も、皮膚の色も、骨の外形も、その他も、連続した変化を示す。

ダーウィン以来の野外研究者《ナチュラリスト》たちは、身のまわりのいたるところで、穀物の収量、卵の重さ、葉の大きさなどに、要するに生物のほとんどの形質に、そのような連続的で、混合的な遺伝を見いだしてきた。[25] こういった種類の変異は、自然界において明らかに重要なものだ。

論争は、連続的なものと個別に分かれたものとの、どちらの種類の変異が進化にとってより重要かという問いを巡って火花を散らした。ナチュラリストや漸進説論者――ダーウィンは初期の信奉者の一人だった――は、身のまわりに見られる小さな連続的変異を重視した。別の学派――メンデル主義者、突然変異主義者、あるいは跳躍論者――は、メンデルが研究した大きな非連続的変異を信じた。この論争を戯画的に言い表せば、漸進論者は庭のバラの多数の花弁は五弁の祖先から何世代もかけて一枚ずつ花弁を漸進的に追加していくことによって生じたと想像するだろう。それに対して、突然変異主義者は、多弁のバラは祖先から一回の跳躍的な「マクロ突然変異」で出現することができると主張するだろう。[26]

振り返ってみれば、この論争は中世のスコラ学者たちを悩ましつづけた、針の上で天使は何人踊れるかという問いと同じ程度の重要性しかないように思える。しかし、それはダーウィン主義のまさに心臓を突き刺した。なぜなら、メンデル主義者は新しい形質の出現について、自然淘汰よりも突然変異の力の方を信じたからである。彼らの見解では、生命進化の背後にある真の推進者は、自分の属する種の規範をはるかに逸脱した個体をつくりだす大きな突然変異だった。ドイツ生まれのアメリカ人動物学者リチャード・ゴールドシュミットがそうした突然変異を「有望な怪物」と呼び、頭の同じ側に両眼をもつ海洋底にすむヒラメ類をその例としてあげている。[27]

メンデル主義者がまちがっていたことはやがて明らかになるのだが――大部分の進化的な変化は実際に漸進的に起こり、自然淘汰がかかわっている――、彼らにも一理あった。進化の本当の謎は自然淘汰にあるのではなく、新しい表現型の創出にある。しかしメンデル主義者たちはあまりにも早く世に出すぎた。彼らは大胆に推測することはできたが、謎を解くべき手段をもたず、両陣営のあいだの論争は、強力な新しい洞察がそれを解消する二〇世紀までつづいた。解明の過程は、ずっと以前から知られていた事実、すなわち遺伝的な変化は個体ではなく、集団（個体群）に起こるという事実を、新しく評価するようになったときに始まった。

集団遺伝学という革命的な発想

白い体色のオオシモフリエダシャクは、白い翅《はね》に黒い斑点が散在していて、完璧なまでに目につきにくいガである。木の樹皮と地衣類を背景にすると、この斑点模様は貪欲な鳥の目からその姿をカムフラージュしてくれる。一部のガでは翅の色を決める遺伝子が突然変異して、暗色型の翅をつくることがある。この突然変異はふつうガにとっては凶報である。なぜなら、突然変異したガはもはやカムフラージュされなくなり、たちまち鳥につまみあげられてしまうからだ。しかし一九世紀におけるイギリスの産業革命は、暗色型のガに待望の好機を与えた。この時代には大気汚染が深刻化し、ほとんどの地衣類を一掃してしまったために、樹皮は真っ黒になってしまった。いまや暗色型のガはうまく姿が隠されることになり、白いガは鳥の餌食になってしまった。

もし自然淘汰がかかわっているとすれば、時間とともに暗色型のガの頻度がより大きくなると予想されるだろう。この傾向がガの集団全体におよんでいく一方、白いガは数が少なくなっていくだろう。これは一九世紀のイギリスで実際に起こったことで、集団中における暗色型のガのパーセンテージは、一八四八年の二％から一八九五年には九五％まで上昇した(28)。

しかしこの情報自体は、それが引き金となって生まれた疑問に比べれば、重要性ははるかに小さい。どれくらいの速さでそれが集団全体におよぶかを予測できるのだろうか？　あるいは逆に、もしどれほどの速さで波及するかを観察できれば、暗色が適応度、すなわちガが鳥の目を逃れたままでいられる確率にどれほど強い影響を与えているかを推論できるのだろうか？　こうした疑問は、定量的・数学的なもので、進化的な思考にとって新しい発想だった。そして、これらの発想が、生物学の内部に新しい一つの定量的な学門分野をつくりだした。すなわち、集団遺伝学である。

　集団遺伝学の中心的な洞察の一つは、一つの集団（個体群）を個別の生物個体の単なる集まりではなく、遺伝子全体を集めたプールとみなすことである。たとえば、ガの翅の色を決定する遺伝子は、それぞれ明るい翅または暗い翅の原因となる異なったタイプ――専門用語では対立遺伝子《アレル》――をもっていて、それぞれは集団のなかで異なった比率すなわち頻度で生じる。いずれかの時点で、両方のタイプの対立遺伝子が、生物の一つの集団に同数だけ存在していて、なにかの新しい要因――新しい捕食者、あるいは大気汚染の状態の変化――によって暗色の翅をもつガが長生きし、したがってより多くの子をなすことができるようになったと想像してみてほしい。彼らの有利さはかならずしもそれほど大きいものである必要はなく、暗色型の翅をつくる対立遺伝子がわずか一％、雑種第一代で五〇％から五一％に増えるだけで、時間がたつうちに、暗色型の変異が集団のなかでますます大きな比率を占めるようになる。これが自然淘汰の仕組みである。それは対立遺伝子の頻度を変え、やがて、時がたつうちに個体の外見を変えるのだ。

　これは革命的だった。アリストテレス以来もっぱら同じ手法に頼ってきた、野外や研究室で精密な観察や解剖をおこない、スケッチブックやノートに記載していくという生命の研究が、微分方程式や分散分析などの数学を取り入れはじめたのである。シューアル・ライト、J・B・S・ホールデン、統計学者のR・A・フィッシャーといった知的巨人の精神を通じて、集団遺伝学は、自然淘汰に関する定量的な疑問に正確な答えを出せる理論へと発展していった。同時に、野外研究者《ナチユラリスト》たちはオオシモフリエダシャクのような野生の集団について、対立遺伝子の頻度を計算し、実験家たちは、ショウジョウバエのような小さくて繁殖速度の速い実験動物の集団を研究することで、研究室で実際に起こる進化をつくりだした。数学的な理論は、そうした観察結果を統合して一つの知的体系につなぎあわせるのを助ける漆喰《モルタル》だった。

集団遺伝学からの新しい証拠は、変異には、一方の極における「純粋な」メンデル的変異から、もう一方の極における連続的な変異まで、幅広いスペクトラムがあることを示した。メンデル的な表現型――翅の色や豆の形――は、大きな効果をもつ一つの遺伝子の影響を受けている。身長のように連続的に変化する表現型は、それぞれが小さな効果しかもたない複数の遺伝子の影響下にある。集団遺伝学は、自然淘汰がどちらの種類の遺伝子にも影響をおよぼすことを示した。しかし、真に驚くべきは、淘汰がどれほど強力な影響をおよぼしうるかだった。

もし暗色の翅の対立遺伝子が、鳥に食べられる確率を数%でも減らすのであれば、数十世代のうちにガの集団から明色型の対立遺伝子を一掃してしまうことができる。そして野外研究者も実験生物学者もともに、集団のなかには、大きな効果をもつ遺伝子よりも小さな効果をもつ遺伝子の方がはるかに多いことを見いだした。明らかにメンデルは、きわめて注意深く選んだエンドウを使ったのだ。なぜなら、単一の遺伝子の影響下にあるメンデル形質は、すべての形質のなかでごく小さな部分でしかないからである。[29] ほとんどの進化は漸進的で、大きな跳躍をしないのだ。[30]

「総合説」の誕生と、そのために支払われた代償

一九三〇年代になると、自然淘汰の概念、遺伝の本質、および集団遺伝学的思考が統合されて、「(現代)総合説(modern synthesis)」と呼ばれる一つの体系となった。この呼び名のもとは生

物学者ジュリアン・ハクスリーによる、この言葉をタイトルにした本だった。[31] 現代という名がついているにもかかわらず、この総合説はもはや誕生してから一〇〇歳を数えようとしている。しかし大部分の一〇〇歳老人とはちがって、まったく衰えの兆しが見えない。数学的な洗練と最新のデータによって補足され、打ち破られないものになっている。そしてある点では、これまでよりずっと頑強であり、人間の生物学的性質を理解するうえでますます重要な役割を果たしている――人類の起源を復元し、人類の移動経路をたどり、遺伝子病を理解するのを助けることによって。この知の体系が物理的な建造物であったとしたら、それは、アンコールワット寺院やタージ・マハル廟から、一三世紀の壮麗なゴチック様式の大聖堂まで、これまでに建築家たちが構想したあらゆるものに匹敵するだろう。それは人間の精神が達成した偉大な業績である。

しかしながら、その成功の裏には、薄暗い秘密がある。総合説を築いた建築家たちは、生物体とその表現型を犠牲にして、遺伝子型に焦点を絞った。彼らは、それ自体が信じられないほどの複雑さをもつ何十億個の分子をそれぞれに含んでいる、何兆個もの細胞をもつ生物体の驚異的な複雑さを無視した。また、この複雑さのすべてが受精した単一の細胞からどのようにして発生していくのか、その発生過程に遺伝子がどのようにかかわるのかについても無視した。この複雑さを無視することによって、総合説の建築家たちは、実質的なその産物、すなわち生物体そのものを無視してしまった。

彼らは知っていてそうしたのだ。なぜなら彼らは、時間がたつうちに遺伝子頻度が変わっていくさまを理解したかったからである。遺伝子型に焦点を合わせることで、彼らは生物体の表現型を、典型的な個体が次世代に伝える平均的な遺伝子の数で示される適応度のような、より単純な数量に単純化した（適応度の高い個体ほど、次世代の遺伝子プールにより多くの遺伝子をもたらす）。そのうえ、彼らは、個別の遺伝子が適応度の決定において単純な役割を果たしていると仮定し、たとえば、適応度は多数の小さな遺伝子効果の総和であると考えた。

誤解しないでほしい。総合説が生物体をもし無視しなければどうなったかを想像するのはむずかしい。理解が支払うべき代償はつねに、抽象だ。すなわち、たじろぐほど複雑な世界のごく小さな一部を理解するために、その複雑さの大部分を無視するということである。もうひとり別の理論家、アルバート・アインシュタインから例を挙げてみよう。彼は「あらゆることはできるかぎり単純にせよ、しかし単純化しすぎてもいけない[32]」と述べたとき、自分が何を言っているかわかっていた。総合説は、遺伝子と遺伝子型の進化についての無数の問いに答えるのに必要なだけ単純化されたものだった。進行中の自然淘汰を理解するうえでのそのみごとな成功は、生物体の複雑さを排除することのうえに築かれたものである。しかし、ある理論が成功するときにはつねに、その限界がたやすく忘れられがちで、それこそ、総合説の絶頂期に、壮大な生命の進化が定義し直され、「遺伝子プール内の対立遺伝子の変化[33]」と矮小化されたときに起こったことだった。その限界――支払うべき高価な代償――とは、革新をもたらす新しい表現型はどこからくるのかという、『起原』が未解決のまま残した第二の大きな疑問に答えられないということだった。総合説は、新機軸《イノベーション》がどのようにひろがるかを説明できたが、それがどのように出現するのかを説明できなかったのだ。

すべての進化論者が生物体を投げ捨てて犠牲にしたといってしまうのは、さまざまな生物の複雑さが胚のなかでどのように発生していくかを比較した少数派の人々にとって公正ではないだろう。しかし、そうした発生学者たち――彼らの先輩に助けられて、ダーウィンはすべての生物が共通祖先をもつことを認識するにいたった――は、胚を必要としない総合説とその支持者たちによって脇に追いやられていた。ショウジョウバエ遺伝学者のトマス・ハント・モーガンは、遺伝子が染色体内でどのように組織編成されているかを示したことでノーベル賞を受賞する前年の一九三二年に、「人類の先祖として類人猿を選ぶか類人猿の胎児を選ぶか」はたいした問題ではないと言うことになる。(34)

集団遺伝学者たちが生物学の権力の中枢を支配していたとはいえ、後列に位置する一部の発生学者は、自分たちが説明を試みているまさにその事柄を無視しているといってオピニオンリーダーたちに野次を飛ばしつづけた。彼らの声は、二〇世紀の終わりにかけてしだいに大きくなっていった。ちょうどその頃、進化発生生物学、すなわち「エボデボ」が、個体発生、進化、および遺伝学の統合を目指す新しい一つの学門分野として出現した。エボデボは、遺伝子が交響楽団の音楽家のように互いに協調しながら、どのようにして胚発生を可能にするかについての、すばらしい洞察を産みだした。

ただし、これまでのところ、そうした洞察は総合説に匹敵するような理論にまでは発展していない。そして理論だけが、事実の山を知の巨塔に変えることができるのだ。理論の形成を妨げている犯人はまたしても、生物全体の膨大な表現型の複雑さである。今でも、私たちはもっとも単純な生物についてさえ、表現型を十全に理解しようと悪戦苦闘しており、何十万人もの生物学者が何十年も努力してもまだ、遺伝子がいかにしてこの表現型の形成に手を貸すのかは、十分には理解されていない。(35) 総合説は表現型なしの理論をもっているのに対して、発生学者は理論なしの表現型をもっている。

しかしながら、エボデボは、重要な一つの教訓を与えてくれた。イノベーション能を理解するためには、表現型の複雑さを無視することはできない。それを包み込まなければならない。そして、生物体の複雑さのすべてをたとえまだ理解していないとしても、私たちは表現型のどの部分が、最終的にすべての新機軸《イノベーション》をもたらすことになるかをいまや理解できている。そこが次章で私たちが向かう場所である。

生化学の誕生と「代謝」の発見

生物学をダーウィンからメンデル、そして総合説へと導いた同じ世紀が、生化学も誕生させた。この学問は、人類がビールやブドウ酒をつくりはじめた七〇〇〇年以上も昔に胚胎したものである。けれども、酵母が糖をエタノールに変換するメカニズムは、ダーウィンの『起原』の三年前に、ルイ・パスツールが発酵を引き起こすのが生きた生物であることを示すまで、謎のままだった。この真理でさえ、それから数十年たった一八九七年に、エドゥアルト・ブフナーが、生きた細胞を含まない酵母の抽出液で糖を発酵させることができるから、発酵はかならずしも生きた生物を必要としないことを実証したときには、崩れ落ちた。彼の発見は、生気論、すなわち生命は神秘的な生命力を必要とし、無生物の世界とは異なる法則に従うという主張を駆逐するのに役立った。

生命が無味乾燥な化学に基づいていることを教えたのも重要であるが、むしろブフナーは、数十から数千個のアミノ酸で構成される巨大なタンパク質分子である酵素を発見した先駆者として記憶されてしかるべきである。[36] 酵素は、切断、結合、あるいは原子の転位などの化学反応の速度を数十億倍にも加速できる。生化学は、酵素の名前として触媒する化学反応のあとに-aseをつけるというブフナーの命名法を使うことで、今日でも彼の名誉を讃えている。たとえば、ショ糖（sucrose、スクロース）を分解する酵素はスクラーゼ（sucrase）、乳糖（lactose、ラクトース）

を分解する酵素はラクターゼ（lactase）といった具合である。

彼の発見は生化学のもう一つ別の分野を派生させた。それは酵素だけでなく、それが触媒する反応にも焦点を合わせるもので、圧倒されるような複雑さをもつ代謝という新しい化学の世界の扉を開くことになる。大まかに言えば、生物体の代謝（metabolism）――この言葉自体は、ギリシア語の「変化」に由来する――は、二種類の化学的変換を含んでいる。一つは、ショ糖（スクロース）のようなエネルギーを豊かに含む分子を切断して、エネルギーを抽出するような類のものである。もう一つは、このエネルギーを使って栄養分子を、細胞自身の構成要素となる分子に変換する類のもので、それらの構成要素はタンパク質をつくっているアミノ酸と同じように、数十の分子からなっている。代謝は、その過程で、体の老廃物を処理し、分子の毒性をやわらげて無害なものにしなければならない。総合すれば、こうした仕事は複雑で、私たちの体をつくり、維持するためには、一〇〇〇以上の化学反応――およびそれを触媒する酵素――が必要になる。[37]

タンパク質の酵素が私たちの表現型の形成を助けているという発見は、二〇世紀生化学の記念すべき洞察である（それはまた、生命の創造性についても決定的に重要な洞察をもたらした。すなわち、生物体における最大級の変化でさえ、個別の分子の改変の結果として生じるという洞察である）。しかしこの発見は、遺伝子の化学的構造というさらに重要な発見によってかすんでしまった。

分子生物学黄金時代の到来と残された闇

この物語も、ダーウィンの時代、『種の起原』の第五版と同じ一八六九年に始まる。[38] それはスイスの科学者、フリードリッヒ・ミーシェルがタンパク質とは異なる新しい謎の物質を見つけたときである。[39] 彼はそれをヌクレインと名づけたが、その化学的な構造は数十年後まで明らかにならなかった。一九一〇年まで、その物質が――この頃には、デオキシリボ核酸、すなわちDNAと改称されていた――、アデニン(Aと省略形で書く)、グアニン(G)、シトシン(C)、チミン(T)という四つの塩基を含むことは知られていなかった。これらの四つの塩基は、今日DNAアルファベットの四文字と呼ばれているものである。DNAが遺伝の素材であることを生物学者が気づくのは、やっと一九四四年になってのことだ。この年に、オズワルド・エイヴリーは肺炎連鎖球菌(*Streptococcus pneumoniae*)の病原性のS型からとったDNAによって、非病原性のR型でマウスに肺炎を引き起こせることを証明した。[40]

それから一〇年もたたないうちに、ジェームズ・ワトソンとフランシス・クリックが、DNAがとびぬけて美しい分子であることを明らかにする。それは有名な二重らせんを形成する二本の鎖で、両方の鎖から出た対の塩基が桟《さん》の役割を果たして、ねじれ合った梯子《はしご》のようになっている。それぞれの桟では、AはつねにTと、CはつねにGと対になっている。この構造は、DNAがどのようにして複製されるのか、そして遺伝がどのようにして分子のレベルで作用するのかを暗示してもいる。[41] 遺伝子は、かつてヨハンセンが考えていたよりもずっと重要なものであることが判明したのだ。

マイブリッジのゾープラクシスコープからカラーテレビまで、銀板上に個々の白黒像を記録することから、カラー映像を電気的信号として暗号化し、無線で送信し、ブラウン管上に映し出すまでに七〇年を要した。同じ七〇年間に、生物学もまた劇的な進歩を遂げ、新しい発見は熱狂的ともいえるほどに受け入れられた。それは集団遺伝学と結婚し、総合説を産み落とし、酵素の機能を解明し、DNAの構造を発見した(カラーテレビの発明とほぼ同じ時期に)。それは、やがて新機軸の起源を理解するのに不可欠なものとなるべき化学の知識を含んでいた。このときにはまだ存在していなかったが、それはすぐ間近に迫りつつあった。

ワトソンとクリックの発見は分子生物学の時代の到来の鐘を打ち鳴らした。それから一二年のうちに、生物学者たちはDNAが非常に近縁な核酸であるRNAに転写されることを知ることになる。ついでRNAは三つの核酸塩基ごとに翻訳されて、アミノ酸が連なってできた糸状のタンパク質になる（図1）。この翻訳は遺伝暗号にしたがっておこなわれるが、この暗号方式では三文字の可能な組み合わせ六四通りのほとんどが、単一のアミノ酸を指定する。ごく少数の単語だけが、タンパク質のアミノ酸鎖形成の開始と停止の信号として用意されている。

ある一つの遺伝子のDNA文字配列がわかれば、子供でもタンパク質のアミノ酸配列を予測できる。しかし、単純な話はここまでだ。タンパク質は折りたたまれて、グラグラしたり揺れたりする入り組んだ三次元の構造をとる。こうしたタンパク質が、化学反応を加速するといった仕事を、どのようにしてやりとげるのかを理解するためには、その形状と振動の両方を理解する必要がある。そして現時点では、もとになるアミノ酸鎖から、そのどちらも予測することはできない。折りたたまれ方の根底にある規則はきわめて複雑かつ微妙なのである。確かに、血液および筋肉中で酸素を貯えるグロビンというタンパク質を最初にして、[42] タンパク質の折りたたまれ方をつきとめる実験はすでに一九五〇年代からおこなわれてはいた。しかし、そうした研究は手間がかかり、何年も要する。DNA文字配列によって指定されるアミノ酸配列を見つけるのは、辞書で単語を探すのと同じくらい簡単であるが、タンパク質の折りたたまれ方を予測するのは、はるかに難しい――それはイエーツの詩を中国語に翻訳するのと少しばかり似ている。

これは、どこから革新をもたらす新しい表現型がやってくるのかを理解したいと願う誰にとっ

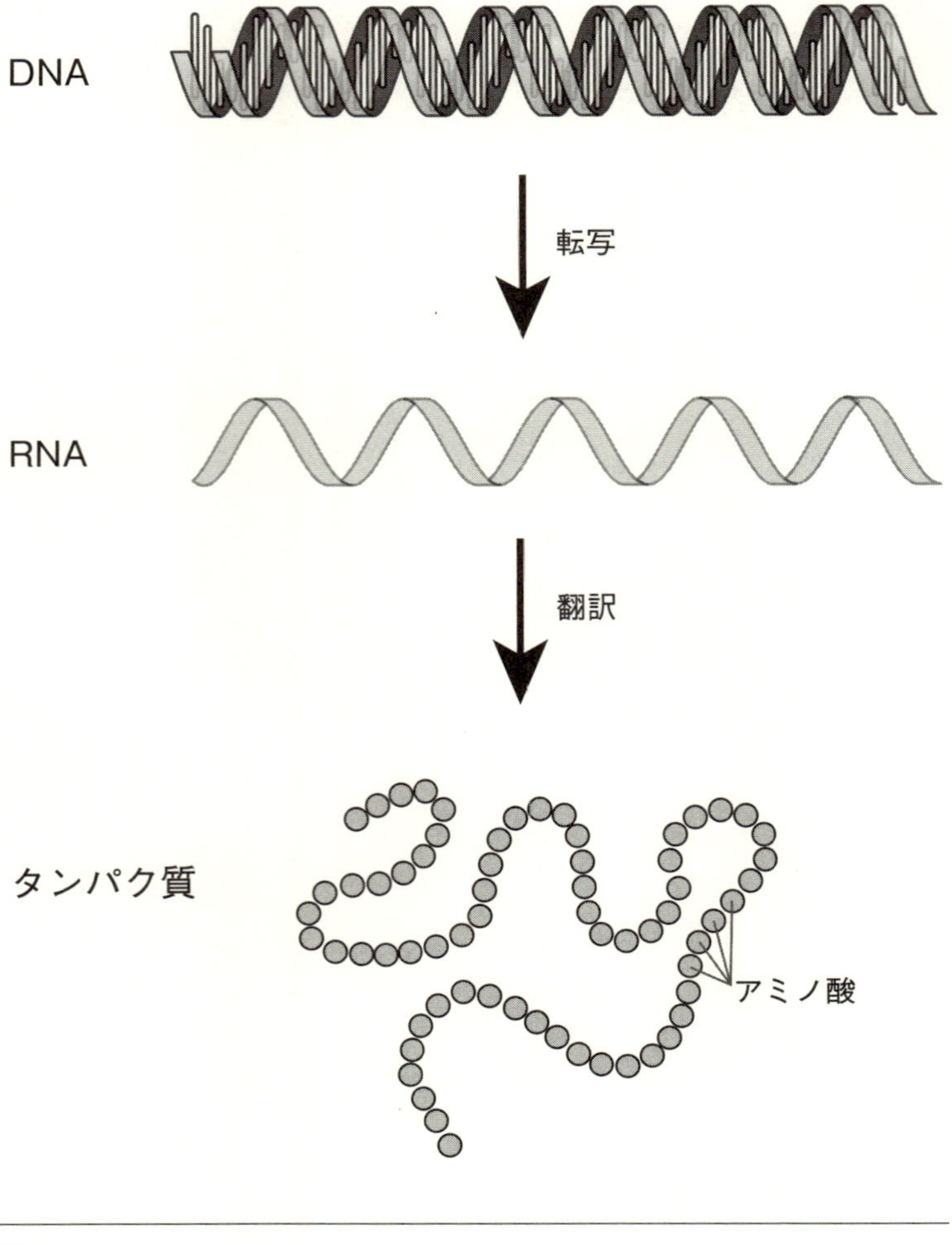

図 1

てもいい報せではない。生物の表現型——翅の色、眼の鋭敏さ、あるいは骨の強さ——の理解は、体をつくっている分子、表現型の最小の構成要素《ビルディング・ブロック》を理解することに帰着する。もし、その形状を予測することができなければ、遺伝子型から表現型に至るまでのすべての道路をたどって走るのは不可能である。しかしこれこそ、自然が新しいもの《イノベーション》を生みだす道路なのだ。その速度制限や交通標識に当たるねじれや折れ曲がりを理解することができない限り、イノベーション能について私たちが知っていることは、ダーウィンとたいして変わらない。

さらに事態は悪くなる。なぜなら、タンパク質は単独ではたらくことをしないからである。タンパク質は、複雑な課題を解決するときの働きバチのように協力し合うのである。膵臓でつくられ、グルコースを吸収・処理せよという指令を肝臓に向けて送るホルモン分子であるインスリンというタンパク質を取り上げてみよう。インスリンは直接肝臓に入ることができない。そのかわりに、肝細胞の表面にあるタンパク質、インスリン受容体に結合する。インスリンが結合した受容体は、その反応として、細胞内の別のタンパク質を改変し、それが引き金となって、さらにいくつかのタンパク質とのあいだで連鎖的な情報伝達《ハンドシェイク》が開始され、最終的にグルコースを処理する遺伝子のスイッチが入る。

私たちが存在するあらゆる瞬間に、そのような分子の信号が体のなかを縦横に駆け巡り、細胞内で処理されている。ワトソンとクリックの発見以来、分子生物学者たちはこうした過程をますます熱心に研究するようになってきた。数本のゆるい糸を引っ張ることで、彼らは、食べ、移動し、目で見、聞き、眠り、その他私たちがするあらゆることを可能にする分子の網の目を明るみに出してきたのである。

しかし、私たちは求めた答えよりも多くの疑問を受け取ることになった。おびただしい数の人間の労力と年月が、すでにこの営為に注ぎ込まれている。予想に反して、学べば学ぶほど、この網の目が明らかになればなるほど、それはよりいっそう複雑でこんがらかったものに見えてくる。遺伝子型から表現型への道は地平線のはるか彼方まで延びているのである。

膨大な遺伝的変異の存在と分子進化

二〇世紀を通じて、多くの進化生物学者はこれほどの複雑さによっても心を乱されることはなかった。総合説の栄光に浸りながら、彼らはこのうえなく幸せに、遺伝子型に焦点を合わせていた。そしてこの焦点は、ワトソンとクリックの研究が私たちの無知の大海をかき回して以後、さらにＤＮＡ分子の文字配列を解読する新しい技術が開発されて以降、いっそう拡大していきさえした。

この技術から、分子進化生物学と呼ばれる新しい研究分野が生まれた。この分野の対象は、アミノ酸鎖およびＤＮＡ鎖における変異である。この技術を応用した最初期の成果は、マイブリッジのゾープラクシスコープと同じほど効率の悪いものだった——一年かけて研究して数百文字以上は解明できなかった。けれども、一九八〇年代の半ばには、その効率は一〇倍以上も増加し、集団内の複数の個体からとった短いＤＮＡの塩基配列を解読できるまでになった[43]。

分子進化論者がこの技術の利点を活用したとき、誰もが予想しなかったことが発見された。いたるところに、何千年も変化していない生物にさえ、膨大な量の遺伝的変異が見つかったのである。

初期の分子進化研究の一つは、エタノールの毒性を分解するのを助けるアルコール脱水素酵素（デヒドロゲナーゼ）という酵素に焦点を合わせたものだった。ヒトはその遺伝子をもち、ショウジョウバエももっている。ショウジョウバエが発酵した果物でスキッド・ロウ［ロサンゼルスのスラム街］の飲んだくれほどハイになるのかどうかは知らないが、その匂いに誘引されるのはまちがいなく、アルコール中毒を防ぐためにはこの酵素が必要である。一九八三年に、ハーヴァード大学のマーチン・クライトマンは、少数のショウジョウバエから採ったこの遺伝子のDNA文字配列に、四三の異なる変異が含まれることを見つけた[44]。ヒトにも同じような変異が見られる。過敏性の人の顔や体に発疹が出るアルコール不耐性というタイプのものは、アジア系の人々に広く見られ、「アジア人の紅潮反応」と呼ばれている[45]。

しかし、アルコール脱水素酵素遺伝子でクライトマンが発見しなかったことの方が、さらに多くを物語っていた。この遺伝子の突然変異のほとんどはサイレント（表現型が変化しない）なのである。つまりDNAの塩基配列は変えるが、アルコール脱水素酵素のアミノ酸配列は変えないのだ。こういうことが可能なのは、遺伝暗号に冗長性がある、すなわち、二つ以上の三文字単語が同一のアミノ酸を指定《コード》できるためである。それは驚きだった。冗長性のある暗号だとしても、突然変異は遺伝子に文字の変化をランダムにばらまく傾向があるはずだから、アミノ酸を変えるような突然変異がもっとたくさんあって当然だった。そうした突然変異には何かが起こっていたにちがいない。

その何かが自然淘汰だった。そうした突然変異は酵素の機能を損なうので、クライトマンの眼に触れるようになるずっと以前に自然淘汰が刈り取ってしまったのである。

クライトマンの発見やその他の同じような発見は、ともすれば見逃されやすい一つの事実を例証している。進化思想におけるいくつかの革命は、ほかの科学革命とは異なっている。たとえば、二〇世紀初めの量子力学革命は、古典力学の世界観と両立しえない世界観を生んだが、進化生物学における革命は、それ以前の理論の核心的な要素を無傷なままに残した。[46] 過去の理論を転覆するよりもむしろ、それをより深く、より鋭くしたのだ。

革命は、新しい次元だけでなく、明晰さと解像度を何層か付け加えた。映画『シービスケット』［競走馬シービスケットと三人の男の人生を描いた米国映画］は、サリー・ガードナーの走りの最初の記録に、色、音楽、対話、蹄《ひづめ》の音を付け加えたが、マイブリッジによる疾走《ギャロップ》の本性の解明を無効にしはしなかった。ダーウィンが淘汰の力を推論するのに自然界の事例を用いたところで、総合説は、淘汰の力を、遺伝子頻度の盛衰のなかに見ることができ、分子進化論者は、サイレント突然変異の過剰といったDNAの特性《シグナチャー》のなかに見いだすことができた。そうすることによって、彼らは、ダーウィンが残していった混乱の霧を晴らした（分子革命は表現型の変化よりも、変異の起源問題の核心にある遺伝子型の変化についてより多くのことを教えてくれたがゆえに、霧の一部が晴らされたのである）。

クライトマンがアルコール脱水素酵素で見つけた変異の量は並外れてはいない。動植物の個体群（集団）には遺伝的変異がどっさりある。一九三八年に生きた個体が発見されるまで絶滅したと考えられていた珍しい魚シーラカンスのように、[47] 表現型が何百万年も変わることがなく、生きている化石と言われる生物の集団にさえ遺伝的変異は生じる。遺伝的変異の多さは、今日でも分子進化論者の頭を占めるいくつもの疑問を提起した。そうした変異の大部分は表現型進化にとって問題になるのか？　それらは生命の新機軸《イノベーション》にとって不可欠なものなのか、それとも不適切なものなのか？　こうした疑問が存在することだけで、表現型の新機軸と、それが遺伝的変異からどのようにして生じるのかを理解するのがどれほど困難であるかが、はっきり示されている。

ヒトゲノム計画の完成で生まれた新たな疑問

ＤＮＡの一〇〇〇字のテキストを解読できる能力は、一九八〇年代においてもまだ鮮烈な印象を与えることができた。しかしそれは、一個の生物体のゲノム、すなわちＤＮＡの総体と比べられるようなものではなかった。私たちの体の数十兆の細胞の一つ一つが、四六本の染色体に詰め込まれたゲノムのコピーをもっている。それは三〇億文字の長さがあり、『ブリタニカ大百科事典』の一〇倍の文字数になる。大腸菌のような細菌のＤＮＡでさえ、四五〇万文字をもっており、史上最長の小説『戦争と平和』よりも長い。集団全体の変異の目録をつくることはともかく、たった一個体のゲノムだけを解読するためにも、はるかに性能のよいＤＮＡ塩基配列解読技術が必要だった。[48]

この技術を発展させる推進力は、ヒトゲノム計画からやってくることになる。これは、一九九〇年に始まった史上最大の国際的共同研究で、米国国立衛生研究所（ＮＩＨ）が先陣をつとめた。これは偶然の出来事ではなかった。というのも、この計画《プロジェクト》は、病気という特別なタイプの表現型を引き起こす遺伝子の理解を目的としたものだった。この公共資金に支えられた取り組みに対して、セレラ・ゲノミクス社とその創設者で生物学者のクレイグ・ヴェンターから熾烈な競争がしかけられた。彼らは、一〇分の一の費用でなんとかゲノムの塩基配列を決定し、二〇〇〇年に公共資金による計画と同時にゴールに駆け込むことができ、この年に、ヒトゲノムの最初の下書き版が出版された。[49]

ヒトゲノムは、人間はどれほどの遺伝子をもつのか、各遺伝子はどういうタンパク質を指定《コード》しているのか等々の多くの遺伝情報を明らかにした、もう一つの大きな生物学の重大事件だった。

ビル・クリントン大統領は二〇〇〇年の一般教書演説でヒトゲノムのことを「生命の青写真」と呼んだ。しかし、そうだとすれば、それは非常に奇妙な青写真で、そこに書かれたものは建築作業に使うことはできないし、問題点を解決する修繕作業の手引きとしてさえ使えない。それゆえ、ここまでのところでは、ゲノムは私たちの表現型の秘密を守り続けている。多くの人が、たとえば、ある人物が遺伝病にかかるかどうかという質問にイエスかノーの答えを出してくれるものと期待していた。しかし、クレイグ・ヴェンター自らが、二〇一〇年のドイツの『シュピーゲル』誌のインタヴューで、病気を予測できる能力について、次のように述べなければならなかったのである。

実のところ、私たちは、ゲノムから確率的可能性以上のものは何一つ学ばなかったのです。なにかの病気のリスクの一〜三%の増加をどうしたら診療の言葉に翻訳できるでしょう。それは役に立たない情報です。[50]

この評価は厳しすぎるが、一抹の真理を含んでいる。理由はお察しかもしれない。すなわち、遺伝子型と表現型の関係は想像以上に複雑なのだ。ヒトゲノム計画は、遺伝子型から表現型に至る旅のほんの一里塚でしかない。それは、この旅の終着点に近い場所などではなかった。

だが、その限界が何であるにせよ、ゲノム計画はほかにも多くの利点があった。その一つは、DNA塩基配列解読技術に拍車をかけてものすごいスピードで発展させたことである。二〇〇〇年には一人の人間が解読できるDNA文字は二四時間で最大一〇〇万だったが、二〇〇八年に利用できたシークエンサーではすでに、同じ時間で一〇億文字を解読でき、それ以降も科学者たちははるかに大きな速度を実現している。本書を執筆中の現在では、ヒトゲノムの全塩基配列の決定を一〇〇〇ドル以下の費用でおこなうことができ、ひょっとすると、読者がこれを読まれるころには、それよりもずっと安くなっているかもしれない。こうした技術は、大きな人間の集団や他の多くの生物におけるゲノム変異の研究を可能にする。それは、集団遺伝学を集団ゲノム学に変容させたのである。

数学が表現型の新たな研究方法を提供する

集団ゲノム学は、遺伝子型の研究という旅の終着点である。だが、同じことは表現型の研究には言えない。タンパク質の機能と、その相互作用を解明するために一九五〇年代半ばに始まった分子生物学の研究は、衰えることなく続いている。しかし一九九〇年代には、さらなる発展のために新しいやり方を採らなければならなかった。インスリン・シグナル伝達のような過程について、分子生物学は以前に、主要な遺伝子、それが指定《コード》するタンパク質、それらのタンパク質が何をし、どれとどれが相互作用するかをつきとめていた[51]。こうした情報はすべて、細胞の「紳士録（who-is-who）」や「相関図（who-knows-whom）」のようなものである。

一九九〇年代には、そのようなカタログだけでは、ある人物が糖尿病を発症するかどうかといった表現型を予測するには不足であることが明らかになってきた。関与しているタンパク質の数、タンパク質どうしの握手（結びつき）がどれほど固いものであるか、等々の多数の細かな点を補足することができていないのだ。数十の異なる種類の分子が糖尿病に関与しており、それぞれは糖尿病発症のリスクを数%だけ上昇させるのに寄与しているが、それらはその他多数と微妙な——そしてよくわかっていない——やり方で共謀して病気を引き起こす。

こういうわけだから、単にそうした分子とその性質をリストするだけでは、どこにもたどりつくことができないのである。こうした分子からなる各部分が、どのように協力し合って一つの表現型全体を形成するのかを正確に理解する必要があるのだ。

この統合を提供できる唯一の道具は数学である。数式は、豊かな実験データを取り込み、分子の密度と活性が時間とともにどう変わるかを記述することができる[52]。そして、こうした活性は、表現型を理解するための鍵である。たとえば、2型糖尿病では、患者の体はインスリン抵抗性で、健常者とは異なる表現型を示す。膵臓はインスリンを分泌するのだが、肝臓がぐずぐずした反応をする。インスリン受容体から始まるシグナル伝達の連鎖のどこかで、シグナル分子どうしの握手があまりにも弱く（あるいはあまりにもがっちりと握りすぎに）なってしまっているのである[53]。そしてこの変化がシグナル連鎖を下に向かって落ちていき、病気や苦痛を引き起こす。数学の強力な数量化だけが、そのような微妙な細部の理解を助けられるのである。単なる分子のカタログではそれを成し遂げることはできない。

分子の表現型を記述できる数式には一つだけ問題がある。つまり、そうした数式はそんなに単純ではないのだ。そこには、数十の実験から抽出された多数の変数——さまざまな分子とその相互作用——がある。こうした数式は鉛筆と紙では解けない。それらは現代のもっとも技巧に長《た》けた数学者にとってさえ手の届かないものだ。答えるにはコンピューターが必要である。

そしてコンピューターが「二一世紀の顕微鏡」になる

コンピューターは二一世紀の生物学にとって、写真におけるデジタル・カメラと同じように不可欠なものになっている。コンピューターは、単に科学機器——超低温フリーザーからエスプレッソ・マシーンまで――を作動させる以上のことをなしとげ、意味やそれ自体の意義をもつ装置である。一七世紀の顕微鏡と同じように、新しい世界への旅を可能にしてくれる。そこはあまりにも小さいので、電子顕微鏡を含めてもっとも強力な映像技術をもってしても解明することができない世界である。実際、コンピューターは二一世紀の顕微鏡といえる。それは、ダーウィンが存在さえ知らなかった分子の網の目の理解を助けてくれる。

コンピューター計算が中心的役割を占めるようになったのは最近のことだ。なぜなら、その歴史の大半において、生物学はデータの制約を受けていたからである。初期の探検家たちは、遠隔の地で新しい生物種を発見するのに何年もかけて航海しなければならなかった。分子の時代の初期においてさえ、一つの遺伝子を単離するのが数年がかりの仕事になることがあった。たえず加速していく技術のおかげで、はてしなく増大をつづける無数のデータベースは、遺伝子とゲノムについてだけでなく、生き物が抱えている何百万という分子の部品について、さらにそれらの分子が何をし、他のどの部品と相互作用しているかについての、生物学的な情報をあふれ出させつつある。いまでも毎年、こうしたデータベースには、何ギガバイト、何テラバイトもの新しいデータが入ってくる。新しい世代の科学者――コンピューター生物学者――は、ほかの人間が集めてきた情報だけを使い、もはや生きた生物で実験をしない。生物学者は、ほとんど無限のデータにアクセスできる情報科学者に変身しつつある。限界は私たちの想像力、およびそのデータのなかから自然の法則を検出する私たちの技量《スキル》に存在するのである。

そうしたスキルはまちがいなく挑戦を受けるだろう。なぜなら、いかにして新しい表現型が生じるかという謎は、一世紀以上にわたって科学の歩みを遅らせてきたからである。表現型が、点描派の描く絵のように、一度に一つずつの分子的変化によってつくりだされるものだと認識することは、その認識を使って、そうした絵が実際にどのように創作されたかを理解するのとは別の問題なのである。

この難題は、あなたと飲み屋のサービスタイムでの飲み過ぎ死のあいだに立ちふさがるアルコール脱水素酵素のような最小限の大きさのタンパク質をとってみてさえ、きわめて難しいものである。なぜなら、アミノ酸をつなぎあわせるやり方が、全宇宙の水素原子数よりも多いからだ。あらゆる新機軸《イノベーション》の源泉として、ダーウィンの時代以来ずっと念仏《マントラ》のように繰りかえされてきたランダムな変化をもちだすのは、人類が魚の体内に起源したというアナクシマンドロスの主張と同じほどにしか役に立たない。それはいわば別の名を与えることで、無知に目をつむるようなものである。だからといって、突然変異が重要でないとか、自然淘汰が絶対的に必須なものではないとかいう意味ではない[54]。ただ、茫然とするほどの確率の低さを考えると、自然淘汰だけでは不十分なのだ。私たちは、新機軸を加速するような原理を必要としているのである。

つい数年前まで、この原理はただ知られていなかったというだけでなく、まったく手の届かないものであり、その頃に本書を書くことはできなかっただろう。生命は分子によって構築されているので、新機軸を理解するためには分子について理解する必要がある。つまり、ＤＮＡに含まれた遺伝子型だけでなく、この遺伝子型がいかにして表現型をつくりあげるかを理解しなければならないのだ。人体のような表現型はたんなるＤＮＡの鎖ではない。それは目に見える生物体、その組織、細胞から下って、代謝分子、シグナル伝達分子、その他多くによって形成される分子の網の目、さらには個々のタンパク質のレベルにまでいたる存在の階層構造である。新しい表現型は、それぞれのレベルで発生しうる。たった三〇年前には、この茫然とするほどの複雑さについて、私たちはほとんど何も知らなかったのだ。

そして私たちがほとんど知らないとすれば、ダーウィンがどれほど知らなかったか想像してもらうだけでいい。彼が知らなかったことのリストは、実際上は現代生物学の百科事典である。彼は表現型がどのようにして遺伝するのかさえ知らなかった。メンデル以前の時代にあって、DNAや遺伝暗号のことはいわずもがな、遺伝子についても彼には何の知識もなかった。集団遺伝学についても何一つ知らず、発生生物学についてもほとんど知らなかった――分子がどのようにして体を形づくっているかを意識さえしていなかった。彼は生命の真の複雑さを漠然とさえ知らなかった（また彼以降の多くの人間も、それを無視しても問題ないと考えていた）。しかし、新機軸の謎を解くためには、そのことを取り込む必要があるのだ。

遺伝子型と表現型の関係の地図をどうやって描くか?

生命の複雑さを研究する従来の方法は、一つないし少数の遺伝子型およびその表現型に焦点を絞ることである。これこそ、そもそも初期の遺伝学者が多数の遺伝子を発見したやり方だ――表現型の変化の起源を、突然変異遺伝子までさかのぼっていくのである。後のゲノム時代には、DNAの一区画がなにをしているのかを突き止めるのに、同じアイデアがうまく適用できた。つまり、それを変異させて、表現型に何が起こるかを見るのである。こうした戦略は、驚くべき発見をもたらした。ハエに一対ではなく二対の翅をつくりだしたり、植物に変形した葉を生じさせたり、新しい栄養源で生き残れる微生物をつくりだしたりする遺伝子の突然変異が見つかった。これらの方法は、突然変異した遺伝子型や、奇妙な形で変化した表現型の何百という実例を生みだしたのである。

問題は、実例がまだ十分ではないことだ。探検家は一回だけ上陸して浜辺を歩いただけでは、新しく発見された大陸を地図に描き入れることができない。大陸の外郭線を描くためにそのまわりを周航する必要がある。デルタ河口から内陸部へ遡上しなければならないし、山岳域、砂漠、ジャングルを踏破する必要がある。私たちは生命の創造性という捉えどころのない地図――遺伝子型における個々の変化と、それが表現型にどのように影響を与えるかを示した遺伝子型＝表現型地図――を描くために、それと同じことをしなければならない。ダーウィンの仕事を完成させるためには遺伝子型＝表現型地図が必要なのである。[55]

最高の技術《テクノロジー》をもってしてさえ、そうした地図を描くのは簡単ではない。高解像度の地図をつくるためには、10^{130}以上の異なるアミノ酸鎖の、複雑に折りたたまれた表現型を理解する必要があり、そしてまだその先では、一つの表現型に、何千もの遺伝子とタンパク質によって生みだされるなんらかの高次の層が付け加わるのである。言い換えると、高解像度の地図を描くのは、困難どころか不可能なのだ。

ただし幸いなことに、私たちはこの新大陸の砂粒の一つ一つまで地図に描く必要はない。地形的な特徴についてだけ注意を払うのであれば、ずっと少ない数の遺伝子型を研究するだけでそこから立ち去ることができる。しかしそれでもなお、数千から数百万の遺伝子型を調べる必要がある。そういうわけだから、研究する表現型の無数の側面のうちどれにするかは、慎重に選ぶ必要がある。生命の歴史における新機軸《イノベーション》にとって重要なもので、地図を描けるだけの既存の情報、あるいは十分な予知の技術が存在するような場所を選び出す必要があるのだ。

こうした地図において、プラトン流の本質主義が、進化論のアンチヒーローとして役目を果たしてから数十年後にカムバックを果たそうとしている。[56] けれども、二一世紀の本質主義は、単純な幾何学図形からなっていたプラトンの世界よりもはるかに豊かだ。それは、自然がいかにして創造するかを理解する鍵となる、ダーウィン主義に匹敵するどころかそれよりずっと先まで進んだ、意味に満ちあふれた世界を明らかにする。この世界は、疾走《ギャロップ》するサリー・ガードナーの四本の脚すべてが地面から離れるのかどうかという疑問と同じように、私たちの肉眼では近づくことができないが、近年使えるようになった最高の技術なら探検することができる。そうした技術の助けによって、きらめく結晶のプラトン的世界、四〇億年ほど昔に生命の起源そのものと同時に始まった、生命のイノベーション能の基礎を明らかにすることができるのだ。

第二章　生命はいかにして始まったか？

始まりはＤＮＡだったわけではない。自己複製できるＲＮＡが始まりの候補だ。しかし、ＲＮＡは、栄養がなければ複製できない。つまり、その前に、生命の原材料を生産できる化学反応のネットワークが存在していなければならなかった。熱水噴出孔がその候補地だ

家庭で試してみることができるびっくりするような実験がある。コムギを容器に入れ、口を汚れた下着で密封する。二一日間待っていれば、ネズミが姿を現す。それも、生まれたばかりの赤ん坊ネズミではなく、りっぱな大人のネズミだ。少なくともこれが、一七世紀の医師で化学者のヤン・バプティスタ・ファン・ヘルモントが報告したものである(1)（彼はまた二個の煉瓦のあいだに置いたバジルからサソリが現れることも明らかにした）。

自然発生説を主張したのはファン・ヘルモントが最初というわけではなく、この学説は少なくともアリストテレスまでさかのぼる。むしろ彼はこの説の最後の信奉者の一人だった。現在ではコムギと下着が共謀して新しい生命をつくるという報告をする科学者はだれであれ、永久的に頭がおかしいというレッテルを貼られるだろうが、ファン・ヘルモントの杜撰《ずさん》な実験はそれほどの

騒ぎを引き起こすことなく、彼は一六四四年に尊敬すべき人物として死んだ。自然発生説は、彼の時代にはあまりにもひろく受け入れられていたため、彼の実験はわかりきったことを証明したにすぎなかったのだ。

自然発生説の消滅と、生命の起源としての自然発生の復権

ヘルモントが死んでから数十年後に、イタリア人医師フランチェスコ・レディは、こうした実験がどのようになされるべきか示した。(2) 瓶のなかに肉をほうりこみ、しばらくおいておくとウジが這いまわるようになるだろう。しかし、ウジは自然発生的につくりだされたものではない。レディが瓶にモスリンで覆いをしたときには、ウジは一匹も現れなかった。なぜなら、もはやハエが卵を肉に産みつけることができなかったからである。

レディは自然発生説衰退の速度を速めるのに一役買った。一七世紀のオランダの織物商でレンズの研磨職人でもあったアントニ・ファン・レーウェンフックもそうで、彼の顕微鏡は微生物の世界への扉を開いた。微生物は目に見える大きさの生物よりもはるかに小さかったので、しばらくのあいだ、まだ残っていた自然発生説信奉者たちの逃げ場を提供した。一八世紀に分解中の有機物質が微生物をつくると主張した英国の司祭、ジョン・ニーダムのような人物がそれに当たる。(3) そのもう一世紀後に、ルイ・パストゥールによって、ニーダムが因果関係をまったく取り違えていることが示された。すなわち、微生物が有機物質の分解を引き起こすのであり、その逆ではないのである。パストゥールは、肉汁とその周囲の空気を殺菌すれば、生命がけっして生じないことを示したとき、(4) 自然発生説を葬る棺に最後の釘を打ち込んだのだ。

パストゥールは、自然発生が存在しないことを実証できたのだが、彼やその同時代人たちには

その理由がわかるはずがなかった。その理由は、生命の起源が生物学者ではなく化学者にとっての問題なのだということである。そして一九世紀の化学者たちは、二〇世紀初めに新しい変異を理解しようと試みたメンデル主義者たちと同じ業病に悩まされた。早く生まれすぎたのだ。メンデレーエフはまだやっとのことで元素の周期表を思いついたところで、生命の化学は大きな盲点だった。化学全般は、それ自体としてれっきとした科学になるのに長い時間がかかったが、それはたぶん、化学が錬金術に深い淵源をもつがゆえだった。二〇世紀に入ってさえ、ノーベル賞を受賞した量子物理学者ヴォルフガング・パウリは最初の妻が化学者と一緒になって去っていったときに友人の一人にこう語ったという。「彼女が闘牛士を連れてきたのならおれも理解できただろうが、なんということのない化学者なんだよ……」(5)。

一世紀後の私たちは、自然発生説に立ちふさがる圧倒的な障害が、生命の途方もなく複雑な表現型によってもたらされる確率（蓋然性）の低さ、いやむしろ、起こりえない確率の高さであることを知っている。もし、たった一つのタンパク質、たった一つの特定のアミノ酸配列さえ自然発生的に出現することができないとすれば、何百万ものタンパク質やその他の複雑な分子を擁する大腸菌（*E. coli*）のような細菌が出現する確率はどれだけわずかだろうか。現代の生化学はその確率を計算することを可能にし、それによって複雑な生物体の自然発生説は粉砕されてしまう。

だがこれは、自然発生が生命の初期の歴史に起こらなかったという意味ではない。生命の起源が自然なものであるために、自然発生は必要だとさえ言えるが、その生命は現在の細胞、あるいは現在のタンパク質さえよりも、はるかに粗略な種類《フォーム》のものだった。地球の最初の生命の種類は、フェラーリよりも牛車にずっと近いものだった。実際には、牛車というよりはむしろ車輪に近いものだった。さらにこの車輪でさえ、一回の大きな跳躍でつくられたものではなく、多数の中間段階を経たものだった。長い時間をかけて降り積もった澱《おり》がその足跡を消してしまっているが、化学者たちは、そうした段階の一部を復元しており、それが本章の主題である。彼らは、どのようにしてそれが起こったかを示すだけでなく、より重要な一つの論点をも明らかにする。それは、生命そのものが出現する以前でさえ、自然の創造力は、現在用いられているのと同じ原理を用いていたという事実だ。その時々に、新しい化学反応と分子を通じて、新しい改良型が到来したのである。

「原始スープ」説の理論と実験

四〇億年以上前の地球の地質学的な歴史の始まりを画する冥王代（Hadean eon）の名は、いみじくも、ギリシア神話の冥界《ハデス》（＝地獄）に由来する。というのも、初期の地球は地獄のような場所だったからである。それは、気化した岩石の大気に囲まれた液状のマグマの表面とともに始まった。(6) そして表面が凝結して固い地殻に変わったあとでさえ、母なる大地は魅惑的な場所ではなかった。

宇宙空間から冥王代の地球を訪れたとすれば、そこには、無数の火山によってつけられた痘痕《あばた》だらけの地球の肌に、原始の海に降り注ぐスコールのような雨の蒸気が立ちこめるのが見えたはずだ。海が沸騰するのを妨げていたのは、大気――現在よりもはるかに濃密だった――の巨大な圧力だけだった。言うまでもないが、私たちがこの大気を吸い込めば、即座に倒れるだろう。致死的な量の二酸化炭素と水素を含んで有毒だったからである。(7) 機敏にかわして身を守る素早さも必要だっただろう。なぜなら、後期重爆撃期と呼ばれる年代に、繰り返し何度も巨大な隕石が初期の地球を打ちのめしたからである。いまでもその傷跡である月表面のクレーターを夜空に眺めて、ゾッとすることができる。とはいえ、地球上では大陸がかき混ぜられることで、そうした太古の天変地異の目に見える痕跡のほとんどは消え去ってしまっている。

現在の私たちは、太古の岩石からその年齢——および地球そのものの年齢——を知ることができる。岩石には、ゆっくりと時を刻むウランなどの化学物質が含まれていて、そうした化学物質の放射性崩壊の時計が、過ぎ去った何十億年の時間を記録しているからである。

この年代についてもっとも注目すべきことは、およそ三八億年前、最悪の時期が過ぎ去ったあとに生命が始動しはじめたそのスピードの速さだった。たった数億年後——現在の地球の年齢の一〇%以下——に、微生物の最初の化石が現れる。(8) マジックのように生命が出現する三八億年前の境界に近いところでさえ、太古の代謝の存在を告げる痕跡が、炭素の質量数の小さな同位体という形で、グリーンランド西部の岩石中に現れる。(9) 生命は時間を無駄にせず、可能になるやいなやほとんどただちに姿を現したのである。この事実は、生命の起源とその背後にある新機軸《イノベーション》が、手に入れるのが難しいものではなかったかもしれないことを物語っている。

しかもイノベーション能は生命そのものよりも古いものかもしれないのだ。

地球上における生命の出現については、その化学的な起源についての理論が必要になる。そうした理論のなかでもっとも早いものに、通常はアレクサンドル・オパーリンとJ・B・S・ホールデンに帰せられる「原始スープ」説がある。このホールデンは総合説で有名だが、一九二〇年代にそれについて書いていた。(10) けれども、驚くべきことに、つねに先見の明にすぐれたチャールズ・ダーウィンは彼らより半世紀も前に、その考えを抱いていた。一八七一年に友人のジョセフ・ダルトン・フッカーに宛てた手紙で、彼は「もし（しかしそれはなんという大きなもしであることか）どこかに、あらゆる種類のアンモニアのリン酸塩、光、熱、電気その他を備えた温かい小さな水たまりがあると想像できれば、そこではタンパク質化合物が化学的に形成され、さらに複雑な変化をとげる準備が整うだろう……」と推測している。そしてすぐそれに続けて、今日においてそのような温かい小さな水たまりを調べても無駄に終わるだろう、という適切な理由を述べている。すなわち、そのできた中身は、現在の生物によって「むさぼり食われるか、吸収されてしまうだろう[11]」というのだ。

原始スープ説は、一九五二年までの数十年間は思弁のままにとどまっていた。一九五二年、この説は、シカゴ大学のノーベル化学賞受賞者ハロルド・ユーリーの研究室の大学院生スタンリー・ミラーから強力な後押しを受けた。初期の大気中にあった気体組成について得られていた情報からの推測に基づいて、ミラーはそうした気体を容器に入れて密封し、原初の稲妻を模した放電スパークを浴びせてのち、その混合物を、濃縮した水の雨で洗った。たった数日で、多数の有機分子——ふつうは生きた生物によってつくられるもの——が、ミラーのミニチュア世界に現れた。

これは記念すべき発見だった。なぜなら、荒れ狂うわれらが地球の幼年期に、いかにして無機物質から有機物質が生じたかを示したからである[12]。そしてミラーの原始の海は、ただ単に有機分子をつくりだしただけではなかった。それは、現在のタンパク質の構成要素であるグリシンやアラニンのようなアミノ酸をつくりだしたのである[13]。後の実験では、糖やＤＮＡの構成材料を含めて、生命を構築する他の多くの物質もつくられた[14]。しかし、さらに重要なのは、ミラーの実験は、生命の起源を哲学的な思弁から、実験的なハード・サイエンスの領域に移行させたことだった。

生命の起源が宇宙からもたらされた可能性

一九六九年の九月に、世界は一九五二年にミラーが知らなかったこと、生命の分子が初期の地球よりもさらにずっと苛酷な環境下でも出現しうるということを教えられた。この九月に、爆発する火の玉が、オーストラリアのメルボルンから一六〇キロメートルほど北にある、人口数百人のマーチソンという町の頭上に、第二の太陽をつくりだした。この隕石は砕け散ったあとに一連の煙と小さな破片を残した。そのなかでもっとも大きな破片は納屋に激突したが、人に危害を与えることはなかった。宇宙からもたらされたこの事件が起きたのは、人類がはじめて月面上を歩いた二か月後で、科学者たちは、この地球外岩石の研究をしたくてうずうずしているときだった。

このうずきを引っ掻いた結果、マーチソン隕石がきわめて珍しい積み荷を載せていることが見つかった。この隕石は地球と同じほどの年齢で、何十億年ものあいだ宇宙空間をさまよってきたのだが、タンパク質の構成要素である数種のアミノ酸のほか、DNAの重要な構成要素であるプリンやピリミジンも含んでいた。二一世紀の分光学を用いた後の研究によると、多くはごく微量でしかなかったが、それが一万種類以上の異なる有機分子を含んでいることが明らかにされた。[15]

マーチソン隕石が自然の奇形《フリーク》ではないことを知っておくのは重要である。同じような隕石が地球に落下しており、数え切れないほど多くの他の岩石が天界のなかで有機物を運んでいる。[16] 幸いにも、もう一つほかの隕石が落ちてくるまで待つ必要はない。宇宙にある分子は、放射線を吸収あるいは放射する度合いを測定すればその構造が明らかになるので、電波望遠鏡のとびきり感度のいい耳は、星間ガスの雲のなかから群れをなしてささやきかける数百もの異なる有機分子の声を聞き分けることができる。実際には、ささやくというより、叫んでいるといったほうがいい。

なぜなら、そうした星間雲にある分子の四分の三は有機物で、グリシンのような、生命の鍵を握るアミノ酸を含んでいるからだ。[17] さらにたまたま、星間雲のなかでもっとも数の多い三原子からなる単一の分子はH_2O、すなわち水分子であり、私たちおよびわが地球がことのほか特別なものだという考えに対して一撃を与える。

生命の単純な構成要素は宇宙にあまりにも普遍的に存在するので、宇宙空間からの分子が地球そのものに生命の種を播いたのかもしれない。初期の地球を爆撃した隕石や彗星はことに、現在の地球のすべての海を満たしている量の一〇倍もの水と、現在の大気中にある量の一〇〇〇倍ものガスを放出していた。[18] おまけに、星間空間に見られる豊かな食べ放題の有機分子の食材を、それもびっくりするほどの分量で配達した。少なくとも一〇兆トンの、ひょっとしたらその一〇〇倍もの有機炭素が宇宙空間から地球の大気に入り込んだ。[19] これは現在の生きた細胞中を循環しているすべての炭素の、少なくとも一〇倍以上である。とりわけ重要なのは、地球の軌道を横切る彗星の後ろにくっついている尾の塵《ちり》だ。白熱の高温をともなうため、爆発しながら落下するあいだに有機物質の積み荷の一部が破壊される大型の彗星とちがって、彗星の塵は、目には見えないが止むことのない生命の種子の雨で地球を覆うだけである。[20] ひょっとしたら、私たちは本当に星屑でできているのかもしれない。

生命の分子の大部分がつくられたのは外宇宙か、それとも地球上かを知ることは、けっしてできないかもしれない。しかしそれにもかかわらず、これらの観察は、いくつかの単純で重要な教訓を含んでいる。一つめは、生命の分子が適切な環境では自然発生的に生じるということ。二つめは、その環境はダーウィンの温かい水たまりのような、近くにある宇宙のきわめて特殊な場所である必要はないということ。それは何光年の彼方かもしれないし、星間ガスのような遍在する場所でもありうるのだ。

三つめは、現在でもなお妥当な、新機軸《イノベーション》についての教訓——それについてはすでに述べたが——、すなわち新機軸は新しい分子とそれをつくりだす反応のまわりをめぐっているということである。イノベーション能を理解するためには、その起源を理解する必要がある。

生命の始まりは「代謝」か「複製」か？

生命の分子は、積み上げられた煉瓦と材木の山が邸宅ではないのと同じ意味で、それ自体はまだ生物ではない。生物は最低限、代謝すなわちエネルギーを取り入れ、化学元素を組み合わせて生命の分子的な構成要素に変える化学反応のネットワークを必要とする。生物はまた、もっと多くの自分自身をつくりだし（複製し）、自らの達成を遺伝的形質として未来の世代に伝えることができる必要がある。両親によく似た子がいなければ、ダーウィン流の進化は働くことができず、自然淘汰は不可能になるだろう。

これは、代謝と複製が同時に出現したにちがいないという意味ではない。今日においてさえ、両者がつねに一緒に起こるわけではない。ウイルスは複製するが、自らは代謝をもたず、その代わりに宿主細胞の代謝機構を乗っ取ってしまう。しかし本当の生物は代謝と複製の両方を必要とするのであり、この要件は、史上もっとも古い「ニワトリが先か卵が先か問題」を提起する。どちらが最初だったのだろう？

おそらく、DNA二重らせんのこの世のものとは思えないほどの美しさに幻惑されて、学界の主流は、長いあいだ、複製が最初にきたのだと考えてきた。しかしその起源を説明するのは難題である。なぜなら、現在の複製は極度に複雑だからだ。おまけに、DNAのヌクレオチド文字は自己複製するわけではなく、情報を運ぶだけだからである。DNAはRNAに転写され、それがタンパク質に翻訳されるのであり（38ページ図1）、こうしてできたタンパク質には、転写・複製を含めて、その他のあらゆる仕事《タスク》が振り当てられている。必要なスキルのすべてをもつタンパク質はないので、数十のタンパク質がそうした仕事を分担し、それぞれのタンパク質は厳密に定められたアミノ酸配列をもつ。

この洗練された分業は、もう一つの「ニワトリが先か卵が先か問題」をもたらす。こちらはタンパク質と核酸（DNAとRNAをあわせた総称）のどちらが先に来たかという問いである。両者を同時に出現させるというのは、あまりにも過大な要求だろう――自然発生説を却下した確率の低さを思い出すべきだ。しかし、もし最初の生物が一個の自己複製子からできていたとすれば、この分子のアダム（あるいはエヴァ）は驚くほど多才で、情報を運ぶことも自らのコピーをつくることもできなければならないことになるだろう。

一九五三年の二重らせんの発見において、ワトソンとクリックはすでに、複製の鍵を握っているのがDNAの相補的な塩基の対合――GとCおよびAとTの――であることを認識していた。この対合が二重らせんを互いにくっつけあうのである。彼らの言葉を使えば、それは「遺伝物質の想定される複製メカニズムをただちに示唆している」[21]。このメカニズムこそがまさしく、最初の自己複製子の候補からタンパク質を排除する。なぜなら、タンパク質のアミノ酸部分は、そのような形で情報を伝達することができないからだ。タンパク質は、DNAの鎖が二重らせんのねじれた梯子を形成することを可能にする単純な相補性を欠いているのである。

そう、タンパク質は自己複製の能力に乏しいのである。しかし核酸はほかのあらゆることにおいて能力が低い。核酸はタンパク質が得意としていることができただろうか？　自らの複製を触媒することができただろうか？　そもそも何かを触媒することができただろうか？　DNAの目的と構造はそれがありえないように思わせるものだった。DNAの主たる仕事《タスク》は、世代から世代へ、そのまた先の世代へと、情報を安定的かつ忠実に貯えること以外は、できるだけなにもしないことだからである。(22)酵素の発見から半世紀以上のあいだ、ほとんどの科学者は、核酸ではなく、タンパク質だけが化学反応を触媒できると考えてきた。

RNAは最初の自己複製子だったのか？

それゆえ、最初の自己複製子がどういう素材でできていたかは、謎のままだった。それは、化学者のトマス・チェックとシドニー・アルトマンがRNAを醜いアヒルの子からハクチョウに変身させた一九八二年までのことだった。(23)RNAは分子生物学の継子であり、もっぱらDNAからタンパク質を合成する複雑な分子機械としてのリボソームへ情報を運ぶメッセンジャーとされてきた。(24)しかしこの二人の化学者は、RNAがそれだけで化学反応を触媒できるという発見をもって科学の世界に衝撃を与えた。

RNAがタンパク質の仕事をやってのけられるという知識は、他の多くの発見の触媒——洒落をご容赦——となった。まもなく、生物学者たちはRNAが古い歴史、タンパク質やDNAさえよりも古い歴史をもち、RNAこそが初期の生命の闇に没した世界を支配していたことに気づいた。(25)けれども架空のアトランティス大陸とちがって、この世界は多くの痕跡を残していた。その一つは、RNAが現在でも生物の司令センターにおいて最重要な分子でありつづけていることである。たとえば、何十というタンパク質と少数のRNA分子を含むリボソーム機構においては、RNA——タンパク質ではなく——が、リボソーム自身のタンパク質をつくることを含めて、アミノ酸をつなげてタンパク質にするのを触媒している。[26]

RNAはかつて、生命の情報を運ぶと同時に自らの複製の触媒も助けていたのかもしれないが、どうやってそれができたのか、さっぱりわからない。この最初のイノベーション、生命の起源を見つけるのに、自ら複製する単純な分子をもし構築することができれば役に立つだろう。この分子は、RNAの複製を触媒する酵素である一種のRNAレプリカーゼになるはずだ。[27]

今日の最良の化学者のうちの何人かが、この単一のレプリカーゼを探そうとしている。これまでのところ、彼らの最善の努力は、ある程度の複製能力をもつ一八九文字長のRNAをつくりだした――それは実際に自分のコピーをつくることができるが、およそ一四文字という短い分子テンプレートに関してのコピーだけである。[28]だがこのことは、いくつかの障害を克服できれば、RNAを基本とする複製がうまく機能するかもしれないことを物語っている。

障害の一つは、核酸を複製可能にしている特徴――塩基対合――そのものからやってくる。相補的な塩基は糊のように互いにくっつきあうが、そのことは、レプリカーゼによってくっついた親分子とそれと相補的な鎖が、冷まされると、おなじみの二本鎖DNAと同じような二本鎖RNAになることを意味する。自身からもう一つ同じコピーをつくるためには、それぞれの情報が読み取れるように、両方のコピーが離ればなれになっていなければならない。しかし、あなた――あるいはレプリカーゼ――が両者を引き離すやいなや、それぞれの粘着力のある塩基は冷まされると二枚の粘着テープのようにくっついてしまう。複製を可能にするのとまさに同じ特徴が最悪の敵なのである。

もう一つの問題は、最初のレプリカーゼに計り知れないほどの正確さが要求されることだ。なぜなら、いいかげんなレプリカーゼは、ノーベル化学賞受賞者のマンフレート・アイゲンが発見し、命名した過程であるエラー・カタストロフの引き金を引いてしまうからだ[29]。

エラー・カタストロフを理解するには、中世の修道士たちがどのようにして、冗漫な文章を一文字ずつ模写しながら、聖典を複製したかを考えてみるのが役に立つ。もし一人の修道士が一文を読み誤まると、その誤り《エラー》はそのコピーに受け継がれるかもしれない。第二の筆写生が、自分自身の写本に誤りを取り入れるだけでなく、そこから次々、修道士から修道士へ、何世代も何世紀にもわたって、その誤りを増殖させてしまい、テキストはゆっくりと意味のない文字のごたまぜになってしまいかねない。

分子テキストにその唯一の能力が暗号化されているRNAレプリカーゼも同じような問題に直面するが、そこには一ひねりが付け加わっている。すなわち、RNAワールドでは、修道士と彼が模写するテキストが同一のものなのである。レプリカーゼは自ら転写する本であり、その誤り《エラー》は、テキストそのものを損なうだけでなく、コピーする自らの能力をも損なう。その後の世代の修道士はますます誤りをおかしがちになっていくのである。

ほとんど誤りのない自分のコピーをつくるレプリカーゼだけが、自らを複製するというまさにその能力を暗号化した文字配列のなかに、情報を保存することができる。しかし、それがあまりにもいい加減であれば、そのコピーの大部分は劣った——遅いだけでなく、忠実性でも——レプリカーゼとなり、時間の経過とともに、もとの情報が失われた役に立たない分子へと退化していくだろう。

ノーベル賞を受賞してから四年後の一九七一年に、マンフレート・アイゲンは、このエラー・カタストロフを避けるのに必要な正確さを計算した。彼は、レプリカーゼが長くなればなるほど、より高い正確さが求められることを見いだした。経験則でいえば、五〇ヌクレオチドのレプリカーゼの場合、誤読は五〇のヌクレオチドにつき一以下でなければならないのに対して、一〇〇ヌクレオチドをもつレプリカーゼは、一〇〇ヌクレオチドにつき一以下でなければならず、もっと長いレプリカーゼについても同様のことが言える。[30] 現在つくりだされた一八九文字の最良の候補は、それよりも数倍誤読が多い。[31] それでは、たとえ自己複製できたとしても、エラー・カタストロフの断崖からまっさかさまに転がり落ちてしまうことになるだろう。

幸い、今日の生物はもっとうまくやっている。酵素タンパク質によるＤＮＡ複製機構は、一〇〇万字当たり一以下の誤読しか犯さない。[32] しかし、その正確さは、複雑さという代償の上に成り立っている。この機構には、校正し、他のタンパク質の誤りを正す、高度に特殊化したタンパク質が含まれていて、まるですべてのテキストが、お互いの肩越しにのぞきあう一団の修道士によって複写されているかのようである。これらのタンパク質は長い遺伝子、いかなる原初のＲＮＡがありえたよりもはるかに長い遺伝子によって指定《コード》されている。そして長い時間にわたって情報を保存するためには、彼らが監督する複製は極度に正確である必要がある。

ここには次の「ニワトリが先か卵が先か問題」がうろついていることにすでに気づかれた人がおられるかもしれない。これはアイゲンのパラドクスとも呼ばれているものである。すなわち、忠実な複製には長くて複雑な分子が必要だが、長い分子は忠実な複製を必要とするのだ。現在まで、自然は、この迷路からの出口を示してくれていないのだが、第六章で見るように、現在の生物に見られるイノベーション能の原理は、一つの手がかりを与えてくれる。

やはり生命は複製ではなく代謝から始まった

ＲＮＡの迷惑な接着性と破滅《カタストロフ》的なアイゲン・パラドクスは、それだけですでに、レプリカーぜが生命の最初のイノベーションだという考えに対する、たじろぐほどの障害である。しかしそれさえ、ヒマラヤ山脈に匹敵する第三の難題にとっては単なる麓でしかない。その難題とは、原材料——炭素、窒素、水素をはじめとするあらゆる必要な元素をも含み、大きなエネルギーを貯えた分子——の十分に豊かな供給源を見つけるということである。

そうした分子の例としては、DNAの文字であるヌクレオチドの高エネルギー分子の先駆体などがあり、現代の複製タンパク質はそれを、DNAをコピーするときには毎秒一〇〇〇個も消費する。[33] そしてたとえ初期のレプリカーゼがずっと遅く効率の悪い——ひょっとしたら、一秒に一文字で、自らを複製するのに三分ほどかかったかもしれない——ものだったにせよ、原材料の需要が消えてなくなるわけではない。[34] それぞれのコピーそれ自体がレプリカーゼであるから、コピーの数も、さらに多くのコピーをつくる能力も、着実に増大していくだろう。現代の基準からすれば氷河のように緩慢な複製速度であったとしてさえ、このことは結果としては指数関数的な人口爆発と、原材料であるヌクレオチドに対する莫大な需要をもたらすだろう。最初の六時間で、この集団はすでに一トンをむさぼり食っているだろうし、一日後には二トン半、一週間後には消費された原材料のヌクレオチドは八〇万トンをくだらないはずだ。

ひとたび生命が到来すると、それは急速に増殖して、高エネルギー物質の継続的な供給を貪欲に求める分子の大軍となる。あらゆる軍事的遠征と同じように、継続的な補給網がなければ、大軍はたちまち崩壊してしまう。そのうえ、安定した食糧供給がなければ、ダーウィン主義的な進化や自然淘汰は機能しない。その力は、何世代もかけて展開され、したがって複製、それも大量の複製を必要とする。加えて、レプリカーゼが兵士と同じように、死んでいくことも厄介の種だ。[35] 時間がたつうちに、それらは他の分子とのランダムな衝突を通じて壊れていく。飢餓状態では、コピーをつくれるより早く壊れてしまうだろう。この惑星を征服しようとする生命の作戦行動は、湿ったマッチのように、点火したとたんに立ち消えになってしまうだろう。

ミラーの実験や星間化学反応によってつくりだされる補給網では、この軍勢を維持するには不足である。それらは、生命が原材料として欲しがるアミノ酸のような分子をつくりだすことはできるけれど、継続的に生命を食べさせるのに足るだけの量をつくりだすことはできない。ミラーの実験では、およそ一キログラムの炭素から数ミリグラムの有機分子をつくるのに何日もかかる。[36]十分な時間があれば、隕石が何メガトンもの有機炭素の持ち込みを助けてくれるかもしれないが、最初の自己複製子は、その同じ時点で、しかも同じ場所で、膨大な量の食糧がないかぎり飢えてしまうだろう。命の維持を隕石に頼るというのは、数日おきに裏庭に肥料運搬トラックが突入するのをあてにするようなものである。

こういったことすべては、自己複製子が最初という考えが、馬の前に荷車をつなぐような本末転倒ではないかというきりきり痛むような疑念を残す。二重らせんの美しさに幻惑されて、この考えの支持者たちは、光り輝く洗練された自動車製造工場を夢見ていた――信頼すべき部品の供給が存在する前に。この工場の高度の処理能力をもつ組み立てラインは、車輪、アクセル、トランスミッション、およびエンジンが大量に製造できなければ、役に立たない。もし、供給の流れがあまりにも遅く、二、三年ごとに一台しか自動車がつくれないとしたら、衰退と、最終的には破産が避けがたいことになるだろう。これに代わりうる明瞭な代替案は、一つの自己複製分子が出現できるより前に、供給ネットワーク、生命の原材料を生産できる化学反応のネットワークが、存在していなければならなかったというものである。

言い換えれば、生命は自己複製子としてではなく、代謝として出発したのである。[37]

では、最初の代謝はどうやって始まったのか？

適切な分子どうしが十分に近づいたとき、エネルギーと生命の構成要素を生産するのに必要な化学反応が進行した――最終的に。しかし、この最終的にというのは、長い時間、非常に長い時間のあとのことだったかもしれない。生命の化学反応のあるものは、助けなしに進行するには何千年も要することだろう。この理由から、代謝には、化学反応の速度をスピードアップすることを主たる任務とする触媒が必要になる。

触媒は驚くべき特性をもっている。熱――原子および分子の絶え間ない跳ね返りと振動――によって動かされて、他の分子の配置を変え、それぞれの分子の原子どうしが接触し、反応するようにすることができるが、自らは超然としたままでいて、その反応によって消費されることもない。触媒は代謝という火事の燃焼促進剤である。その主要な仕事は、特定の化学反応のための活性化エネルギーを低下させ、何桁ものオーダーで反応を加速させることである。現代の代謝の触媒は酵素タンパク質で、極めて効率的で洗練された化学薬品であり、それぞれが一つの化学反応に特化しており、なかにはその反応を一兆倍以上も加速するものもある[38]。人体は、そうした触媒を数千も抱えている。これもまた幸いである。そのうちの一つが行き詰まれば、私たちは供給源のない初期の自己複製子のように死んで、消滅していたことだろう。

しかし三八億年前、タンパク質の触媒はまだ発明されていなかった。ダーウィンの「温かい小さな水たまり」は触媒の供給源としては貧弱で、その点こそ化学者が水たまり説に魅力を感じなくなっていた理由の一つである[39]。もう一つの理由は、二つの分子が反応できるより前に出会わなければならないことである。分子は、原子の熱振動によって水中をでたらめに押し分けて進むので、分子どうしの出会いは確率的な出来事であり、その確率は、一定量の水中に含まれる分子の数に比例する。分子数があまりにも少ないと、あまりにもわずかな反応しか起こらない。言い換えれば、代謝は当該の分子が濃縮されたところでしか進行しえない。あまりにも大きなボウルに入れて薄めてしまえば、原始の生命は始まる前に終わってしまうだろう。これこそ、化学者が遊泳用のプールではなく、小さな試験管内で実験をおこなう理由である。原始の海に洗い流されてしまえば、新しくつくられた分子を二度とふたたび見ることはないだろう。

ダーウィンの温かい水たまりの変形である海岸のタイドプール（潮だまり）がこの最後の難問を解決するのではないかと考える人もいる。低潮時に、タイドプールの水は熱によって蒸発し、したがって化学物質は濃縮される。高潮時には流れ込んでくる新しい海水がこの汁をかき混ぜることができる。

しかし、地球の暴力的な草創期は、浜辺で過ごす休暇のごとく穏やかなこのシナリオに疑問を投げかける。月は地球から現在の三分の一しか離れていない距離で周回し、海を強力に引っ張り、現在よりも少なくとも三〇倍は高い大潮位をつくりだしていた。おまけに、月は能動的に地球のまわりを回転していて（自らは二倍の速さで自転していた）、五日ごとに地球を一巡りし、二、三時間ごとにそうした極端な高潮位をつくりだしていたから、生命の原料が濃縮できる時間はほとんど残されていなかっただろう。(40)

生命の始まりの候補地、熱水噴出孔

進化生物学は数十年にわたって、よりすぐれたより小さな試験管に恋い焦がれつづけてきたが、ついに、その祈りに対する答えが青い海、それも深海からやってきた。一九七七年、深海探査潜水艇アルヴィン号が、ガラパゴス諸島近くの、水深二〇〇〇メートル以上の太平洋海底で異様な生物群を発見した。[41] 赤い冠毛状の鰓《えら》突起をもち、口のない全長二メートル以上のチューブワーム（ハオリムシ）、硫化鉄でできた殻と足をもつ巻き貝、そして眼のないエビが、この深海底で生育していた。それまで見たこともない微生物がクッションのように一面に張りつき、食物としての役目も果たしている。この生物群集でさらにいっそう奇妙なのは、それらがどうして生き延びているかである。その原材料は母なる地球そのものから、地殻の煮えたぎる熱い裂け目を通って直接やってきており、それには、栄養・化学エネルギー、そして温かい小さな水たまりには欠けていた触媒がふんだんに含まれている。

冷たい海水が、こうした熱水噴出孔から染みこみ、沈んでいって巨大なマグマだまりの近くに到達し、そこで沸点以上にまで熱せられる。そこから、大気中の熱気と同じように上昇し、ついには頭上の冷たい海水とふたたび融合するようになる。深海の火山を通りぬける旅程において、この熱せられた海水は、地殻から鉱物、ガス、その他の栄養物を含む濃厚な汁をしみ出させる。冷やされていくにつれて、それらの物質は湿気を帯びた空気から雪ができるのと同じように凝結する。けれども雪とちがって、それらの物質はゆっくりと寄り集まって、高さ六〇メートルを超えるような巨大な煙突になる。成長するあいだ、こうした煙突は、熱水と小さな粒子が混ざり合ったものを噴出しつづけるので、スモーカー――含まれる化学物質の性質によって黒または白の煙を吐く――というふさわしい名を与えられた。[42]

熱水噴出孔を通り抜ける熱い海水は、生命の明らかなエネルギー源のように思えるかもしれないが、それはいちばん重要な点ではない――スープをつくるのは熱ではなく、原料なのである。噴出液には、卵の腐ったにおいの源である硫化水素のような、大きなエネルギーをもつ化学物質が豊富に含まれている。こうした火山化合物質は私たちにとっては純然たる毒物であるが、一部の微生物にとっては豊穣な燃料である。光合成をする——太陽からエネルギーを取りだし、二酸化炭素から複雑な分子を構築する——植物とちがって、これらの微生物は化学合成をする。[43] 彼らは、大きなエネルギーを含む無機分子だけでなく、噴出孔の豊富な炭素その他の元素をも取り込んで、自分に必要な有機分子を構築する。[44]

そして、彼らの生き方が、一つの噴出孔の周辺で生きていく唯一の方法というわけではない。そこは大洋の水表面から二〇〇〇メートルも下の漆黒の闇——水深二〇〇メートル以上ではいかなる太陽光もほとんど射し込まない——であるが、熱せられた噴出孔はかすかな輝きを放ち、一部の細菌がその光をエネルギー源として貪《むさぼ》ることができる。[45] 噴出孔の食糧供給法は風変わりかもしれないが、きわめて効率的でもあり、周囲の海底より数千倍も多い生物を擁するオアシスを支えている。[46]

ダーウィンの水たまりのぬるいスープとちがって、深海底の熱水噴出孔は原始の圧力釜である。沸騰は一キロメートルもの高さに達する水柱の圧力によってのみ抑えられている。この圧力は二〇〇気圧——一平方メートル当たり二〇〇〇トンの重しが載っているのに匹敵する——もある。驚くべきことに、このように極端な条件下でさえ、生命をおしとどめることがないのは、現在の地球における最大圧力記録保持者が証明しているとおりである。メタノピュルス・カンドレリという微生物は一二二℃以上の温度でも繁殖することができるが、この温度は微生物学者が器具を滅菌するときに使う温度よりも高い[47]（この超好熱メタン菌が高温すぎて繁殖できなくなるのは一三〇℃になってからだが、この温度でもまだ生き延びる）。

ダーウィンがビーグル号で訪れて以来、ガラパゴス諸島は、なみはずれて実り多い進化の実験室として有名になった。この火山群島は、すでに巨大な陸ガメ、独特な海イグアナ、そして遊び好きなガラパゴスアシカを生みだしていた。それゆえ、わずか四〇〇キロメートルしか離れていないところにあるもう一つの異様な見かけの実験室、すなわち熱水噴出孔は、たとえ退屈だとしてもぴったりのお仲間に思えるかもしれない。しかし熱水噴出孔は異例ではない。地球のあらゆる海域で、何千もの噴出孔が煙を上げている。地核からマグマが上昇し、海床を押し広げようとするところならどこでも噴出孔はできる。それが見られるのは、中央海嶺と呼ばれる海底火山の巨大な連鎖に沿ったあらゆる場所である。中央海嶺は、地球の奥深くまで達する長い傷跡で、傷から噴き出す液状のマグマが地殻をたえず更新しているのである。テニスボールの縫い目とちょっと似ていて、海嶺は地球の周囲をぐるりと巡っていて、ロッキー山脈、アンデス山脈、ヒマラヤ山脈を合わせたものの四倍の長さになり、地球の円周の二倍以上ある――そのすべては海中にある。その長さと同じくらい強い印象を受けるのは、この火山連鎖に散らばっている熱水噴出孔を通り抜ける海水の量である。それは毎年、二〇〇立方キロメートルにもなり、このことは、一〇〇万年ごとに一つないし二つの噴出孔を海水の全量が通過することを意味する。[48]

熱水噴出孔は生命の起源の候補として人気を博するようになったが、これと似たような苛酷な条件に耐える原始的な種類の生物の存在が、その最大の理由というわけではない。もっと重要なのは、エネルギーおよび化学元素の供給源が、その栄養豊かな海水のいたるところにあることだ。また、こうした噴出孔は、液体の海そのものと同じほど古いもので、生命が始まるよりずっと前から、栄養物を噴出しつづけてきた。生命が出現して以来、すべての海水は噴出孔を一万回以上通過しており、これは海全体に生命の種子をまきちらすのに十分な回数だった。

さらにうまいことに、熱水噴出孔は、温かい小さな水たまりを悩ませていたいくつかの問題をも解決する。噴出孔はまさに必要とされるものにぴったりの試験管を、それも膨大な量で、提供してくれるのだ。湧き上がってくる熱水からの沈殿物が積み重なって高くなっていく煙突の形状は、なめらかでも、単純でもない。噴出孔液からの沈殿物を付け加えて成長していくにつれて、煙突は無数の小さな穴や水路で一杯になり、その穴や水路の一つ一つが、外の海に洗い流されることなく顕微鏡でしか見えないほど微量の分子が混ざり合って再結合できる、非常に小さな試験管になる。こうした煙突は、何百万という小さな反応室が詰め込まれた、たえず成長をつづける実験研究室のようなものだと考えてほしい[49]。

　それだけではまだ足りないといわんばかりに、これらの実験室は、酵素ではなく、硫化鉄や硫化亜鉛のような鉱物の触媒をも備えるようになる。そうした鉱物のあるものは噴出孔液に粒子として漂い、別のものはそこの反応室の表面を覆っている[50]。しかし、熱い噴出孔液と冷たい海水の混合はさらにもう一つの利点をもたらす。生命の複雑な分子を構築する反応も、それを壊す反応もどちらも、高温のときにより速く進行する。噴出孔の焼けるような熱は生命の分子を不安定にするが、そのまわりのもっと低い温度の水中では、生命の反応があまりにもゆっくりとしか進まない。しかし、噴出孔のまわりにはあらゆる温度の海水が混ざり合っているので、原始生命の化学変化のどの一つにとっても、ふさわしい温度のニッチ（適所）が存在するのである。

最初の代謝の最有力候補、クエン酸回路

　熱水噴出孔は、最初の代謝をつくりだした実験室であった可能性が高い。しかし、たとえそのことを確信できたとしても――生命の起源研究者のあいだでそれほど意見が一致しているわけではない――、この知識それ自体で、どの化学反応が生命の歴史における最初の新機軸《イノベーション》を構成して

いたかを特定することはできないだろう。最有力な候補者は、私たちヒトの代謝の最古の部分に見られる反応で、それらの反応は他の動物とだけでなく、植物や、熱水噴出孔周辺の苛酷な条件下に生きている微生物にも共有されているものでなければならない。そうした可能性をもつもののなかから、一つの候補者が浮かび上がってくる。すなわちクエン酸回路と呼ばれる、短い化学反応回路である。

この回路は一〇の化学反応を用いて、一分子のクエン酸（レモンに酸っぱい味を与えている物質）を変換して、聞き慣れない名をもついくつかの中間産物——ピルビン酸、オキサロ酢酸、酢酸、その他——を介して、回路を一回りしたのちにもう一分子のクエン酸を生成するものである。[51]

一分子から二分子を生成する化学反応回路というのは、一九世紀の悪評久しい永久機関と同じように、いかがわしい感じがする。しかしこの回路はいかなる物理法則も犯してはいない。それは、出発点にあるクエン酸分子を二つの小さな分子に分割し、それから、二酸化炭素由来の炭素を材料にし、高いエネルギーをもつ栄養物質をエネルギー源にした反応によって、新しい分子を一歩ずつ生成していく。

クエン酸回路の各部分は、地球上で知られている最古の生物に見られるが、その太古からの遺産だけが、クエン酸回路を最初の代謝の最有力な候補者とする唯一の理由ではない。[52]この回路がつくりだす分子は生命の他の多くの構成要素の原料でもあるのだ。オキサロ酢酸は、複数のアミノ酸やＤＮＡのヌクレオチドを構成する原子を提供し、おなじくピルビン酸はいくつかの糖に、酢酸は脂質——細胞膜にとってもっとも重要な成分——に原子を提供する等々である。[53]生命が必要とするものをつくりだすことができる一つの中核的な代謝を探すとすれば、それはクエン酸回路ということになるだろう。

おまけに、クエン酸回路はきわめて多能である。というのも、二つの方向に進むことができるからである。[54] 最初の方向は先に述べたように、新しい分子を構築するという仕事を遂行するもので、無機分子の化学電池《バッテリー》で動くエンジンにちょっとばかり似た働き方をする。熱水噴出孔に生息するような種類の細菌、化学合成をするような細菌は、この方向で使っている。[55] 逆方向に進むとき、クエン酸回路は生命の動力であるこの化学電池を充電する。私たちの体は、食べた食物から化学エネルギーをつくりだすときに、この方向に回路を進めるのである。

　クエン酸回路が太古の遺産で、生命の構成要素の供給源であり、多能性（versatility）をもつことはすべて、それが最有力候補であることを支持しているとはいえ、この回路を始動させるミラーの実験のようなものが待ち望まれる。あまり期待しないでほしい。そのような実験はミラーの実験よりもはるかにむずかしいだろう。なぜなら、熱水噴出孔は極めて極端な条件をつくりだしているからである。そのうえ、煙突という化学反応室は、初期の生命にとって不可欠な生息環境《ハビタット》であったと思われる複雑な形状と、化学的被覆《コーティング》をもっていた。このような試験管の注文をメールで正確に発注することなどできない。クエン酸回路全体がどのように自然発生できたのか、まだわかってはいないのだが、いくつかの実験はすでに正しい行き先を示している。すなわち、硫化鉄や硫化亜鉛のような触媒によって、鍵となる分子であるピルビン酸が、実験室の高温高圧のもとで自然発生的につくりだされ、この回路の化学反応のいくつかが自力で進行するのである。[56]

　クエン酸回路は、もう一つ別の理由でも魅力的である。それは自分自身をもう一個つくりだすのである。回路が一回りするとき、最初にあった一つの分子を二つに変身させ、それぞれが新しい回路とそのすべての分子を産み落とし、結果的に、四分子をつくりだす、……ということがつづく。化学者はこの性質を自己触媒反応（autocatalysis）と呼んでいるが、これは現在の細胞と原始的なRNA複製因子を同等に定義するためのしゃれた用語である。

クエン酸回路の自己触媒反応はRNAレプリカーゼのとらえどころのない自己触媒反応とは異なっている。クエン酸回路は自身を直接コピーするわけではないし、回路の他の分子をコピーもしない。その代わりに、回路の反応のネットワーク全体を通じて間接的にコピーされるのだ。仮想のRNAレプリカーゼは自己複製分子ではあるかもしれないが、クエン酸回路は化学反応の自己触媒ネットワークなのだ。これは、クエン酸回路の欠点ではなく、生命の特性を定義するのに、RNA複製因子とその遺伝情報は必要ないかもしれないという、もう一つのヒントなのである——生命は遺伝子に先だって存在することができるのだ。[57]

クエン酸回路がすべての代謝活動の始祖であったかどうかは（まだ）わかっていない。RNA複製因子に先立ってなんらかの種類の代謝が出現したかどうかもわかっていない。けれども、私たちにわかっているのは、この地球の歴史において、生きていると呼ぶに値するまさに最初のモノは、その飢えを鎮めるために自己触媒的な代謝をもつ必要があったということだ。

そうした代謝は、単なる部品の供給連鎖以上のものである。なぜなら、部品供給者のそれぞれがさらに多くの供給者をつくりだすので、たえずより多数の部品を生産していくことができるからである。そしていったん、工場と部品供給連鎖が存在するようになれば、ダーウィン主義的な進化が介入できるのだ。進化はよりすぐれた工場を残すことができ、それが供給者に改善を要求し、その結果さらにすぐれた工場が可能になるという具合に、終わることのない進化のサイクルのなかで、すべてがさらに高い状態に持ち上げられていく。

熱水噴出孔がこの回路の接続をも助けることができたというのは、たぶん偶然の一致以上のことなのだろう。というのも、熱水噴出孔にはモンモリロナイトと呼ばれるもう一つの興味深い触媒が含まれているからだ。この名はフランスのモンモリヨンという町の名にちなむもので、この地で農民たちは水持ちの悪い土壌で水分を保つために、この粘土鉱物を用いていた。二〇世紀の末に、ジム・フェリスらは、モンモリロナイトのもう一つ有益な性質を明らかにした。彼らはそれが自然発生的に小さなＲＮＡ構成要素を寄せ集めて、五〇ヌクレオチド以上の長さのＲＮＡ鎖につなげることができるのを発見したのである[58]。

自己組織化による生体膜の形成

ひとたび、代謝と複製がそろえば、生命はいつでもその揺りかごから這い出せる準備が整ったわけだが、まだほかに旅行カバンが必要だった。現在のすべての生物は、その分子を包み込むのにどれも同じ、ギリシア語の「両方」と「好き」を意味する単語に由来する両親媒性（amphiphilic）の液状分子を使っている。両親媒性分子は水と脂の両方が「好き」である。というのも、その一方の端は水と混じり合うのに対して、もう一端は水を避ける――水たまりで油が薄い膜としてひろがるのと同じように――からである。

溶液中の脂質分子を観察してみれば驚かされる。脂質分子は小胞（vesicle）、すなわち小さな球状の膜によって閉じられた中空の液滴を形成することができ、そのなかで脂質分子は図2に示したような配置をとる[59]。導き手なしにこれらの分子がどのようにして行動し、秩序だった配置を取れるのかは神秘的に思えるかもしれないが、理解するのはそれほど難しくない。この配置は、それぞれの分子の親水性部分と疎水性部分の両方を満足させるのである。親水的な部分（図中の●）は水に近づき、疎水的な部分（図中の棒）は水から遠ざかる（そして部分どうしは近づく）。

それだけでなく、こうした膜は、溶液に新しい脂質分子を追加してやれば、それらを取り込んで、自発的に成長することができ、さらに自己触媒的に成長する。大きくなればなるほど、より迅速に成長することができる。

こうした膜の構成要素がどこからやってきたかを理解するために、遠くまで探しにいく必要はない。クエン酸回路がその先駆体の一つを産生するし、それはマーチソン隕石のような地球外岩石のなかにさえ生じている。粉々になった隕石を水と一緒に加熱すると、勝手に寄り集まって小胞になる分子が見つかるだろう。[60]おまけに、RNA鎖をつなぎあわせることができる同じ噴出孔鉱物であるモンモリロナイトが、膜の組み立てを加速することができるのである。そして熱水噴出孔は、膜の原料を濃縮することによって、さらなる手段で手助けができる。これが、ハーヴァード大学のジャック・ショスタクを中心としたチームが、彼らの研究室に熱水噴出孔とよく似た小さな化学反応室を復元したときに発見したことだ。彼らは少量の脂質を毛細管に入れて加熱したところ、一端で脂質が濃縮されて、小胞を形成するのが見られたのである。[61]すべてがひとりでになしとげられたのだ。

このような複雑さの一切が適切な原料さえあれば、それだけで出現するというのは、ファン・ヘルモントの自然発生説を思い起こさせる。しかし、そこには決定的な違いがある。自然発生――ネズミ、ウジ、あるいは微生物の――には、たぶん超自然的な謎の生命力が必要だとされたのだが、そのことは、ブフナーによる酵素の発見で愚かな迷信であることが暴露され始めていた。[62]それと比べて、膜や分子の自発的な形成――現代的な用語でいえば自己組織化――には世俗的な物理学と化学がありさえすればいい。膜の組み立てに必要なのは、同じような分子が引きつけられ合うことだけである。火山の粒子が自分たちで寄り集まって、海中にそそりたつ構築物をつく

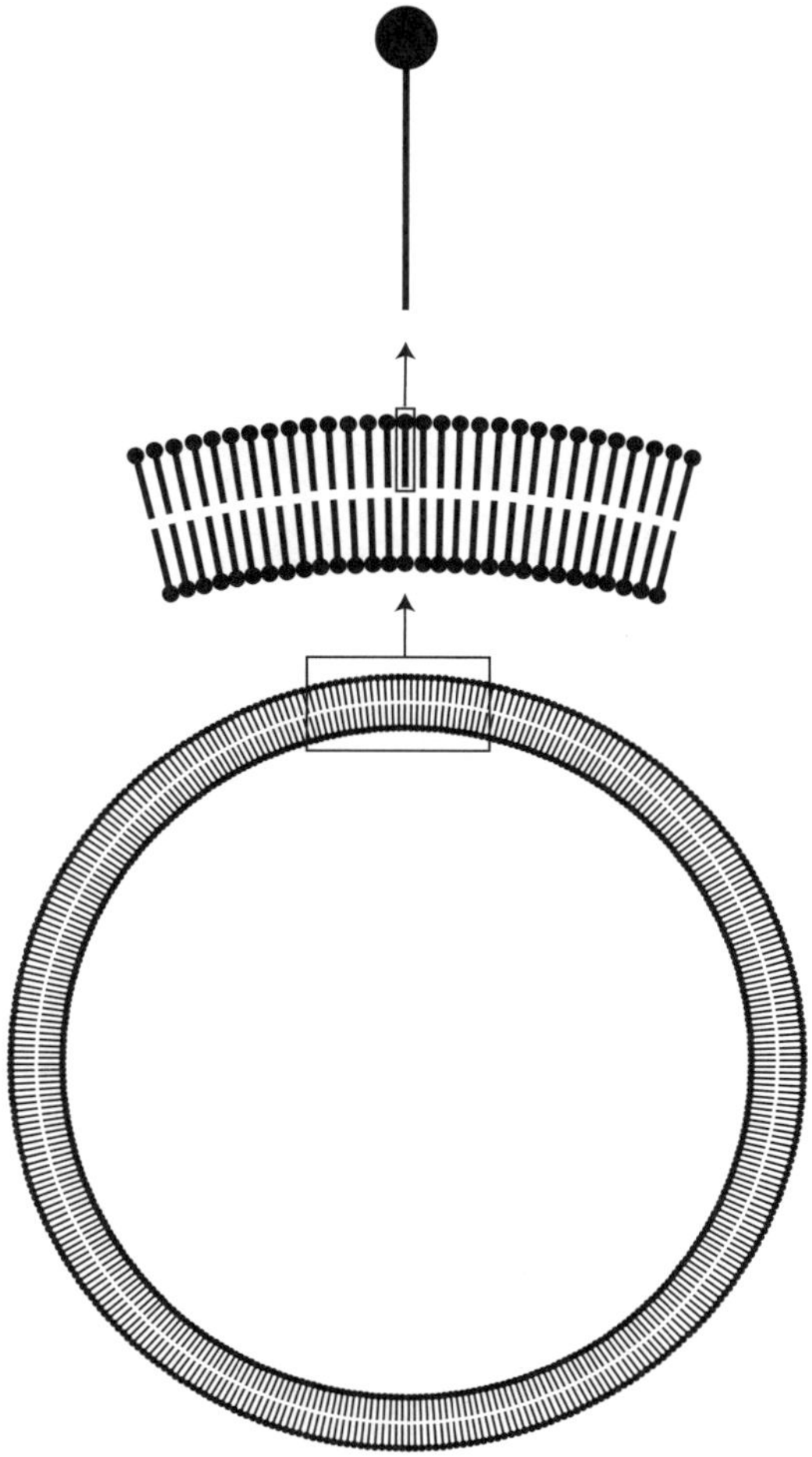

図２　生体膜

りだすように、あるいは粘土鉱物によってＲＮＡ鎖がつなぎあわされるように、膜と分子の自己組織化は、誰もが知っている自然法則で説明できる。

自己組織化は宇宙全体にあまりにも完璧にいきわたっているため、私たちはそのほとんどに気づくことさえない。自己組織化は、生命や自然淘汰よりもはるかに古い歴史をもち、それによって、恒星や太陽系がつくられ、地球が固まり、月・海・大気を獲得し、大陸が移動し始めたのである。自己組織化は雪片の顕微鏡的な対称性、台風の荒れ狂う雲、砂丘の風紋、そして結晶の悠久の美をつくりだす。生命の先行者のなかに自己組織化を見つけても驚くにはあたらない。なぜなら、それは他のあらゆる場所にも存在するからである。

自己組織化する生物の膜は、最初の細胞がどのようにして分裂したのかという、初期生命をめぐるもう一つの謎を解くことができる。現代の細胞は、細胞を収縮・分裂させ、それぞれの嬢細胞が母細胞のＤＮＡのコピーを受け取るようにするために、数十のタンパク質のかかわる非常に手の込んだ機構を用いている。しかし、二〇〇九年にショスタクのチームが発見したように、もっと単純なやり方でも分裂することはできる。彼らは、成長中の膜の小滴が分裂するときに急速に形を変え、紐状の中空の管《チューブ》に変容するさまを観察した。安定性のない管ではあるが。ほんの少し揺すぶってやると、自発的に砕け散ってより小さな滴《しずく》になる。さらにうまいことに、研究者がそうした管にＲＮＡを入れておくと、それぞれの小滴ごとに分割されたＲＮＡが入っていた。生命をもたない膜の滴が、生きている細胞のように分裂できるのだ——系がもつ単純な化学的性質から、開発者《イノベーター》なしの新機軸《イノベーション》が出現するのだ。すべてひとりでに。

原始のスープに思いをはせたところから、ずいぶん遠いところまでやってはきたが、まだ答えを拒んでいるいくつかの問題が存在する。その一つは、自己分裂する膜の小滴から原始的な細胞に至る道筋に立ちふさがる最後の障害物である。

もし細胞のなかのＲＮＡが細胞の成長よりも速く複製すれば、小胞が破裂する用意が整うより前に分裂してしまうだろう。しかし細胞の方がＲＮＡの成長よりも速く進めば、内部のＲＮＡはしだいに薄まっていき、多くの小滴は空っぽの殻だけの子を生みだすことになってしまうだろう。ＲＮＡがその入れ物よりも速く複製することがないような複製と成長の厳密な調節を成功させるために、生物はバランスを取る必要があった。生物がそのやり方をどのようにして身につけたのかは、二〇世紀科学の謎のままにとどまり、あらたな世代の課題として残された。

現代の細菌の代謝がやっていること

最初の車輪からフェラーリまで早送りしてみよう。生命の特徴のいくつかは、始まってから三〇億年のあいだ変わっていないが――この後の数章で見るように、分子、調節、代謝はいまなお新機軸《イノベーション》の湧きでる源泉である――、進化は生命についてのその他のほとんどすべての事柄を変容させた。初期のＲＮＡ複製因子は複雑なタンパク質の機械に置き換えられてしまった。生命は、ＲＮＡと脂質だけではなく、無数の分子についても調節する方法を身につけた。そして数え切れないほどの新機軸が現代の細胞の代謝――フェラーリのエンジン――を化学技術の奇跡に変えてしまったのだ。

このフェラーリに乗って、夜のピクニックから家を目指してドライブ中で、真夜中に人気《ひとけ》のないハイウェイでガス欠になったと想像してみてほしい。ガソリンスタンドはどこにも見えないし、ヒッチハイクできるような相手も見あたらない。しかし問題ない。トランクを開ければ、クーラーボックスに残り物の食べ物と飲料が入っている。燃料タンクにオレンジジュース一瓶を入れ、つぎに一クォート（約一リットル）の牛乳と一杯のワインを入れる。これでつぎのガソリンスタンドまで保《も》つ。そしてあなたはドライブをつづける。

現代の代謝エンジンはまさにそんなようなものである。異なる多様な燃料で走ることができる。それ以上のこと、それぞれの燃料を、体のごく小さな分子部品、成長し、繁殖し、傷を癒すのに必要な部品をつくる原料として用いることもできる。あたかも、自動車が、燃料タンクにある材料を、エンジンの作動だけでなく、パンクしたタイヤの傷あてやフロントガラスの破損の修繕にも使うことができるようなものだ。

問題の分子的な部品は、少数の中核的分子、およそ六〇種類のバイオマス［生物の体を構成する有機物の総体］構成要素から構成されており、これらを使って私たちの体はつくられ、修復される。[63] もっとも重要なのは、私たちのゲノムのＤＮＡ構成要素四種だ。すなわち糖、リン酸塩グループ、およびアデニン（Ａと省略形で書く）、シトシン（Ｃ）、グアニン（Ｇ）、チミン（Ｔ）の四種のうちのどれか一つの窒素を含む塩基、から構成されるヌクレオチドである。

次に重要なのは、このＤＮＡを転写するＲＮＡの構成要素で、これはいまでも生命の大半のことを制御している。ＲＮＡの構成要素——Ａ、Ｃ、Ｇ、およびウラシルのＵ——は、ＤＮＡの構成要素と酸素原子一つが違うだけ［デオキシリボースとリボースの違い］だが、この一個の原子が莫大な化学的な違いをつくりだす。それはＲＮＡをよりすぐれた触媒にし、ＤＮＡを（より安定なため）よりすぐれた情報の貯蔵所にする。

次に、ＲＮＡから翻訳されるアミノ酸鎖の構成要素たる二〇種類のアミノ酸がある。そのうちのいくつかには、七面鳥を食べた後に眠くなる原因とされるトリプトファンや、「うまみ調味料」（ＭＳＧ）という名でも知られるグルタミン酸ナトリウムのグルタミン酸のように、おなじみのものもある。細胞の袋としての生体膜に含まれている脂質と、飢饉に備えてエネルギーを貯えるいくつかの分子、および酵素の働きを助ける分子を合わせて、六〇種類ほどの異なる構成要素から、細胞は自らを構築するのである。

代謝の仕事――エネルギーを獲得して素材をつくる――は、過去三八億年のあいだ変わっていない。食卓用の白砂糖の主成分であるショ糖（スクロース）が水と反応して、より消化されやすいブドウ糖（グルコース）と果糖（フルクトース）に分かれるといった、その基本的な性質、化学反応のネットワークも変わっていない。変わったのは、そうした反応の数である。私たちの最古の祖先は、一握りの反応でやってきたが、現代の代謝は、現代の生物全般がそうであるように、はるかに手の込んだ複雑なものである。

現代の代謝は、絡まり合った高度な接続をもつ化学反応のネットワークであり、四〇億年にわたるイノベーションの産物である。それをチャート図に表そうと思うならば、それは米国にあるすべての街路を、もっとも短い居住地の袋小路から各州にまたがる完璧な高速道路システムまで、地図に示そうとするようなものだ。その中核に太古のクエン酸回路――ホワイトハウスと連邦議会議事堂を結ぶペンシルヴェニア通りと同じほど中心的な――がある。

図3にそうしたネットワークのほんの小さな断片を示してあるが、その線は、お互いに作用しあう異なる分子（形）を結んでいる。これはいわば一つの村の道路地図だと思ってほしい。卓上の白砂糖を分解するのにかかわっている四つの分子が書き出され、灰色の楕円で囲われている。しかし、この当座しのぎの絵を実在のものと受け取らないでほしい。たとえば糖の一種のフルクトースは、ここに示した一つの反応だけではなく、三七の反応に参加することができ、現代の代謝を動かすためには、もっと多くの分子や反応が必要なのである。

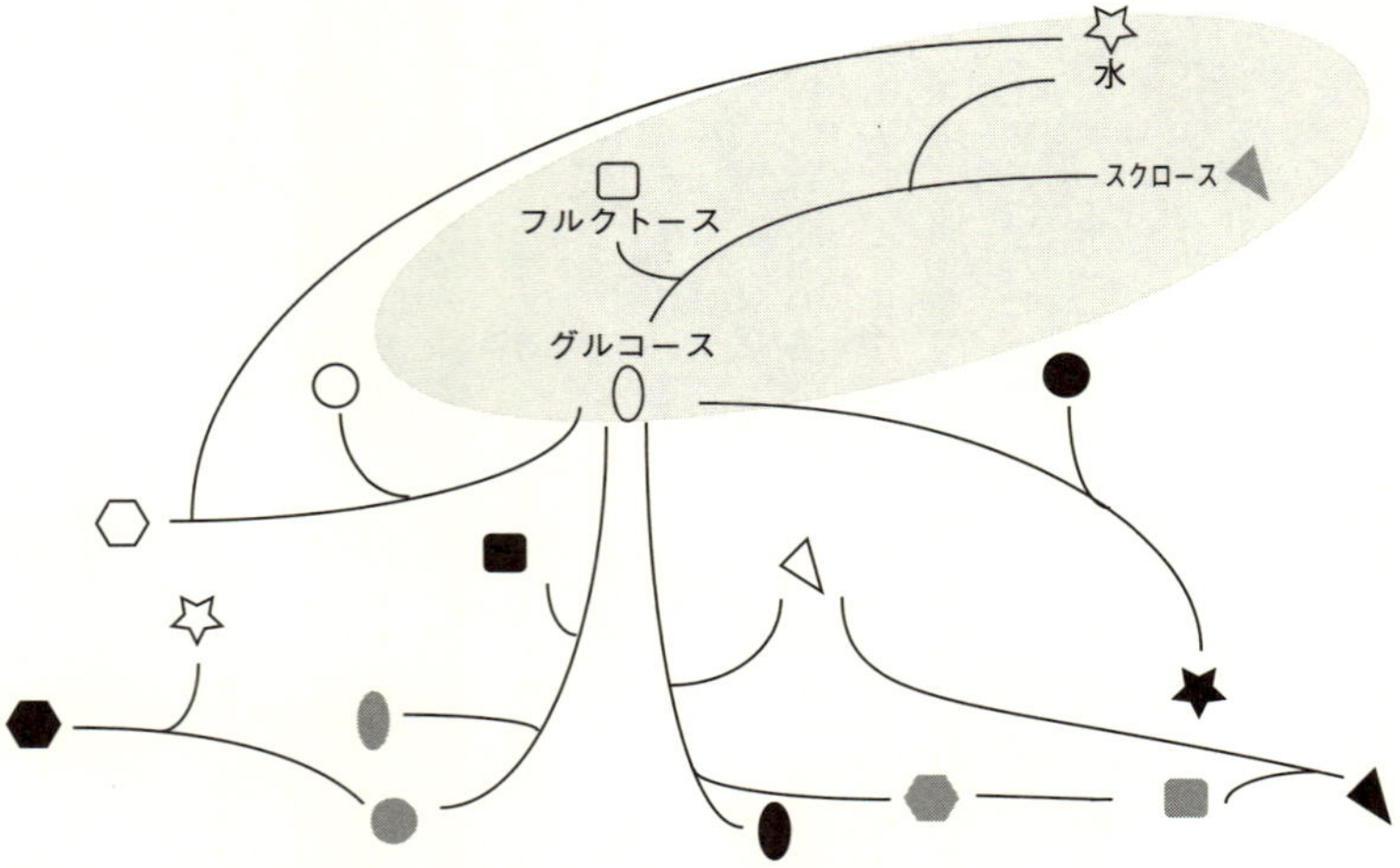

図3　代謝のネットワークのほんの小さな断片

大腸菌の代謝の驚異的な適応能力

どれだけ多くのものがかかわっているかをつきとめるのに、一世紀以上の研究が必要だった。この間に、何千人もの生物学者が、人間の大腸菌を研究することによって、代謝反応についての知識の塔を築き上げた。その構築には中世の大聖堂と同じくらい長い時間を要したが、その頂上からの見晴らしは壮麗である。いまでは、大腸菌の代謝――一三〇〇の代謝反応のなかに配列された一〇〇〇以上の小さな分子――がどのようにつながりあっているかわかっている。[64]

そして、代謝の領域においては、大腸菌やその他多くの微生物が私たちを完膚なきまでに打ち負かすことがわかっている。たとえば、私たちのタンパク質をつくっている二〇種のアミノ酸のうちで、自分の体でつくれるものは一一種しかない。残りの九種は食物から摂らなければならない。それに加えて、生きていくのに一三種のビタミンが必要だが、そのうちの二つ、ビタミンDとB_7（ビオチン）しか、自分で合成できない。[65] 大腸菌はそのすべてを何もないところからこしらえることができる。

大腸菌の代謝がそれほど複雑である理由の一部は、六〇種類ほどのバイオマス構成要素のなかに横たわっている。そのそれぞれをつくるためには、複数の反応と中間分子を必要とする。もう一つの理由は、大腸菌が驚異的な生き残り能力をもち、私たちの腸内の栄養豊かな液汁のなかだけでなく、七種の小さな分子だけが元素とエネルギーの供給源であるような、厳しい栄養的砂漠でも生きていけることだ。この最低限の環境はきわめて苛酷で、グルコースのような一つの分子が、元素とエネルギー両方を供給するという二重の役目を果たすことになる。そうした少数の資源から、大腸菌は必要とするすべて、六〇種ばかりのバイオマス構成要素をつくりだし、そしてそれらから完全な細胞をつくりだすことができるのである。

しかも、これで全部ではない。最低限の化学的環境からグルコースを取り除き、グリセロールのような別の炭素およびエネルギー源に置き換えてみる。それでも大腸菌はこの分子のなかの炭素とエネルギーから自分の体をつくることができる。グリセロールを酢の酢酸に置き換えても、またしても大腸菌は自分の体をつくることができる。全体としてみれば、大腸菌は八〇種以上の異なる分子を、唯一のエネルギー源として、また細胞内の何十億個という炭素原子の一つ一つの唯一の供給源として使うことができる。窒素やリンといった他の元素についても同様に融通性がある。大腸菌はまるで、灯油、コカ・コーラ、あるいはマニキュア除光液でも走ることができる、自己構築し、自己増殖し、自己治癒するレーシングカーのようなものである。

単純な化学的環境は、研究室で微生物を研究するのに有効だが、野外では稀である。土壌や人間の腸のような環境は、たえず変化している数十の燃料分子を含んでいる。それらの分子からエネルギーを取りだし、構成要素を抽出するためには、それぞれについて別個の系列の化学反応が必要である。そして快適な生活を送るためには、微生物はそのすべてを利用しつくすことができなければならない。

こうなると突然、一〇〇〇種類の反応といっても大げさには聞こえなくなる。

現在の生物と、ぼんやりとしか姿のわからない祖先のあいだのもう一つの違いは触媒、すなわち、化学反応を加速する分子のなかにある。もしあなたの腸のなかに適切な触媒――スクラーゼと呼ばれる酵素――がなければ、砂糖水のなかに含まれるスクロースがグルコースとフルクトースに分解されるまでに数年ないし数十年を要するだろう。[66] 毎日、数ガロン（一ガロンは約四リットル）の砂糖水を飲みながら、飢え死にすることが起こりうるのである。

このような反応は、いまではもはや、初期の生命の単純な金属含有鉱物の触媒によっては加速されない。現代の触媒はある種の反応を一兆倍も加速するので、分子どうしが出会ったとたんに反応することができる。こうした分子機械のそれぞれ――しかも、そうした機械は数千もある――は、特異的なアミノ酸鎖である。[67] たとえば、スクラーゼという酵素は、一八二七個のアミノ酸からなる巨大分子で、それぞれのアミノ酸は少なくとも十数個の原子をもつので、スクラーゼ一分子で、原子の数は総計で二万にも達する。[68] それと比較すると、卓上白砂糖の四五個の原子をもつスクロースは非常にちっぽけ――フットボールに対するエンドウ豆のようなもの――である。そして、このことが、酵素が反応を助ける小さな分子や、構築を助けるバイオマス構成要素と比べて高分子と呼ばれる理由の説明になる。[69] スクラーゼは大きく思えるかもしれないが、これは特別に大きいものでさえない。それよりもはるかに大きな酵素はたくさんある。

スクラーゼのアミノ酸鎖はつくられると、三次元にねじれ曲がり毛糸玉のようになるが、毛糸玉とは重要な違いがある。毛糸玉のそれぞれは独特だが、スクラーゼのすべての分子は同じである。スクラーゼがつくられると、空間内で厳密に定められた形で折りたたまれる。そのうえ、折りたたまれたスクラーゼは、その触媒としての役目を果たすために、たえずプラプラ、ゆらゆらと左右前後に揺れ動く。スクラーゼは、その動きがあまりにも速いためにぼんやりとしか見えないが、目にも留まらない速さで、分子を取り込み、分割し、その産物を吐き出す自己組織化するナノマシーンだと考えてほしい。

すべての細胞は、何千というそうしたナノマシーンを含んでいて、それぞれに異なる化学反応が割り当てられている。そして、こうした複雑な活動のすべてが、生命の分子的構築素材がラッシュ時の東京の地下鉄車内よりもずっと密に詰め込まれている小さな空間内で起こるのである。

生命のグローバル・スタンダード、ATP

生物がどのようにして単純な発端からこのような複雑さのすべてを進化させたのか、まだわかっておらず、確かなことはけっしてわからないかもしれない。最古の単細胞化石は、現代の細胞と同じくらい複雑で、それらの祖先は闇の中に隠されたままである。これは驚くにあたらない。何十億年の年月は、古い年代の岩石のほとんどを削り落としてしまい、たとえ大陸がかきまわされるときにその名残が溶かされてしまわなかったとしても、初期の生命は分子を入れたこわれやすい袋でしかなかった。それは、ストロマトライトと呼ばれる二七億年前のカルシウムでできた痕跡に見られる藍藻《らんそう》――最近ではより正しくシアノバクテリアと呼ばれる――の頑強なマットのようなものではまったくなかった。ましてや、比較的最近の一億年前に生きていた巨大な骨をもつ恐竜とは似ても似つかなかった。

しかしながら、私たちすべてが単一の共通祖先に由来することはわかっている。これは、生命がたった一度だけ誕生したと言うのとイコールではない。自己組織化の力を考えれば、生命が熱水噴出孔で、温かい池で、あるいは誰かが知っているほかのどこかで、何度も出現したとしても、私は驚かないだろう。この地球の最古の歴史を通じて、幾たびとなく点滅した光のなかには、安定的なものもあれば、ますます明るくなっていくものもあった。しかし、そのうちのたった一つだけが、現在のあらゆる生物を産み落とすだけの明るさになったのだ。これは見解の問題ではない。それは一つの理由によって真実であるにちがいない。すなわち、規格《スタンダード》、より正確には普遍的規格によってである。

コンピューター学者であるアンドリュー・タネンバウムはかつて「規格についてすばらしいの

は、選ぶべきあまりにも多くの規格があることだ」と皮肉を言った。[70] 彼が何のことをいっているのか、私にはわかる。リモコンでも、時計でも、あるいはその他の家にある装置が動かなくなったときには、私はいつも居間にある大小の電池類《バッテリー》――たいていは適切なものが見つからない――がごたまぜになったキャビネットを引っかきまわすことになる。もし一種類だけしか電池がなかったら、生活はずっと楽だろう。あるいは一種類だけのコーヒー・フィルター、データ保存媒体、あるいはコンピューターのＯＳでもいい。

もっと古い技術でさえ、この問題に悩まされている。公共電力事業ができてから一世紀以上たつが、世界中で一四の互換性のないコンセントが存在していて、よその国からやってきた何百万人という海外旅行者たちにとって、日々持ち歩くラップトップ、ヘアドライヤー、電気カミソリ――およびコンセントの合わないアダプター――は、悪態の種である。

自然はちがう。自然はエネルギー備蓄の規格を一元化してきた。力学的（建物を破壊するために打ち込まれる鋼球）、電気的（コンピューターを動かす電流）、あるいは化学的（原子どうしを結びつけて分子にする結合力）など、エネルギーを取り出す多様な形態のなかで、生命のお気に入りは、化学的エネルギーである。単細胞の細菌類からシロナガスクジラまで、地球上のすべての生物は、エネルギーを、アデノシン三リン酸、すなわちＡＴＰという分子に貯えるという規格化された方法を使っている。この分子の高エネルギー結合が切断されると、エネルギーは別の分子に移転され、エネルギーがそれほど高くないアデノシン二リン酸（ＡＤＰ）ができる。高エネルギーのＡＴＰをつくりなおすには、特別な酵素の手を借りて、燃料となる分子からエネルギーを取りだしてＡＤＰに移転することが可能である。

ＡＴＰの化学的エネルギーのすべてが最終的に他の分子にいくわけではない。細菌は水中を推進する小さな鞭毛をふりまわす動力としてＡＴＰを使う。ホタルは交尾の相手を誘いよせたいと思うとき、体を光らせるのにＡＴＰを使う。ウナギのなかにはＡＴＰを、獲物に強力な電気ショックを与えて殺す電気的エネルギーに変換するものもいる。しかし、最終的な形がどうであるか——力学的、光学的、電気的——にかかわらず、生物のエネルギーは究極的にはＡＴＰという化学電池に由来するのである。

　細胞がそのバイオマス構成要素の一つをつくるのに、グルコースのような化学燃料を使うとき、まずは、グルコースの化学的エネルギーをＡＴＰの化学的エネルギーに変換する。それからＡＴＰの化学的エネルギーを使って、一歩ずつ、構成要素の化学的結合をつくりあげる。このようにして、燃料に貯えられていたエネルギーは最終的に構成要素の結合に取り込まれる。ＡＴＰはこのエネルギー転移における決定的に重要な媒介者なのである。

　生物は、エネルギー備蓄の普遍的規格としてＡＴＰを採用してきた——電池類の山を引っかきまわしたり、空港の電源変換アダプターのための割り増し料金を払ったりすることなく。[71] 現在生きているすべての生物は、もっとも成功した生命の動力備蓄法の発明者までその祖先をたどることができる。そして動力備蓄法は、生命の唯一の規格ではない。私たちはすでに、代謝の太古の核心であるクエン酸回路と、親水性と疎水性の両方をもつ普遍的な膜分子に出会った。[72] さらにまた、ＤＮＡ、ＲＮＡ、およびＤＮＡの文字をアミノ酸に翻訳する遺伝暗号——すべての生物が理解できる暗号——のことも忘れないようにしよう。[73]

　ＡＴＰやクエン酸回路は、光速が普遍的な速度の限界であるというのと同じ意味での、普遍的な規格ではない。それらは生命をつくりだす唯一の方法ではない。ヒトの遺伝暗号にも、エネルギー担体としてのＡＴＰにも、情報貯蔵庫《リポジトリ》としてのＤＮＡにも、代案があることがわかっている。[74]

生命の規格は単一の祖先からの歴史的な遺産なのである。生命の起源の時点でスタートしたマラソンには多数の有望な参加者がいたのだろうが、自然淘汰あるいはまぐれ当たりを通じて、ただ一人だけがゴールにたどりつき、今日の子孫たちを残したのだ。これを、もし現在のあなたに当てはめて、遠い将来に自分の子孫を残せる確率がどれほどかを考えると、ちょっとばかり気が滅入る。しかし、少なくとも、頻繁に旅行する人に希望を抱かせるメッセージも含まれている。もう数十億年待てば、電源アダプターは必要なくなるかもしれないということだ。

イノベーションを可能にする三つの主題

あなたがこの行を読んでいる頃には、生命の起源に関する謎は解明されているかもしれない。生命が温かい水たまり、熱水噴出孔、凍結した海、あるいは外の宇宙空間で始まったことがわかっているかもしれない。あるいはもう一〇〇年待たなければならないかもしれない。しかし、イノベーション能について理解するうえで、一つの本物のシナリオを復元することよりも重要なのは、すべてのシナリオが共通にもつ二つの一般的な教訓である。

一つは、生命は最初の生物となるより以前でさえ、新機軸《イノベーション》を必要としたということである——それは最初の自己触媒的な代謝と、最古の自己複製因子をうみだすことによって生じたのだ。

もう一つは、生命の新機軸の交響楽は三つの主要な主題をもっていることである。第一に、生物の構成要素をつくる反応や、最初の自己複製因子をつくる反応のような、化学反応の新しい組み合わせをつくる。第二に、他の分子の反応を助けることができるような分子を必要とする。第三に、複雑な生物をうまく協調させる鍵となる新しい「調節」［第五章でくわしく説明する］をつくりだす。

これら三つの主題は、生物がますます複雑になり、イノベーション能が増大するにつれて、生命界《バイオスフィア》においてますます大きな音を響かせるようになっていった。原始的な代謝は、化学反応が組み合わせられ、組み換えられ、考えられるかぎりのあらゆる生息環境に生物がひろがっていけるようにする巨大なネットワークへと成長していった。精緻になっていくタンパク質分子は単純な無機性触媒を脇に押しやり、光を感知するオプシンや装甲のもとになるケラチンのように多様な新機軸を生じさせてきた。そして調節は、一見なんでもない過程に見えるが、それ自体で、新機軸の生産工場となり、手脚、心臓、脳をもつ多細胞生物を産みだすことになった。

生命の起源から今日まで、新機軸《イノベーション》が代謝、タンパク質、調節を変容させてきた。そしてこの三者は非常に異なっているように見えるかもしれないが、その新機軸を生む能力の背後には、奇妙だが強力なある種の自己組織化の力が控えているのである。

第三章　遺伝子の図書館を歩く

グルコース、クエン酸、エタノールなど、ある物質を「代謝」してとりこむことができるか否かを0、1で表せば、その組み合わせは2の5000乗に達する。これを5000次元の図書館にみたてる。この5000次元の組み合わせを解くためにコンピューターを利用した

床から天井まで本がびっしり詰め込まれた部屋に立っていると想像してみてほしい。四面の壁はドアのところを除いてほとんど隙間なく書棚が並んでいる。あなたは本のページをめくりはじめ、どの本も同じページ数をもつことに気づく。各ページには同じ行数が含まれ、一行の文字数も同じである。しかし、ここが奇妙なのだが、本はわけのわからない文章に満ちあふれている。それぞれの本の各ページの各行は、ほとんどがでたらめな文字の羅列——hsjaksjs……, zvaldsoeg……——で、ところどころ、スペースと句読点で区切られている。ごくまれにだけ、意味のある英語の単語——cat, teapot, bicycle——が、はるかに広大なでたらめの海に浮かぶ小島のように見つかるだけだ。

しばらくすると、あなたはそうした意味をなさない本に飽きてしまう。あなたがドアの一つを

通り抜けると、そこにも最初のと同じようなもう一つの部屋がある。そこには同じように四つのドアのそばに書棚がびっしり詰まっている。そしてそこにある本も最初の部屋のと同じように、意味をなさないものばかりである。

もう一つのドアはもう一つ別の同じような部屋に入れるようになっており、そこから、あなたは、次の部屋、そのまた次の部屋へとさまよい歩き、自分が、なかに収蔵された本の違いをのぞけばまったく同じ部屋からなる、際限のない迷路のなかにいることに気づく。一つの図書館に含まれるこれらの書物は、奇妙なだけでなく、巨大なものでもある。(1) この図書館をさまよい歩きながら、あなたは、この空間の膨大さの把握を助けてくれる旅の仲間たちと出会う。

これらの部屋は、考えられるかぎりのすべての本が収まるべき万有図書館を形成しているのである。

つまり、そこの書物は、考えられるあらゆる文字列――アルファベット二六文字と少数の句読点――を含んでいるのだ。文字列のほとんどは、すでに読んだように無意味である。しかしたまに、ある一冊の本に意味のある単語、文、節（パラグラフ）が含まれているだろう。それよりも、この図書館のどこかに、訳のわからない言葉がまったく含まれていない本があるはずだ。この図書館にはありうるすべての本が含まれているから、これまでに書かれた意味のある書物の各々が含まれている。ありうるすべての長編小説、短編小説、詩集、（実在あるいは想像上の人物についての）伝記、哲学的論考、宗教書、科学書、数学書、英語だけでなくあらゆる言語で書かれた思いつくかぎりのあらゆる書物、あらゆる真実を明らかにするものだけでなく、おそろしい嘘をまきちらす本、他の書物について論じた本、図書館そのものとその由来についての本、あなたの人生の物語、それがいつ始まりいつ終わるかについての真実と偽りを語る本、そしてたった今あなたが読んでいる本。そのすべてがこの図書館に含まれている――想像をはるかに超えた膨大な図書館である。

この図書館がどれほど大きいかのざっとしたイメージをつかむために、すべての本に五〇万字が含まれているということにしよう（これはそれほど大きなものではない――たったいまあなたが読んでいる本の英語版原書とほぼ同じ数である）。句読点を除くと、五〇万字のそれぞれに二六通り（AからZまで）の可能性がある。つまり、最初の文字に関して二六通り、二つめ、三つめ、四つめについてもそれぞれ二六通りがある。本の総数を計算するためには、二六を五〇万回掛け合わせる必要がある。数学者はこの数字を二六の五〇万乗、すなわち26^{500000}と書くだろう。これは非常に大きな数で、一の後ろにゼロが七〇万個以上、本に含まれる文字数よりも多いゼロがつくことになる。そしてこれは、宇宙にあるすべての水素原子の数よりもはるかに大きいのである。それは超天文学的な数字なのだ。

自然の創造性のもっとも奥深い秘密は、これとまさに同じような図書館のなかにある。すべてを包含する、超天文学的な大きさの図書館である。唯一ちがうのは、ヒトの言語の代わりに、DNAの遺伝学的なアルファベットと、DNAが指定《コード》している分子の機能によって書かれていることだ。

あらゆる代謝の組み合わせを含む代謝の図書館

人間の書物は全宇宙――人間の言語が叙述できるすべてのこと――を捉えることができるが、生命の最古の創造の図書館であるかもしれないものを叙述する化学的言語、代謝の言語についてのものは一冊もない。地球上の数兆の生き物のそれぞれは、人間の詩や散文で記載することができる。しかし、どの一種を創造するためにも、代謝の化学的言語、すなわち、生命の構成要素をつくりだし、ひいては最終的にすべての生物をつくりだす化学反応を必要とする。この図書館の化学的言語は生命そのもの、生命のすべてを表現することができる。

現在では、地球上のどれかの生物が、どこかで生命の構成要素をつくるのに使っている五〇〇〇種類以上の化学反応が発見されている。その構成要素とは、第二章で述べたDNAとRNAを構成するヌクレオチドと、タンパク質を組み立てるアミノ酸のことである。大腸菌（*E.coli*）で起こっている反応——一〇〇〇種類以上ある——もそのうちに入っており、そのすべてが、あらゆる細菌、菌類、植物、あるいはヒトを含めた動物にも起こっている既知の化学反応だ。あなたの体が糖あるいは他の食べ物からエネルギーを抽出するときにも、そのような反応を使う。引っ掻いた膝を覆っている数百の細胞を治癒させるときにも、毎日死んでいる数百万個の赤血球を補充するときにも使われる。

約五〇〇〇種類の既知の反応のすべてを触媒できる生物はいないが、どの生物もそのいくつかを触媒することができ、その生物が触媒できる反応が、その生物の代謝をつくりあげている。二〇世紀の生化学と二一世紀初頭における技術的な革命のおかげで、多数の生物について、そうした反応がわかっている。その結果私たちは、「京都遺伝子ゲノム百科事典」や「BioCycデータベース」に保存されている、二〇〇〇種以上の異なる生物についての山のような代謝情報にアクセスすることができる。それはインターネットと接続したどんなコンピューターからでも瞬時にアクセス可能だ。[2]

図4は、この情報を体系化する方法を示している。図の左側は五〇〇〇種類の反応のリストを表している——化学式で書かれている。混乱を避けるため、私は、そのうちの一つ——スクロー

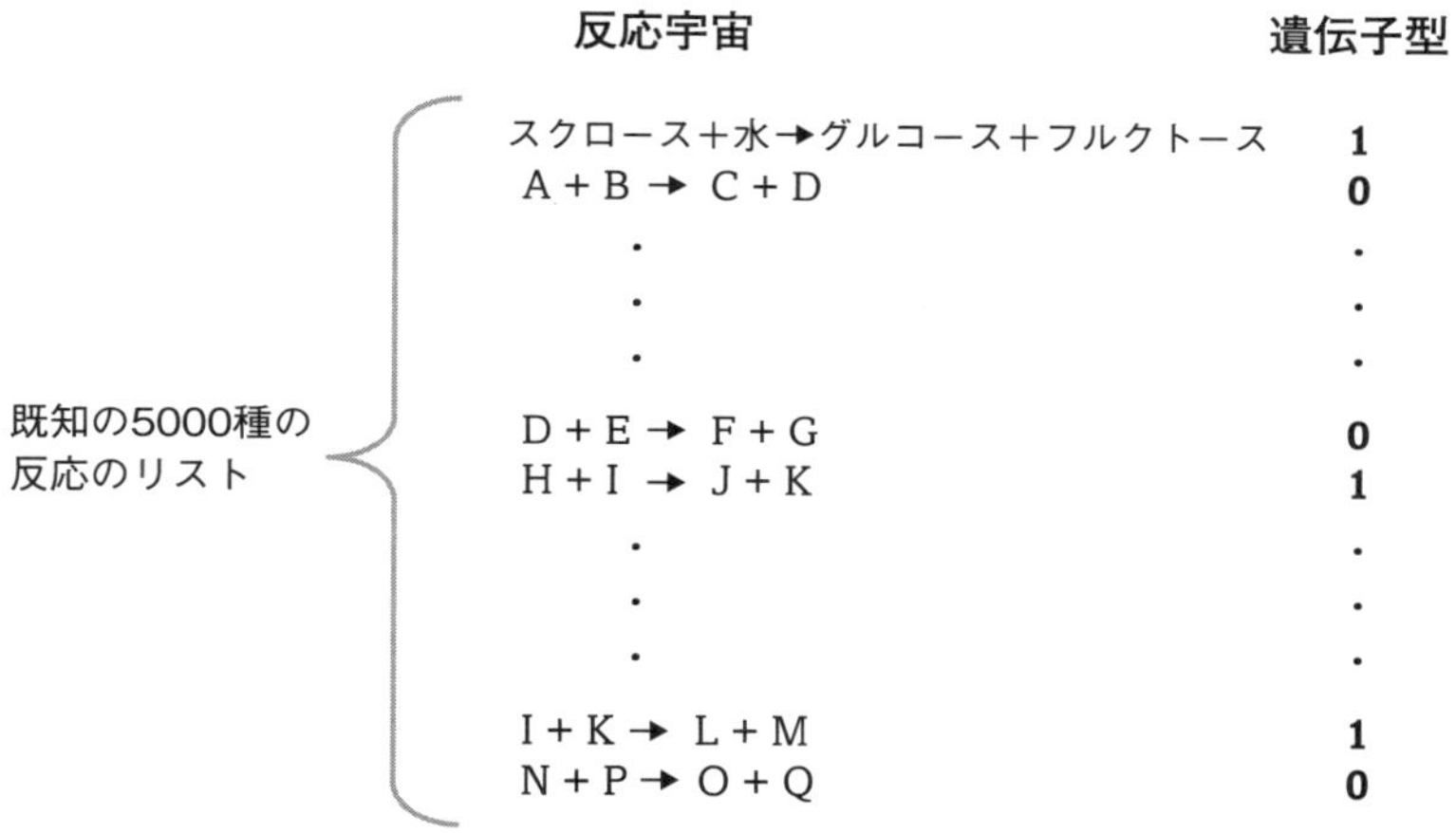

図4　代謝の遺伝子型

ス分解反応——だけにかかわる分子名を書き出したが、その他の分子は単純化してアルファベット一文字にした。大腸菌あるいはヒトのような単一の生物を考え、その生物がこの反応を触媒することができれば——その生物がそのための酵素をつくる遺伝子をもっていれば——その反応のそばに1とマークする。そうでない場合には0とマークする。その結果は、図に見られるような、代謝を特定する簡潔な方法である1と0の長いリストになる。

　大腸菌のような細菌は、タンパク質を構成する二〇種類のアミノ酸すべてをつくることができるが、ヒトのような欠陥代謝生物は、そのうちの一一種類しかつくれない。残りの九種類については、必要な酵素と反応を欠いているのだ。一つの代謝を記述するためにこの図で用いた簡略法は、このような相違を表現するのに理想的である。ヒトはいくつかの反応を欠いているがゆえに、ヒトの反応リストは、大腸菌が1を含んでいるところで、いくつかの0を含んでいることになる。

このようなリストは、一つの生物の代謝遺伝子型――ゲノムのなかでその代謝を指定《コード》している部分――を叙述するための、極めて簡便な方法でもある。なぜなら、生物の反応リストは、究極的にはDNAによって指定されているからだ。このリストを、二文字だけのアルファベットで書かれた、スペースや句読点の一切ない、「1001…0110…0010」といったテキストと考えることもできる。そのようなテキストにおける最初の文字は、この例で（「1」）で表されているスクロース分解反応に対応しているのに対して、二つめの反応は必須アミノ酸――この例では不在（「0」）になっているが、別の生物の遺伝子型では存在（「1」）していることもある――等々の合成に必要な反応であるかもしれない。

それは想像をはるかに超えた図書館、可能な限りのすべての代謝からなる図書館のなかの一つのテキストなのだ。

この図書館にあるテキストの数は、書籍の万有図書館の規模を計算したのと同じやり方で計算することができる。この既知の反応宇宙にある個々の反応は一つの代謝のなかに存在することも存在しないこともありうるから、まず一つめの反応については二つの可能性（存在か不在か）があり、二つめ以下の反応についても二つずつの可能性があり、宇宙にある反応のそれぞれについてこれが言える。

テキストの総数を計算するには、二という数字を、わが宇宙に存在する反応の数と同じだけ掛け合わせなければならない。五〇〇〇の反応をもつ宇宙については、可能な代謝の数は2^{5000}で、0と1のアルファベットで書かれた2^{5000}通りのテキストのそれぞれが、べつべつの代謝を表している。この数は10^{1500}、つまり一の後ろにゼロが一五〇〇個つくものよりも大きい。先ほどの人間の書物の宇宙図書館にあるテキストの数ほど大きくはないが、それでもなお、宇宙中の水素原子の数よりも大きい。代謝の図書館も超天文学的なのである。

万有図書館が意味のある本をすべて含んでいるのとちょうど同じように、代謝の図書館も「意味のある」代謝――生物が生き延びることを可能にする――のすべてと、それ以上に多くの代謝を含んでいる。なぜなら、すべての本に意味があるとはいえないのと同じように、すべての代謝に意味があるとはかぎらないからである。エネルギーを抽出することができなかったり、重要な分子を産生できなかったりする代謝もある。そうしたものは、いくつかの章、節、文は筋が通っているが、本全体としてみれば、意味をなさない本のようなものだ。そして、他の多くの代謝テキストはちんぷんかんぷんだ。そうした反応の連鎖をつなぐことができず、生命にとって役に立たない分子で行き止まりになってしまう代謝は、完全に意味のない文字が連なっているだけの内容の本に相当する。

有害なものを有効利用するイノベーション

書籍の万有図書館をずっと渉猟していけば、あなたを驚かせるような本を見つけることになるだろう。そこには、新規な思想、観念、発明が含まれている。代謝の万有図書館にあるテキストも同じことだ。そうした遺伝子型は、それまで一度も見たことのない化学的能力をもつ代謝や、新しい分子を産生したり、あるいは新しい燃料を利用できたりするような新規な表現型を指定《コード》することができる。要するに、新機軸《イノベーション》である。

代謝は生命そのものと同じくらい古いものだから、進化する生命は、始まって以来ずっと、この図書館を探索してきたのである。一〇億年前に、自然はすでに、想像を絶するほど多くの代謝の表現型を発見してしまっており、ずっと昔に、新規の代謝テキスト探しは終わってしまっていたかもしれない。しかし実際にはその初期の栄光に安住するにはほど遠く、進化は私たちが解読できる速度よりもずっと迅速に、そのようなテキストを発見しつづけている。そうしたテキストのいくつかは、この一〇〇年以内に——進化的な時間でいえばほんの一瞬だ——出現したものである。

一九三〇年代に人間がはじめて合成した不快な分子である、ペンタクロロフェノール（PCP）のことを考えてみてほしい。それは船の胴体に塗る防腐用塗料として使われていて、殺虫剤、殺菌剤、消毒剤としても使われている——簡単にいえば、生物を殺すのに用いられる。ペンタクロロフェノールは私たちの腎臓、血液、神経系に障害を与え、発癌性もある。しかし、その毒性にもかかわらず、生命は、それに対する耐性を獲得しただけでなく、それを糧《かて》として生きる方法さえ見つけだした。スフィンゴビウム・クロロフェノリクムという相応しい学名をもつ細菌は、ペンタクロロフェノールを唯一の食物源として利用し、そこからエネルギーと炭素の両方を抽出することができる。そうするために、そのゲノムは、ペンタクロロフェノールをグルコースのように消化しやすい分子に変換する——それは化学兵器をチョコ棒に変身させるようなものだ——四つの酵素触媒反応を指定《コード》している[3]。

こうした反応の組み合わせは、スフィンゴビウム・クロロフェノリクムに特異的なものだが、反応そのものはそうではない。各反応のそれぞれは、これまでに数千回とまではいわないが、数百回は出現している。そのうちの二つは、いくつかの細菌で不必要なアミノ酸のリサイクルを助けており、別の二つは一部の菌類や昆虫がつくりだす有毒分子——たまたまペンタクロロフェノールと類似した分子——を取り除く[4]。目覚まし時計、自転車の空気入れ、塩ビ管からスプリンクラーを組み立てる自動車修理工のように、進化は、スフィンゴビウム・クロロフェノリクムにおいて、他の生物に別々に存在する酵素によって触媒される、いくつかの化学反応の新しい組み合わせをつくりだしたのである。言い換えれば、代謝的なイノベーションは組み合わせによって生じるのだ。

生物が非常に高い毒性のある人工分子を糧にして生きることを可能にするイノベーションは、珍しくない。ブルクホルデリア・クセノボランスという細菌は、プラスチック製造と電気産業で広く使われていたが、現在では禁止されているＰＣＢ（ポリ塩化ビフェニル）をうまく糧にして生きている。(5) また別の細菌は、化学研究室で使われている有毒な有機溶媒、クロロベンゼンを簡単に消化する。(6) さらにもっと衝撃的なのは、細菌を殺すための抗生物質そのものを食べる細菌である。(7) そうした抗生物質の一部は人工のもので、最近まで細菌が出会ったはずのないものなのだ。

老廃物を無毒化する代謝の発明

自然は毒を食べ物に変えることができるのと同じく、その老廃物を処理する巧妙な方法も考えついた。たとえば、アンモニア（NH_3）は、たんに、家庭用消毒剤に含まれる、眼をヒリヒリさせる鋭く不快な臭いを発する気体であるだけでなく、動物の代謝におけるきわめて有毒な老廃物である。アンモニアは水に溶けるので、魚類は周囲の水中にそれを排出して、あとは知らん顔をすることができる。いわば、競泳用プールでおしっこをするのと変わらない。しかし動物が、三億年以上前にはじめて陸地を征服したとき、このような贅沢は許されなかった。彼らは有毒なアンモニア気体が血液を汚染するのを防ぐ必要があった。

解決策は、アンモニアを毒性の弱い分子である尿素に変換する指示を含む代謝テキストのなかにあり、私たちは今日では尿素を尿のなかに分泌している。この代謝的なイノベーションには、五つのありふれた化学反応が含まれるが、それぞれは、アンモニア解毒の必要性が生じるずっと以前に、生物に独立に用いられていた[8]。

この新機軸《イノベーション》が正確にいつ出現したのかはわからないが、手がかりは簡単に見つかる。現代の硬骨魚はアンモニアを解毒する必要がないのだが、その祖先たちは尿素をつくる化学的な青写真をすでにもっていた。現代の魚が出現するよりずっと以前に海を泳ぎ回っていたサメやエイなどの軟骨魚類には、それがいまでも見られる。けれども映画『ジョーズ』の主人公は、サメを狩る人間たちとは別の目的——窒素の貯蔵、浮力あるいは海水中の塩分に対する浸透圧調整の手段として——に、尿素を使っている（その遠い祖先たちにすでに始まっていたのなら、硬骨魚のＤＮＡにはこの新機軸の何らかの痕跡があってしかるべきだと思うかもしれない。そして実際にその通りなのだ。めったにその化学的意味が表現されることはないものの、尿素回路のテキストは、いまでも硬骨魚類に存在する。それはこどもの頃にどこかの国の言語を学んだら、大人になってその単語のいくつかがわかるのと、少しばかり似ている[9]）。

老廃物を解毒できればすばらしいが、再利用できれば、その方がさらにいい。自然はそれもうまくできる。動物の窒素老廃物——アンモニアあるいは尿素——は植物の栄養になる。私たちが呼吸している酸素もまさに、光合成の老廃物なのである[10]。糞のあらゆる部分には、そのなかにある分子を食べる数十億の細菌がいる。一人の人間の老廃物は、細菌にとって宝の山である。そうした細菌のひとつずつが、分子を分解し、エネルギーと化学元素を抽出し、それらから新たな生命をつくりあげるための、新旧の代謝テキストをもっているのだ。

極端な環境で生き残るための方策

新機軸《イノベーション》をもたらす代謝テキストは、穏やかな環境条件におけるのと同様に、極端な環境条件――極端に熱かったり、極端に冷たかったり、腐食性が極端に強かったり、非常に強い放射能があったり、塩分濃度が極度に濃かったり、等々――においてもいたるところに見られる。とりわけ細菌は、沸騰する湯のなかでも氷のなかでも、きわめて激烈な硫酸や押しつぶされるような水圧の深海底においても生育することができる。生き残るために、細菌は新機軸を打ちださざるをえず、それらの新機軸の多くは――推測の通り――代謝にかかわるものである。

そうした新機軸がなければ、極端な環境は、細菌が人間を殺すのと同じほどたやすく、細菌を殺してしまうだろう。たとえば、塩分が多すぎれば、浸透圧のために水分が出て行き、酵素の仕事を妨げるから――酵素は潤滑液として水を必要とする――、細胞は死んでしまう。この排水を妨げるために、代謝は、水のように簡単には細胞から出て行かないエクトインやグリシンベタインという風変わりな名をもつ分子をつくりだし、浸透圧のために水分子を失っても持ちこたえられるようにしている。これらは分子の潤滑性を保つのである。

これらの分子をつくるのには、アスパラギン酸塩のようなありふれた分子を出発点にして、二、三の付加的な酵素によって触媒される化学反応が必要なだけである。細胞がそうした反応を代謝に付け加えれば、きわめて敵対的な環境にあっても有利な立場に立てる。好塩（Halophilic）菌――この名はギリシア語の文字通り「塩が好き」からきている――は、人間が飲んだら死ぬ海水の塩分濃度より一〇倍も高い、三〇％の塩分濃度でも生きていくことができる。彼らは、塩の結晶の周辺や内部でさえ、生きることができる。(11)

捕食者から身を守る防御分子

極端な環境で楽な暮らしはできないが、捕食者や寄生者に直面すれば、とりわけ、逃れるという選択肢がなければ、生きのびるのがさらに厳しくなりうる。ふつうの植物はどれも、昆虫や地中に穴を掘るミミズから、地上のナメクジやその他の植食動物まで、多くの生物にとって、動いて逃げることのないご馳走だろう。植物は、防衛のためにさっと身をかわすようなことができないので、動物が避けるような毒物、つまり化学兵器を発達させる。化学兵器を使うのは、植物だけではないが、植物はとりわけ熟達している。たぶん、文字通り、一つの地点に根を下ろしているからであろう。

こうした防御分子も、代謝における新機軸である。なぜなら、それらを合成するには、化学反応の新しい組み合わせが必要だからだ。そのうちの一つは、植物のタバコがつくるニコチンで、殺虫剤として使う農民がいるほど毒性が強いにもかかわらず、私たちのなかには、煙草として幸せそうにそれを吸い込む人もいる。しかし、最近ドイツ人科学者グループが立証したように、ニコチンを殺虫剤として使うことを思いついたのは植物が最初だった。植物のタバコがつくるニコチン量を人工的に低下させたところ、昆虫はこの植物に対して旺盛な食欲を募らせたのである。昆虫はそれまでよりもずっと頻繁に攻撃し、より多くの葉っぱを食べ、より迅速に成長した。一方、タバコは攻撃者に対してそれまでの三倍の葉っぱを失ったのである。[12]

ニコチンは、植物が化学的防御に使う、三〇〇〇種類以上ある同じようなアルカロイド——カフェインやモルフィンを含めて、窒素原子を核にしてつくられた有機分子の包括的な呼称——のもっともよく知られているものの一つでしかない。そして、アルカロイドは無数にあるのだが、

第三章　遺伝子の図書館を歩く

これもまた何種類もある化学兵器分子のうちの一つでしかない。

ほかの例としては、熟れていない果実を食べたときに口が渇き、渋味を感じさせる収斂効果をもつタンニンがある。[13] タンニンは植物のタンパク質に非常に固く結合し、私たちの胃腸がそうしたタンパク質を消化するのを妨げるため、私たちはそもそも食べる気持ちをくじかれる。

青酸配糖体は、アフリカおよび南アメリカの重要な食用植物であるキャッサバあるいはマニオクがつくる、もっとも忌み嫌われる化学防御分子である。[14] 加熱するかあるいは水に浸けてこの配糖体を取り除かないと、アウシュヴィッツ＝ビルケナウのようなナチの強制収容所で、パイプから「シャワー」されたツィクロンB殺虫剤の活性成分である、シアン化水素が放出される。もしあなたが自然をエデンの園のような牧歌的な場所だと考えていたのなら、植物の化学兵器について学習するだけで、その神話をたちまち蹴散らすことができるだろう。

このような生化学的な兵器分子は、代謝的な新機軸であり、ありふれたバイオマス分子から出発してそれをタンパク質毒素に変形させる新しい一連の化学反応によってつくりあげられた、既存の代謝への付加なのである。それぞれの毒性分子ができるには、代謝の遺伝子型のなかでのテキストの特別な移転を必要とする。

繁殖の遅い多細胞動物では、代謝の新機軸はひろまりにくい

自然が新しい代謝のテキストを見つける方法のいくつかは、おなじみのものだ。なぜなら、ヒトのような大型の多細胞動物においては、それらの方法が主流だからである。一つは、有性生殖に付随する変化である。有性生殖というのは染色体をトランプのカードのようにシャッフルし、私たちの子供の一人一人が新しい手札でスタートできるようにするものだ。もう一つは、紫外線

105

や放射線がゲノムに入り込むという偶然の出来事を通じて、あるいは、化学反応の副産物である反応性が強く、そばにあるＤＮＡの化学結合を切断する酸素ラジカルを通じて、ＤＮＡの文字配列に自然に生じる突然変異である。

代謝の図書館を探索するどちらの方法も、とりたてて有効というわけではない。有性生殖におけるシャッフリングは非常によく似たゲノム――二人の人間のゲノムはそのＤＮＡの文字配列の九九・九％が共通である――のあいだで起こるから、新しい代謝を生みだす方法としては最高に効果的とはいえない。[15] それは『ハムレット』の三〇の単語を変えるだけで、新しい戯曲を書こうとするようなものである。そして、突然変異は、新しい触媒酵素を含めて、新しいタンパク質を生みだすことができるが、ごく稀にしか生じず、この過程がかなり緩慢なものであることを示している。

そして、代謝的な新機軸が大型の多細胞動物では速やかに起こらない、もう一つの理由が存在する。エネルギーの使い方や体の構造の作り方の新しい方法は、それが集団内にひろまる速度によってのみ、その価値を知らしめることができるが、数十日ごと――あるいは数か月、数年ごとということさえある――に新しい世代を繁殖させるような動物では、それ以上に迅速に新機軸を導入することはできないのだ。

とはいえ、こういったことのすべては、ヒトのような動物が、代謝的な新機軸にまったく乏しいことを意味するわけではない。たとえば、私たちの体は、薬物――化学者がアセチルサリチル酸と呼んでいるもので、ひろく使われているアスピリンなど――の作用を緩和することができる。グルクロン酸化と呼ばれる過程を通じて毒性を弱め、尿として排泄できるようにするのである。ネコ類やハイエナのようなその他の食肉類はこの酵素を欠いている[16]（ペットのハイエナにアスピリンを投与する前に獣医に相談すべし)。

一八九〇年代にバイエル社がはじめてアスピリンを市販するよりはるか以前に進化がつくりだしたこの酵素を、私たちの体がなぜもっているのかと疑問をもたれるかもしれない。その手がかりは、アスピリンという名前それ自体のなかにある。この名はセイヨウナツユキソウ（英名meadowsweet、現在の学名は*Filipendula ulmaria*）と呼ばれる植物の古い属名（*Spiraea*）に由来する。このナツユキソウやその他多くの植物が古代から鎮痛薬として使われていた。おまけに、サリチル酸を含む植物は私たちの祖先の食餌内容の一部だったのであり、私たちの雑食性の体は——ハイエナのような肉食性の体とはちがって——、それを解毒する手段を必要としたのである。

けれども、多細胞生物の世界のなかで、ヒトは代謝的創造の頂点からはるかに遠い地点にいる。なぜなら、多くの動物が、代謝の他の側面ではヒトを凌駕しているからである。ヒトはビタミンCをつくることができず、朝のコップ一杯のオレンジジュースを飲まなければならないのだが、イヌは自分でつくることができる。私たちは麦やトウモロコシのような草の種子からカロリーを抽出することができるが、ウシは茎に含まれるセルロースを消化することにすぐれている。けれども公正を期すため、そして正当な功績を認めるために言えば、この代謝の奇跡は本当はウシによる新機軸ではなく、微生物による新機軸だ。巨大なセルロース分子を消化が容易なグルコースに変換するのは、四つに分かれたウシの胃のなかにいる細菌なのである。

水平遺伝でイノベーションを伝播させる細菌

このことは、イノベーション（新機軸）の真の天才は地球上の最小の生物、すなわち細菌であることを示す一つのヒントだ。

そうであるのは、細菌が新しい世代を数年ではなく数分単位でつくれるので、私たちよりもはるかに迅速に遺伝的な道具箱を改善できるというだけが理由ではない。細菌によるイノベーションの利点は、それよりもずっと深いところまで及んでいる。それがどれほど大きなものであるかを把握するために、身長がやっと一五〇センチメートルを超えるほどでしかないけれども、ハイスクールのバスケットボール・チームに入ろうとしている一〇代の男子を想像してみてほしい。一生懸命に努力し、練習しても、彼はそこそこのことしかできない。この少年は、適切な遺伝子を——つま先立ちでゴールのリングに実際に触れることができる親友のように——もたないだけなのだ。

一二五センチメートルの垂直跳びに匹敵するものを望んでいる細菌は、それ以前の世代から譲り渡されてきた遺伝子によって制約を受けることはない。もし、なにかのSF映画で、ひょっとして、バスケットボールをしている二人の友だちが細菌と同じイノベーション装備をもっているとすれば、以下のような過程が見られるだろう。この二人の登場人物が、お気に入りのレストランで食事をしていると、背の高い方の少年の体から細い中空の管が伸びはじめ、あちこち手探りしながら背の低い少年の方に伸びていく。つながりができるとただちに、この管を通じて、背の高い少年のDNAテキストのランダムな断片がもう一人の少年に注入され、もしこのDNAが適切な遺伝子を含んでいれば、このハイスクールのバスケットボール・チームは新たな大型フォワード選手を得ることになる。

これは遺伝子の水平伝播の一例で、悲しいかな実際にはそういう境遇にない人類には利用できないが、微生物にはよく見られる現象である。二個体の細菌が隣接しているときに時々、一方が細い柄《え》のような中空の管をもう一方の方向に伸ばす。相手とドッキングすると管は縮み、二つの細胞は互いに近づき、そしてできたトンネルを通じて、一つの細胞が隣の細胞にＤＮＡを移すのだ。

この伝播は私たちの知っている性交によく似ている。というのも、ペニスのような管が一つの個体から別の個体へ遺伝物質を移すからである。しかし細菌の性交とヒトの性交はまったく違うものだ。細菌の性交は、人間の性交と違って繁殖に役立たない。しかもゲノム全体をシャッフルすることさえせず、ふつうは数個の遺伝子を移すだけである。

細菌は別の方法でも新しい遺伝子を獲得できる。ほかの細胞が死んで破裂し、内部の分子がこぼれだしたときに、それからＤＮＡを吸収する細菌もいる。本を読む代わりに食べる――たしかに本は繊維の大きな供給源ではある――愚かな人間のように、このＤＮＡの一部を食べ物として利用するものもいる。ただし、まれに、食べられたＤＮＡがそのゲノムに便乗し、新しいタンパク質をつくるのを助けるようになることがある[17]。

遺伝子伝播はウイルスを利用してもできる。生命をもたない小さなウイルス粒子のＤＮＡは、自分の何倍もの大きさの細胞を奴隷にすることができる[18]。ウイルスが細胞をプログラムしなおして、そのウイルス物質をクローンする無用の工場に変えてしまう際に、ＤＮＡの小さな断片をウイルスのゲノムに融合させることができる。それらの断片が、新しくつくられたウイルスが細胞から出るときに、それに乗っかって、ウイルスのゲノムと一緒に次の不運な犠牲者に注入される。このシナリオでは、先ほどの話のバスケットボールをする友だちの一方が、他方に向かってただクシャミをしただけで、彼の才能を、新しく改善されたばかりのゲノムに移せることになる。

もしこの水平遺伝子伝播のすべてが、なんの制約もなくつづけられれば、ゲノムの大きさは時間とともにたえず増え続け、グロテスクに膨れあがってしまうだろう。しかし極端に長いＤＮＡ

鎖はより簡単に切れやすくなり、それをコピーするのは、エネルギーと材料の無駄遣い――自然が許容しない死に値する罪――になるだろう。[19] 幸いなことに、そのような膨満は起こらない。なぜなら、遺伝子伝播は遺伝子欠失（deletion）によってバランスが取られるからである。それは、細胞がＤＮＡ分子を修復し、そのＤＮＡをコピーするときに起こるエラーの副産物だ。一回に一文字ずつ変化するＤＮＡ突然変異とちがって、欠失は何千もの文字と多数の遺伝子を消去することができる。欠失が不可欠な遺伝子に影響を与えないかぎり、細胞は欠失があっても生きていける。そのような生存可能な欠失はいつでも起こっている。遺伝子欠失は長い眼で、有益な遺伝子だけが残るように保証し、ゲノムを太らせないように保つのである。

　私たちの知っている性交とのもう一つの違いとして、遺伝子伝播が同じ生物種のあいだだけでなく、パン酵母とショウジョウバエのあいだ、微生物と植物のあいだ、とりわけ細菌間、お互いにヒトとオークの木以上に異なる細菌間でも起こる、ということがある。[20] これこそ、遺伝子伝播がそれほどまでに強力な理由であり、細菌が代謝的なイノベーションの達人としてもっとも重要な理由である。

　非常に異なった生物は、非常に異なった代謝テキストを抱えている。だが、遺伝子伝播は、一つのテキストを、別のテキストにあった非常に異なってはいるが意味のある文章を借りてきて、編集することができる。それは、バロック音楽の曲にポップ音楽のヴォーカルを組み合わせる音楽的なマッシュアップ（ミキシング）の微生物版に匹敵する。受容側は取得する遺伝子を選別することができないので――供与側のゲノムのランダムな部分なので――、テキストを改訂できるのは一部の版だけだ。しかし遺伝子伝播は信じられないほど頻繁に起きるので、新機軸《イノベーション》が生まれる確率は悪くはない。多くの版は輝きを欠いているが、生命の宇宙図書館の書棚には、見つけられることを待っている事実上無限と言えるほどの数の名作が含まれているのである。

自然の編集能力の豪腕の一例は、われらが友の大腸菌とその変異体である各種の「株(strain)」で、大腸菌の株は互いに近縁な民族集団のようなものだと久しく考えられてきた。[21]二一世紀初頭に、生物学者たちは、互いに非常によく似ているだろうという予想のもとに、そうした多数の株のゲノムをはじめて解読した。

予想は間違っていた。大腸菌の二つの株は、一〇〇万字以上の文字が、つまり全DNAの四分の一が異なっており、したがって、一つの株は別の株にはない一〇〇〇個以上の遺伝子をもっていることがありうる。[22]一〇〇万年――進化的な時間のなかではほんのわずか、人類がチンパンジーから分かれて以降の時間の二〇%でしかない――ごとに、大腸菌のゲノムは、六〇個ほどの新しい遺伝子を獲得するが、そのすべてが水平的な遺伝子伝播を通じてだ。[23]しかもこれらは成功した版だけであり、その他の多数は、絶版になり、子孫を残さなかったのである。

すでに一〇〇〇種以上の細菌のDNA塩基配列がわかっており、大腸菌が例外ではなく、通例であることを裏づけている。[24]ほとんどの細菌のゲノムは、他の供給源からやりとりした遺伝子の包みであり、多くは、驚くに当たらないが、起源が不明である。特定の遺伝子の由来をつきとめようとする試みは、米国議会図書館からほんの数冊の本をランダムに選んで読み、一冊の小説のたった一つの文節に現れた文学的影響をたどろうとするのに、少し似ている。一〇〇〇種――あるいは一〇万種でさえ――、その何百万倍もほとんど数えきれないほどの種がいる細菌の多様性の海のほんの一滴でしかない。細菌の大部分は知られていないが、そのすべてが潜在的な遺伝子供与者なのである。

ゲノムに劣らない代謝の多様性

代謝に関係しているのはゲノムの三分の一なので――ゲノムが指定《コード》するタンパク質には、細胞の運動を助けたり、構築素材を運んだり等々といった他のたくさんの仕事がある――、このゲノムの変化のすべてが代謝的な変化ではない[25]。そこで、遺伝子伝播がゲノムの代謝ではない部分を主としてシャッフルするとしたらどうだろう？　そうなら、代謝の図書館を巡る進化的な旅はたいしたところまで行けず、ほとんどの代謝は非常に似通ったものになるだろう。

そうなのだろうか？　数年前、私は、数百種の細菌の既知のゲノムDNA塩基配列に関して、その時点以前になされていた数十年の研究にもとづく調査によって、この疑問を問いかけた。この調査研究によって、特定の酵素を指定している数千の遺伝子が発見され、遺伝子を酵素に、酵素を化学反応に関連づける地図を作成することができた[26]。言い換えれば、私たちは、ゲノムの塩基配列を代謝の遺伝子型に翻訳し、種間の遺伝子型を比較することができた[27]。それが私のしたことだった。

図5は、一〇の酵素に対応する二つの短い断片という単純な例を用いて、二種の代謝テキストを比較するのはいかに簡単であるかを示している。一〇の酵素のうちの四つは、どちらの生物もつくれないもの（灰色の0）、六つは最初の生物のテキストに指定《コード》されているもの――この種1の遺伝子型は六つの1をもっている――、そして五つは二つめの種のテキストで指定されているものである。

二つの種の少なくとも一方によってつくられる酵素の数（6）と、一方の種だけがつくれて他方がつくれない酵素の数（1）をとり、その比（1／6）を計算する。もしこの比がゼロなら、

遺伝子型1　0110111100
遺伝子型2　0100111100

距離 ：D = 1/6

図5　遺伝子型の距離

二つの種のゲノムは正確に同じ酵素を指定しているだろう。もし1／2ならば、一方の種がつくることのできる酵素の半分はもう一方の種もつくれるということになるだろう。もしその比が1に等しければ、最初の種は第二の種がつくることのできる酵素を一つたりともつくることができないだろう――両者の代謝は最大限に異なっているだろう。0から1のあいだの値をとるこの比は、二つの生物種の酵素一覧表の違いを反映するが、何度も繰り返し書くのはいささかうんざりなので、相違（difference）または距離（distance）の頭文字をとってDで代用することにする。[28]

何百種もの細菌の遺伝子型――それぞれが一〇〇〇もの反応を指定している――を紙と鉛筆を使って比較していくのは言葉に尽くせないほどうんざりする作業なのだが、私の信頼するコンピューターなら、瞬きするほどのあいだに終えてしまえる。数百組の細菌のペアについてDを計算するようにコンピューターに命じたとき、非常に近縁な種でさえ、極度に多様な代謝テキストをもつ――極度に多様なゲノムなのだから、そうなるのを当然覚悟しておくべきだったが――という結果を見て、私は驚いた。

大腸菌の一三の異なる株は、その酵素の二〇％以上が異なっていた。[29] 細菌類の平均的なペアでは、半分以上が異なっていた。[30] 私はまた、同じ環境――たとえば地中あるいは海洋中――にすむ細菌は、より少ない種類の栄養としか出会わないので、互いによく似た代謝テキストをもつのではないかという疑いももっていた。それも違っていた。それらの代謝テキストも同じように多様で、異なる環境に暮らす細菌間と同じようなDになった。

この演算の結果は、自然が遺伝子シャッフリングを通じておこなう実験が、驚くほどのスケールであることを強く示している。この地球上のあらゆる場所で、遺伝子のたえまないシャッフリング、混ぜ合わせ、組み換えが起こっている。細菌類が見られるところでは、深海であろうと、荒涼たる山の頂上であろうと、火傷するような熱泉のなかであろうと、極寒の氷河上であろうと、人間の体の上や体内であろうと、生命は、新しい遺伝子の考えうるかぎりのあらゆる組み合わせ、再読、編集およびその代謝テキストの再処理を休むことなく実験しており、すでに膨大で、いまもなお増大しつつある代謝の多様性を生みだしているのである。

遺伝子型から表現型の意味を読み解く

読者がいなければ、本は意味のないインクの染みがついたセルロース・シートの束でしかない。同じように、代謝の図書館のテキストは、その意味を読んで、明らかにされる必要がある。生物体がどの燃料を使うことができ、どの分子をつくることができるかを決めるのは、代謝の表現型である。私たちは表現型を何か目に見えるものであり、多くの代謝の表現型も一目瞭然のものだと思っている。代謝の表現型には、私たちの皮膚を紫外線から守り、ライオンの毛をカモフラージュし、タコの墨の色をつけるメラニンも含まれる。メラニン類はすべて、代謝によって合成される分子だ。防御・求愛のため、あるいはまっとうな理由がなにもなくとも、木の葉、ロブスター、カメレオンに色をつけるさまざまな色素も同じことである。(31)

しかし、代謝の表現型は、目に見える表面だけで終わりはしない。私たちの眼には隠されているが、化学的な手段によってのみ見える――そして自然淘汰にも見える――深いところまでひろがっている。そのもっとも重要な役割は、生存能力そのものを保証することであり、要約すれば、そうした美しい色素とは非常に異なった六〇ばかりの分子――それらは第二章で述べた不可欠バイオマス分子である――を合成する能力である。

遺伝子型テキストの表現型上の意味としてみれば、生存能力とは、複雑な物語の単純な寓意（教訓）のようなもの、あるいは冷酷なほど単刀直入な裁判所の判決のようなものだ。すなわちすべての不可欠バイオマス分子をつくることができなければ、判決は死刑であり、即座に執行される。不可欠分子を合成する能力を損なうような突然変異をもつ生物個体は、繁殖できる年齢まで生きながらえることができないというだけでなく、生きていくことがまったくできないのである。

この表現型の意味――生存可能か死か――を把握するためには、その生物体の代謝遺伝子型を読む必要がある。これは法外な要求である。テキストの意味はテキストそのものよりも複雑だから――寓意を理解するためには、物語の全体を理解しなければならない――ということだけでなく、私たちの脳が化学の言葉を読み解くように十分に訓練を受けていないからでもある。幸い、私たちは手助けをしてくれるコンピューターの人工知能をプログラムすることができる。

遺伝子型は、どの反応を代謝が触媒できるか、そうした反応が消費する分子、それをつくる分子について語ってくれる。その意味を解読するためには、まず最初に、どういう栄養源を使えるか――適切な材料がなければケーキを焼くことはできない――、その代謝がそれらを使って、トリプトファンのような不可欠バイオマス分子をつくることができるかどうかを知る必要がある。

これは大腸菌のような生物が繁殖できる最小限の簡素な環境についてはきわめて簡単である。なぜなら、そこにはごく少数の栄養源しか含まれず、時には一つの糖だけで、その生物体が必要とする炭素とエネルギーのすべてを供給できる場合もあるからだ。

利用できる栄養源から始めて、つぎに、利用できる栄養源からその代謝の反応がつくる分子すべてのリストを書き上げ、そうしてつくられた分子を消費する反応を遺伝子型のなかに見つけ、それから生じる産物をリストし、トリプトファンを含む産物を生じる一つ以上の反応を見つけるまで、このやり方を繰り返す。もし、そのような反応が存在しなければ、その代謝はトリプトファンをつくることができないことになる。

つぎに、もう一つ別のバイオマス分子、たぶんもう一つのアミノ酸かあるいはDNAの四つの構成要素のうちの一つに移って、その代謝がその分子を合成することができるかどうかをみつけるために、構成要素のそれぞれについて、同じ手順を繰り返す。そして、不可欠バイオマス分子のすべてをつくることができる場合にのみ、その生物体は生存可能なのである。(32)

コンピューターで予測する細菌の生存率

これはすべてコンピューターでおこなわれる。なぜなら実験するよりも、コンピューターの計算の方が——正しくおこなわれれば——速いし、安いし、より正しいことさえあるからである。諺にあるように、「地図は領土ではない」[the map is not the territory、アルフレッド・コージブスキーが著作「Science and Sanity」(1933) で述べた言葉で、観念と現実が異なることを意味する]。私たち生物学者は自分でチェックできるまで、いかなるコンピューター計算も完全には信用しない。製品をランダムに抜き取り調査する工場のように、私たちは、既知の遺伝子型をもつ生物体を既知の化学的環境にさらし、そこでいささか残酷だが、しばらく、成長するか死ぬかを見守る。これは実際に、たとえば、それぞれ一つの酵素を欠くように工作したいくつかの大腸菌の突然変異株でおこなわれていて、コンピューター計算による生存可能性がきわめて正確なことが示されている——各株の九〇％以上で正しい[33]。

この計算について知っているほとんどの生物学者は、それを当たり前のことと考え、それがどれほど目覚ましいことであるかについてくどくど述べたりしない。しかし、ただ目覚ましいというだけでなく、生存可能性に関するコンピューター計算は、特筆すべき、革命的なものであり、ここ一〇〇年間の生物学とコンピューター科学が残した財産なのだ。ダーウィンや彼以降の数世代の生物学者は夢想すらできなかったが、それは代謝的なイノベーション能——新しい表現型を生みだす自然の能力——を理解するために決定的なものである。

このコンピューター研究は、代謝のわかっているどんな生物についても、南極の土であれ、熱帯雨林であれ、大洋の深淵であれ、山の牧地であれ、既知のいかなる化学的環境についても通用する。それはまた、代謝表現型のどのような側面——代謝がつくることができるどのような分子——についても適用できる。しかし、こうしたあらゆる側面のなかでも、生存可能性はもっとも根本的であり、バイオマスをつくり、化学燃料を使う新しい方法は、なににもましてもっとも重要な新機軸《イノベーション》である。そうした新機軸は、もっとも遠く、深くまで及ぶ影響をもつものでもあり、生命とその代謝エンジンに新しい領土を切り拓く。

化学燃料がなければ生きていけない

燃料のイノベーションが重要な理由は単純である。世界はつねに変化しており、ある代謝が今日においてどれほど成功しているかは問題ではない。未来のいずれかの時点で、限りのある化石燃料に依存する経済と同じように、その代謝で成功できなくなることは、ほとんど確実である。化学的環境は、消費された栄養源が枯渇し、新しい食べ物が流入するとともに、つねに変化する。特定の栄養源の単一の組み合わせに依存する生物体は、進化的に袋小路に入っており、イノベーションの継続は生き残るために必須なのだ。(34) 幸い、多数の異なる種類の分子が、エネルギーと炭素などの元素を提供することができる。そうした栄養源には、グルコースやスクロースのようによく知られているものもあるが、有毒なペンタクロロフェノール（ＰＣＰ）のように、それほど知られていないものもある。

潜在的な燃料分子の数を控え目にみても、ある代謝が生き残れるか生き残れないかの燃料の組み合わせは、仰天するほどの数になる——つまり、仰天するほどの代謝表現型の数だ。どれほどたくさんかわかってもらうために、一〇〇ばかりの潜在的な燃料から構成された、図6に示したようなリストを想像してみてほしい。それから、あなたの好きな動物、植物、あるいは細菌の既知の代謝が、グルコースのような特定の燃料分子で生きていけるかどうかを計算する。もしそれが、グルコースの炭素からすべてのバイオマス分子を合成できるなら、グルコースの隣に1と書き、そうでない場合には0と書く。そしてこの計算を次の燃料分子で計算し、そしてまた次へと繰り返し、すべての燃料のそばに0か1が書かれるようにする。このリストのどの1も、その代謝が、その特定の燃料から完璧なバイオマス分子の一揃いを合成できることを意味している。

結果として出てくる、合計一〇〇個の0と1の連なりは、その代謝が生命の維持に使うことができる燃料分子すべてを含んでいる。これは、代謝表現型を要約するきわめて簡潔な方法である。大腸菌のような代謝に関するジェネラリストは数十の炭素源で生き延びることができ、その表現

燃料分子	表現型
グルコース	1
エタノール	0
•	•
•	•
•	•
スクロース	0
フルクトース	1
•	•
•	•
•	•
クエン酸塩	1
酢酸塩	1

図6　代謝の表現型

型は多数の1を含んでいる。[35] 代謝に関するスペシャリストは、少数の炭素源でのみ生きることができ、その表現型は大部分が0である。

そのような表現型、生物が生存可能な一〇〇種類ほどの燃料のさまざまな組み合わせがどれくらい多く存在するかを数えるためには、生物体がそれぞれの燃料で生きていけるか（1）いけないか（0）だということを心に留めておくだけでいい――この二つだけで、ほかの可能性は存在しない。ありうる表現型の総数を計算するには、二を一〇〇回掛け合わせればよく、2^{100}になる。この数は10^{30}、すなわち一の後ろに三〇個のゼロがつく数よりも大きい。ありうる代謝の数ほど大きくはないが、それでも非常に大きな数だ。地球が含まれる天の川銀河の星の数――およそ10^{11}、すなわち一〇〇〇億――よりもはるかに大きい。

表現型は総合説がこれまで信じさせてきたのよりもはるかに複雑だと私が言うとき、別に冗談を言っているわけではない。

この膨大な数の表現型は、同じだけ膨大な数の代謝の新機軸《イノベーション》があることを意味している。図7は一例を示している。この図の左側は、いくつかの炭素源で生き残ることができるがエタノールでは生き残れない代謝の燃料表現型を示してあり、したがってエタノールの隣は0である。新しい遺伝子――遺伝子伝播あるいはその他によって獲得した――は、この表現型を生じる遺伝子型を変えることができる。もしこの変化が変異体にエタノールを代謝することを許すなら、エタノールの隣の0を1に置き換える。考えられるかぎりのすべての代謝の新機軸は、このように、代謝表現型の0を1に置き換えることで書くことができるので、表現型の数と同じだけの代謝の新機軸がありうるのである。[36]

グルコース	1		1
エタノール	**0**		**1**
	⋮		⋮
スクロース	0	→	0
フルクトース	1		1
	⋮		⋮
クエン酸塩	1		1
酢酸塩	1		1

図7　代謝の新機軸

代謝の万有図書館はどんな組織構造をもつのか

可能なすべての代謝の図書館を収容する空間をデザインするのは、やりがいのある困難な仕事だ。一つには、その容量が宇宙全体の水素原子の数を超えるからだ。特定の書物をすばやく見つけることができるように、図書館は整然と秩序立てられていなければならない。私の研究室にある小さな図書館からダーウィンの『起原』を見つけるには数秒もかからないが、ふつうの大学図書館の山のような本を手探りしながら、特定の一冊の本を探すというのは、いい考えではない。そしてもし誰かが、『起原』を書棚のまちがった場所に戻してしまったりしたら、永久に見つからないかもしれない。

超天文学的な蔵書を誇る万有図書館では事態はそれよりずっと悪い。万有図書館は不死の秘法――あるいは少なくとも七面鳥の詰め物の完璧なレシピに関する本を含んでいるかもしれないが、この図書館はあまりにも大きすぎるので、探す場所を知っていないかぎり、けっして見つからないだろう。

この図書館を秩序立てる特別に単純な方法は、もっともよく似たテキストどうしを横に並べていくことだ。図書館の司書も、同じ本の異なる版を棚に入れるときにまったく同じことをしている。もし、代謝の図書館がこうした方向で秩序立てられているなら、もっともよく似たテキストはすぐ隣りにあるはずだ。しかしこれには一つ問題がある。この図書館のための書棚を買ったり、組み立てたりするのは、とんでもなく骨がおれるだろう。

人が使う図書館では、あらゆる本は、左右に二冊、直接に隣接する本があり、もし上下の段のことも計算に入れたければ、最大四冊の隣接本をもっている。代謝の図書館では一つのテキストがどれくらいの数の隣接者をもつことになるだろう。五〇〇〇個ほどの1と0の数字列が代謝の遺伝子型を記述できることを思い起こしてほしい。どの隣接者も、一つの化学反応があるかないか、そうしたテキストの文字の正確に一つだけ（それより小さな違いはありえないし、もっと違っていれば、もはや隣接者とは言えない）が違っている。この文字列で最初の文字が異なっている隣接者がおり、二つめの文字が違っているもの、三つめの文字が違っているもの等々とつづいて、最後の文字が違っているものまで一つずつある。言い換えれば、代謝の各テキストは、二つ、四つどころではなく、数千もの隣接者をもつ。隣接者は、それぞれ一つの文字と反応が異なるだけの生化学的反応の数だけ存在するのだ。これだけの種類の在庫目録を保存できる書棚は、簡単には見つからない。

それがどんなに並外れたことになるかを悟るために、私たちの世界よりもはるかに単純な、たった一つしか化学反応をもたない、考えられるかぎりもっとも単純な世界を想像してみてほしい。この世界では、代謝の図書館には二つのテキストしかない。一方は、1という文字だけからなり、一つの、唯一の反応を含んでおり、他方は、0という文字からなり、この反応を欠いている。図8aは直線の起点と終点としての二つのテキストを示している。

それよりわずかに大きい、二つの反応をもつ世界では、2×2＝4の考えられる代謝テキストをもつだけの大きさがある。そのうちの一つはその二つの反応の両方をもち（11）、二つはどちらか一方だけの反応をもち（10, 01）、四つめの代謝は反応をもたない（00）。図8bは、正方形の四つの頂点にそうした代謝を示してある。

この話がどういうふうに進んでいくかはすでにおわかりかもしれない。つぎに大きな世界は三つの反応をもち、ありうる代謝は2×2×2＝8で、立方体の各頂点を形成する（図8c）。四

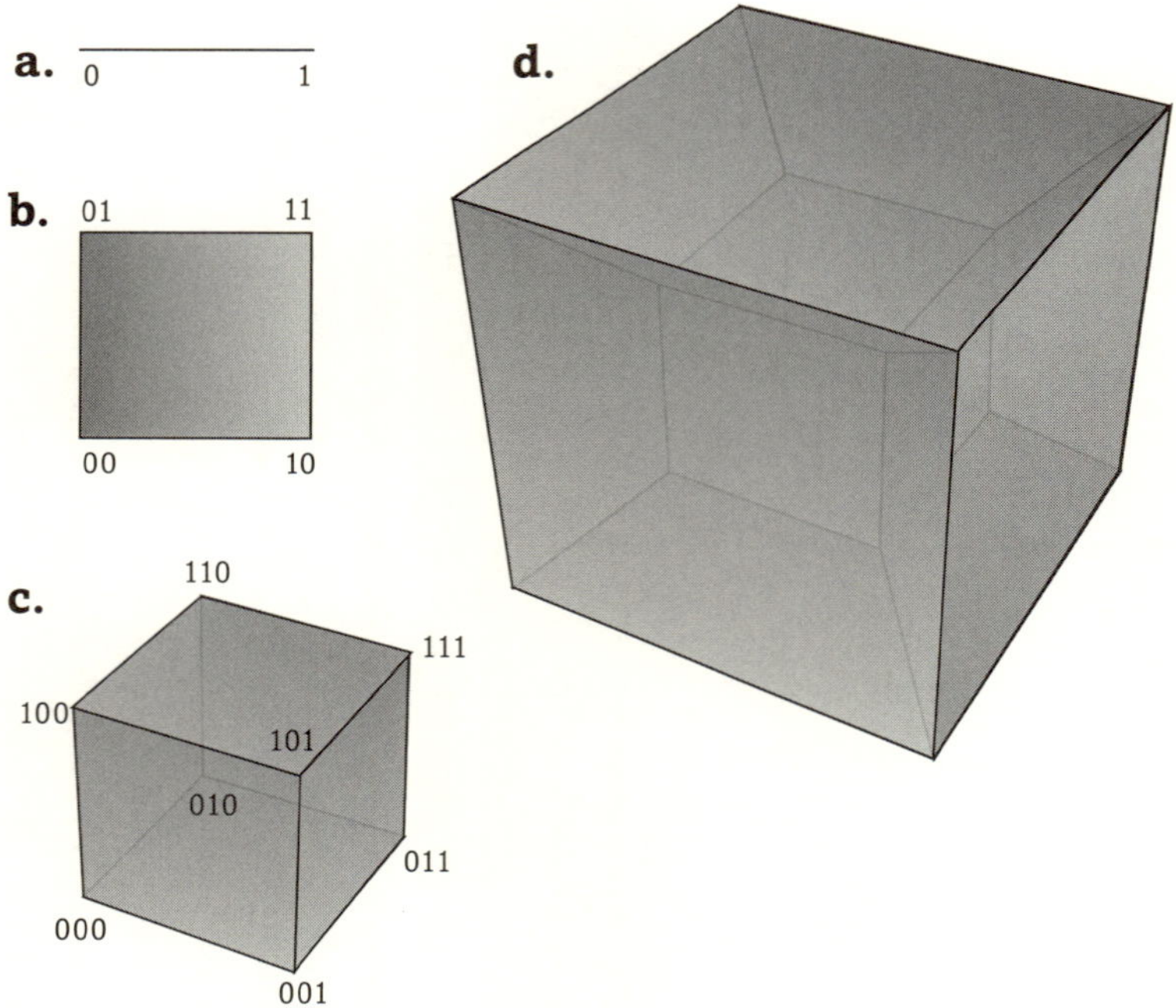

図8　超立方体

つの反応をもつ世界では、ありうる代謝の数は２×２×２×２＝16になる。しかしどのような幾何学的な物体がそれに対応するのだろうか？

反応宇宙が一つから二つ、三つの反応へと増えていくにつれて、その代謝テキストは直線、正方形、立方体の各頂点を占めるが、それらは一次元、二次元、三次元空間に存在する。話をもう一歩先に進めるためには、四次元空間の物体が必要である。四次元以上の空間を視覚化するのはむずかしいが、数学者たちは日常的にそうした空間で議論をする。なぜなら、幾何学的な法則は四次元以上の空間に拡張することができるからである。[37] 正方形や立方体におけるのとまったく同じように、私たちが求める物体の辺は同じ長さで、隣接する辺は互いに直交していなければならない。そうした物体の一つは四次元の超立方体である。図８ｄはこの超立方体を紙の上に示すために、幾何学的なトリックを使っている。それは一六個の頂点をもち、それぞれが一つの代謝テキストに対応している――0000から1111まで――が、図にはもはや示されていない。

このトリックは、五次元では、ましてやそれより高次元では、もはやうまく使えない。しかし、高次元の空間を想像するのは望み薄だとはいえ、そこにも私たちの三次元空間と同じ法則が通用する。超立方体の辺は同じ長さで、隣接する辺は互いに直交し、それぞれの頂点は可能な代謝に対応する。そして高次元空間におけるそのような立方体は、代謝の図書館をうまく収容できる不思議な性質をもつことが明らかになる。

正方形の頂点の数は四つで、立方体ではまぎれもなく八つ、四次元の超立方体ではさらに倍加して一六になる。一つ次元が増えるごとに倍加していき、五〇〇〇次元に達したときには、この数字は2^{5000}という超天文学的な代謝の図書館の大きさになっている。言い換えれば、五〇〇〇次元の空間の超立方体の各頂点に、この図書館の代謝テキストを配置することができる。これが、既製の書棚ではうまくいかない理由である。代謝の図書館はちっぽけな三次元に詰め込むことができない。ゆっくりくつろぐには数千の次元が必要なのである。

超立方体は、図書館のそれぞれのテキストの近くにある数千の隣接者を収容するのにも適している。三次元の単純な宇宙では、図書館のテキストのそれぞれ——立方体の頂点——は、その隣接者として三つの隣りの頂点をもつ。こうしたテキストの一つ、図8cの100という文字列のようなものを取り上げれば、100から出ている辺に沿って隣りの頂点にいる隣接者に到達することができる。そこに行くには、100に三番めの反応を加えて101にするか、あるいは二番めの反応を付け加える（110）か、あるいは一番めの反応を削除する（000）かすればいい。三つの近隣者のすべて——101、110、000——は、100と正確に一文字だけ異なっている。そして、この立方体の一つの頂点で言えることは、他のどの頂点についても言える。どれも三つの隣接者をもつ。

同じように、五〇〇〇次元の立方体では、それぞれの代謝は、次元の数だけ、つまり総計五〇〇〇の隣接者をもつ。各代謝テキストから五〇〇〇の異なる方向へ歩んでいくことができ、それぞれ一歩で、五〇〇〇の隣接者のうちの一つを見つけることができる。隣接者は一つ付加的な反応をもつ——この場合には数字列のどれかの項が、0から1へ変わる——か、それとも反応の数が一つ少ない——どれかの項が1から0に変わる——かのいずれかになる。

進化していく生物は、この代謝の図書館への来館者に似ている。遺伝子欠失と遺伝子伝播によって、来館者は一つの代謝テキストから、別の、しばしばすぐ隣りのテキストへ歩みを進めることができる。一つのテキストの隣接者のすべては、この図書館で「近傍」（neighborhood）を形成し、そうした近傍は進化にとって、市民の生活にとってご近所が大切なのと同じように大切である。

ご近所はその近さ――どんなモノやことでも、何歩か歩く範囲で間に合う――ゆえに役に立つ。そして、代謝の図書館における近傍も同じ理由で重要だ。進化は、近傍に二、三歩の遺伝子型の微細な編集で到達することができる。しかし町のご近所の住民は四つの羅針盤方位――東西南北――にしか歩いていけないのに対して、進化は五〇〇〇の方向に向かうことができるのである(これをあえて視覚化しようなどとはけっして試みないでほしい)。したがって、一つの代謝テキストの近傍は、はるかに興味深く、驚異的で、多様なものになるだろう。この多様性こそ、すぐ後に見るように、イノベーション能の理解にとって決定的に重要になる。

時間が経つにつれ、一つの生物の遺伝子型テキストの変更が累積されていくにつれて、図書館のますます遠くの、より離れたところにある書棚へと歩んでいく。どれだけ遠くなったかを計測するためには、距離を測ることができなければならない。

その能力がなければ、私たちは迷子になり、図書館は役立たずの書架の迷路となってしまう。ある書棚から別の書棚への行き方は見つけられないだろう。[38] 幸いなことに、既知の代謝の多様性を研究するのに私が使った、距離Dが役に立ってくれる。このDは、二つの代謝テキストがどれくらい離れているかを教えてくれ、すでに、いくつかの生存可能なテキストが実際には非常に遠く離れていることを告げてくれている。しかし、それが与えてくれる次の洞察は、本物の爆弾だ。すなわち、私たちはこの図書館の膨大な距離を旅することができ、同じ寓意をもつ非常に異なる物語に遭遇することができるのだ。

代謝の万有図書館の歩き方

いつの日か、私たちは何百万という代謝テキストを知るようになるかもしれないが、その数でさえ、超天文学的な代謝の図書館のほんのわずかな一部でしかなく、その割合は宇宙全体のほんの小さな数個の塵《ちり》にも及ばない比率である。なぜなら、この図書館は生命が始まって以来地球上に存在したことのある生物個体の数よりもはるかに多くの代謝を含んでいるからだ。三八億年の進化を経た後でさえ、生命は、この図書館のほんの小さな部分しか探索してこなかったのである。

その何十億年間のすべてを通じて、自然は進化を進めるにあたって、図書館の次のコーナーに何があるかを知る必要がなかった。しかしもし人類が、そのなかでただ生きているだけでなく、この図書館を理解したいと思うなら、新しい意味のあるテキストがどこにあるかを把握するなんらかの方法をもつ必要がある。そして、美術史、経済学、言語学などの主題カテゴリーに従い、その内部をロマン語、ゲルマン語、スラブ語といった下位カテゴリーで区分けして書籍をグループ分けする「デューイ十進分類法表」や「米国議会図書館分類表」のような、テキストを分類する目録《カタログ》が必要になる。代謝表現型、つまり代謝テキストのもちうる意味というのが、この自然の図書館の主題カテゴリーである。その数は書籍の図書館の数よりも大きいが、それはこの図書館そのものが極めて広大だからだ。

目録は、この図書館の地図に似ている——それは、任意の表現型について、どこへいけばその遺伝子型が見つかるかを教えてくれる遺伝子型＝表現型地図である。この地図がなければ、同じ主題をもつテキストが散らばっているか、グループになっているか——人間の図書館ではそうなっているように——、同じ書棚に異なる主題のテキストが収蔵されているかどうかなどが、わからない。そして、司書は見あたらないので、私たちは、旅を通じて地球と諸大陸の地図を作成した太古の航海者たちのように、自分で図書館を徘徊して、それを探求して、この地図をつくらなければならない。この図書館の巨大さが、一つ一つのテキストすべての地図をつくることを妨げるだろうが、大陸、山岳、河川、湖沼、砂漠などの輪郭を描き、その漠然とした概略から全体の形を把握できることは期待できる。

しかしどこからスタートし、どういうふうに旅をすればいいのか？

次に述べるのは、進むべき道を示してくれる一つの謎である。グルコースだけで生存可能といった、任意の表現型をもつ代謝を取り上げ、10^{1500}以上もあるわが図書館のなかでたった一つだけその意味を発現しているものがあるとしたらどうだろう、と問うてみる。現在の地球上には五ノニリオン（5×10^{30}）もの細菌が存在する。この数字は膨大で、一の後ろに三〇個以上のゼロがつく。しかしたとえ、これらの細菌のそれぞれが、ほぼ四〇億年前に生命が始まって以来毎秒ごとに新しい酵素の組み合わせを試してきたとしても、そのような組み合わせはわずか10^{48}を試してきたことにしかならない。[39] うまく働く唯一の組み合わせを見つけられる確率はほとんどゼロに等しいほど小さく、10^{1450}分の1よりも小さい。この数は――あまりにも小さすぎて実質的に意味がない――、盲目的にこのテキストを探すのは、まるっきり不可能なことを意味する。

一方では、たった一つの有用な代謝を見つけられない確率はとてつもなく大きい。もう一方では、生命の多様性は、進化がそれを見つけるのに何の問題もなかったことを示している。このことは、私たちの前提がきっとまちがっているのだということを意味する。グルコースだけで生き延びるという問題を解決する二つ以上の――ひょっとしたらそれより多いかもしれない――代謝が存在するに違いないのである。

進化をシミュレートするコンピューター

それを見つけるために、進化と同じことをしてみよう。つまり、図書館を巡り歩いて、ゲノムを編集——少なくとも一つの遺伝子、酵素、あるいは反応を付加あるいは削除する一連の遺伝子伝播あるいは遺伝子欠失を通じて——するのである。そのような旅にとって、出発点はそれほど重要ではない。図書館にあるどんなテキスト、グルコースあるいは他のなにかの燃料で生存可能な代謝を指定するどんなテキストでもいい。

そこで、グルコースで生存可能な代謝からスタートし、既知の反応宇宙からランダムに選んだ反応を削除あるいは付加する。自然は、新しいテキストについて、生か死かという、単純で冷酷な評価を下すだろう。しかし、私たち科学者の旅人には特権がある。自分の足取りを後戻りしていくことができるのだ。私たちは変更されたテキストの意味をコンピューターで計算する。もしそれがグルコースで生存可能でないことが判明すると、出発点のテキストに戻り、もう一つのランダムに選んだ反応を付加ないし削除する——思いだしてほしいのだが、これをするのに五〇〇通りの方法がある。しかし、もし隣接者がグルコースで生存可能であれば、この旅は継続される。第二の反応を削除ないし付加し、コンピューターで表現型を計算し、そして、これをほとんど無限に繰り返す。

言い換えると、最初のテキストから踏み出して、その隣りへ、さらにその隣りの隣りへ、隣りの隣りへと進んでいき、その化学的意味、グルコースでの生存可能性を変えることなしにどこまで行けるかを見るのだ。一歩進むたびにテキストをランダムに変えるので、この歩みは、代謝の図書館のランダム・ウォークである。酔っぱらいが夜中にバーから家まで千鳥足で帰るのとよく似ている。このランダム・ウォークは、一歩進むごとに、同じ意味、同じ表現型をもつテキストに出会うにちがいない。

もし、グルコースで生存可能な代謝が一つしかなければ、このランダム・ウォークは、文字通

130

りどこにもいくところがない。なぜなら、出発点となったテキストは生存可能な隣接者をもたないだろうからである。少数しかないそのようなテキストが図書館にひろく散らばっているとしても、同じことになるだろう——途中で生存可能性を壊すことなしにそこまで到達することができないからだ。また、たとえ、それらが互いに近いところにあったとしても、ランダム・ウォークは、そう遠くまで行けないだろう。出発点のテキストの少数の隣接者は生存可能かもしれないが、その先の隣接者たちはそうではないかもしれない。

そのようなテキストが多数存在する場合にのみ、私たちは、図書館を徘徊することができるだろう。しかしその場合には、計算能力という、まったく別の問題に直面することになるだろう。一つのテキストの意味を計算するのはたやすいが、もしこのランダム・ウォークが数千歩あり、それぞれが数千の方向に導かれるとすればどうだろう。これは、既製のデスクトップ・コンピューターで解くのに、何年、何十年を要する類の問題である。計算をスピードアップするためには、コンピューター全体をネットワークでつないだもの——コンピューター・クラスター——が必要になる。そしてそれには金がかかる。

私が博士課程の学生からポスドク研究者へ、そして最終的に米国のある研究大学の終身在職権をもつ教授へと、ゆっくりと前進するあいだ、進化的イノベーションの問題を扱うという種類の基礎研究のための研究資金は枯渇しはじめていた。この金銭的日照りに私のヨーロッパにいる家族の健康の悪化が重なったため、スイスから仕事の申し出があったとき、私はすぐに大西洋を飛び越えて、私の出自であるヨーロッパに戻る用意ができていた。

私はスイスが科学において世界のトップを走り、きわめて生産的で、テクノロジーの面でも洗練されていることを知っていた。[40] この成功の背景には、世界有数の公教育システム、学問研究に対する惜しみない支援、そして魅力的な生活条件がある。たくさんの大学の同僚を後に残して去るのは悲しいことだろうが、スイスの科学コミュニティに入れるという機会は、畏《おそ》れおおいと同時に魅力的な栄誉だった。もっとも重要なのは、この申し出は、コンピューター・クラスターだけでなく、最先端設備の実験研究室にも資金を提供してくれることだった。さらにいいことに、それは世界中から同じ志をもつ多数の研究者を私が採用できることだった。

コンピューター使いの名手を得て、大腸菌の代謝を調べる

二〇〇六年のさわやかな秋の一日、私はチューリッヒ大学で、新装されたばかりの自分の部屋に座っていた。そこは簡素でエレガントなビルの中にあり、ビルの単純な幾何学的な輪郭線は、光沢のあるガラスと金属が混ざり合って描かれていた。そこへ、一人の若いポルトガル人が入ってきた。ハンサムで、もの静かな口ぶりで、好奇心に溢れた濃い茶色の瞳をもち、ちらっと笑みを浮かべて、ジョアン・ロドリゲスだと自己紹介した。

ジョアンは物理学を研究していたが、生物学には解決すべき興味深い問題がたくさんあると耳にしていた。彼は新しい挑戦、博士号を得られるような解決の困難な問題を探していた。その時点では彼は生物学についてあまり知らなかったが、多くの生物学者に欠けている強味をもっていた。彼は数学が得意で、コンピューターのプログラムの方法を知っており、すでに大がかりで複雑なコンピューター計算をおこなっていた。彼の履歴書をはじめて見たとき、私はほとんど興奮を抑えることができなかった。ジョアンは、広大な代謝の図書館を航海するのに必要なぴったりの技能をもっていた。求職面接のあいだ、自然がどのようにつくられるかを知りたいという私の情熱を披瀝した。私にとって幸いなことに、私たちの心はつながった。彼の眼は輝き、契約書に

署名した。

ジョアンの経歴は、私の研究室にいる研究者の典型といえる。彼らは、アメリカ、ヨーロッパ、アジア、オーストラリアの十数カ国からやってきており、生物学、化学、物理学、数学を含む多様な学問分野の出身者である。これは偶然の一致ではない。なぜなら、私たちが取り組む問題は、新しい技能《スキル》の組み合わせを必要とし、私としては自分たちの仕事を、進化の所業と比較したいほどのものである。新機軸《イノベーション》の研究は、それを創造するのと同じように、新しい組み合わせ――酵素的なものではなく知的なスキルの――から絶大な恩恵をこうむるのである。

私はすぐにジョアンのコンピューターの妙技に強い感動を覚えるようになった。とはいえ、私は依然として、自分たちがつくった一〇〇台以上のコンピューターのクラスターがまだあまりにも動きが遅く、図書館の最初の書棚から先へけっして行けないのではないかと頭を悩ませていた。

ジョアンの探求はよく研究された一つの代謝からスタートしたが、それは大腸菌とそのグルコースでの生存可能性――この単一の糖から六〇ばかりの不可欠バイオマス分子のすべてを合成する能力――だった。[41] この能力が一つの代謝にだけ存在するかどうかを見極めるために、ジョアンは、大腸菌の隣接者を一〇〇〇個以上つくった。それぞれが、大腸菌と化学反応が一個だけ異なる代謝である。もし大腸菌の代謝が、すべての不可欠バイオマス分子をつくる取扱マニュアルであるなら、これらの隣接者はそのマニュアルの些細な変形版である。最初の疑問は、それらのうちのどれかが、グルコースから六〇個すべてのバイオマス構築素材をつくる十分な情報を含んでいるかどうかである。

ジョアンは答えをコンピューターに出させ、すぐに、一つではなく、二つでもなく、三つでもなく、大腸菌の数百の隣接者がグルコースで生存可能であることを見いだした。この発見は、単純だがきわめて重要な教訓を含んでいた。この表現型の特異性（ユニークさ）は、深く歪められた先入観にすぎないのである[42]。どの任意のテキストの近傍も、それと同じような他の多くの生存可能なテキストを含んでいるのだ。しかし、私たちが冒険をさらに推し進めはじめたとき、次に何が来るか、何の心構えもできていなかった。

大腸菌のグルコース代謝能力は、テキストの八〇％が変化しても保たれる

ジョアンは、代謝の図書館の奥深くまで探る出発点として大腸菌を用い、スタートのテキストからますます遠く離れたところへと導かれていった。目的は、グルコースでの生存可能性を失うことなく、どれほど遠くまで旅することができるかだ——一つの生存可能なテキストから生存可能な隣接者まで跳び、そこからまた隣りに、そのまた隣りに跳ぶということをして。代謝テキストは意味を失うことなく、どれほど過激に編集することができるのか？

ジョアンがその答えを示したとき、私の最初の反応は、信じられないというものだった。彼が見つけたもっとも遠い生存可能な代謝——もっとも高いD値をもつもの——は、その反応の二〇％しか大腸菌と共有していなかった。私たちは、コンピューター流の言い方をすれば、最終的に一歩の移動ではグルコースで生存可能なテキストを見つけることができなくなるまでに、図書館のほとんどすべての道——もっとも遠い場所にある本どうしを隔てている距離の八〇％——を歩いたことになる。

これはまぐれあたりかもしれないと心配になった私は、ジョアンにもっとたくさんのランダム・ウォーク、それぞれ代謝的な意味を保存したままで、それぞれ可能な限り遠くまで導いてくれ、それぞれ異なった方向に向かうような——この図書館がそれほど多くの次元をもっているか

らこそ可能なことだ——ものを、あと一〇〇〇回やってほしいと頼んだ。答えが返ってきたとき、私はふたたび衝撃を受けた。

それらのランダム・ウォークは最初の時と同じほど遠いところまで導いていったのだ。それぞれが、大腸菌の反応とほとんど八〇%異なる代謝まで導いていった。それらの作業によって、すべてがグルコースに貯えられた炭素とエネルギーから細胞が必要とするあらゆるものをつくることができるという点を除いて、大腸菌のテキストとほとんど共有するところのない一〇〇〇もの代謝テキストが見つかったのである。もしそのままウォーキングを続けていれば、もっとたくさん、多すぎて数え切れないほどのテキストを見つけることができただろう。もっとも、後に、この図書館の一部でその総数を推計することができた。[43] たとえば、グルコースで生存可能な二〇〇〇の反応をもつ代謝の数は、10^{750}を超える。

同じ意味をもつテキストの数はそれ自体が超天文学的だった。代謝の図書館は、同じ物語を異なったやり方で書いた書物を、天井の梁までびっしり詰めこんでいるのだ。

この結果をしっかりと予想していたわけではなかったが、私たちの探索はこの図書館のはるかに異様とさえ思える特性も明らかにした。一〇〇〇回のランダム・ウォークは、同じような意味をもつテキストが小さなグループ——同じような反応のセットをもつ代謝のグループ——として詰め込まれた図書館の二、三の書架では終わらなかった。これらのテキストは、大腸菌と違うのと同じくらい、お互いに非常に異なる代謝を指定《コード》していた。この図書館は、歴史に関するすべてのテキストと化学についてのすべてのテキストが分けられた部屋のように、明確に区別できる部門《セクション》をもっていないのである。[44]

グルコースの代謝テキストはネットワーク状にひろがっていた

さらに、それよりも驚くべきは、これらのテキストから――大腸菌から始めたのと同じように――新しいランダム・ウォークを始め、生存可能性を失うことなしに他のテキストに向かって歩いていったときに、私たちが見つけたものだった。こちらが私たちに教えてくれたのは、同じ意味をもつテキストをつないでいる連接した通路のネットワークが、この図書館の全体にひろがっているということだった。

私はこれを「遺伝子型ネットワーク」と呼ぶことにした。それは図9の直線でつないだネットワークと少しは似ているかもしれないが、ここでは大きな正方形は代謝の図書館に当たり、直線が同じ意味をもつ隣接のテキスト（○）をつないでいる。このような図は、おぼつかない視覚の補助である――五〇〇〇次元ではなく二次元で、想像を絶するほど多くではなく一握りのテキストによって描かれている――が、これほど奇妙な場所を視覚化するのにはこれしかないのである。

ふつうの公共図書館では、科学史の棚の一冊および伝記の棚のもう一冊のテキストに、チャールズ・ダーウィンについての伝記的な情報を見つけることができる。米国議会図書館の分類方式を用いた大規模な研究図書館なら、何冊かのテキストがQH（「科学：自然史、生物学」）の部で見つかるが、ほかのテキストは、DA（「世界史、英国」）、GN（「人類学」）、PR（「英国文学」）、さらにはBL（「宗教、神話学、合理主義」）にさえ見つかるだろう。

しかし代謝の図書館の整理分類原則で、これと似たものは何も見つからないだろう。HM（「社会学、総記」）にあるダーウィンの伝記と、BT（「学説理論」）にあるもう一つの伝記を結びつける意味を保存したままでつながる道筋のネットワークを見つけることはできないはずだ。一つ

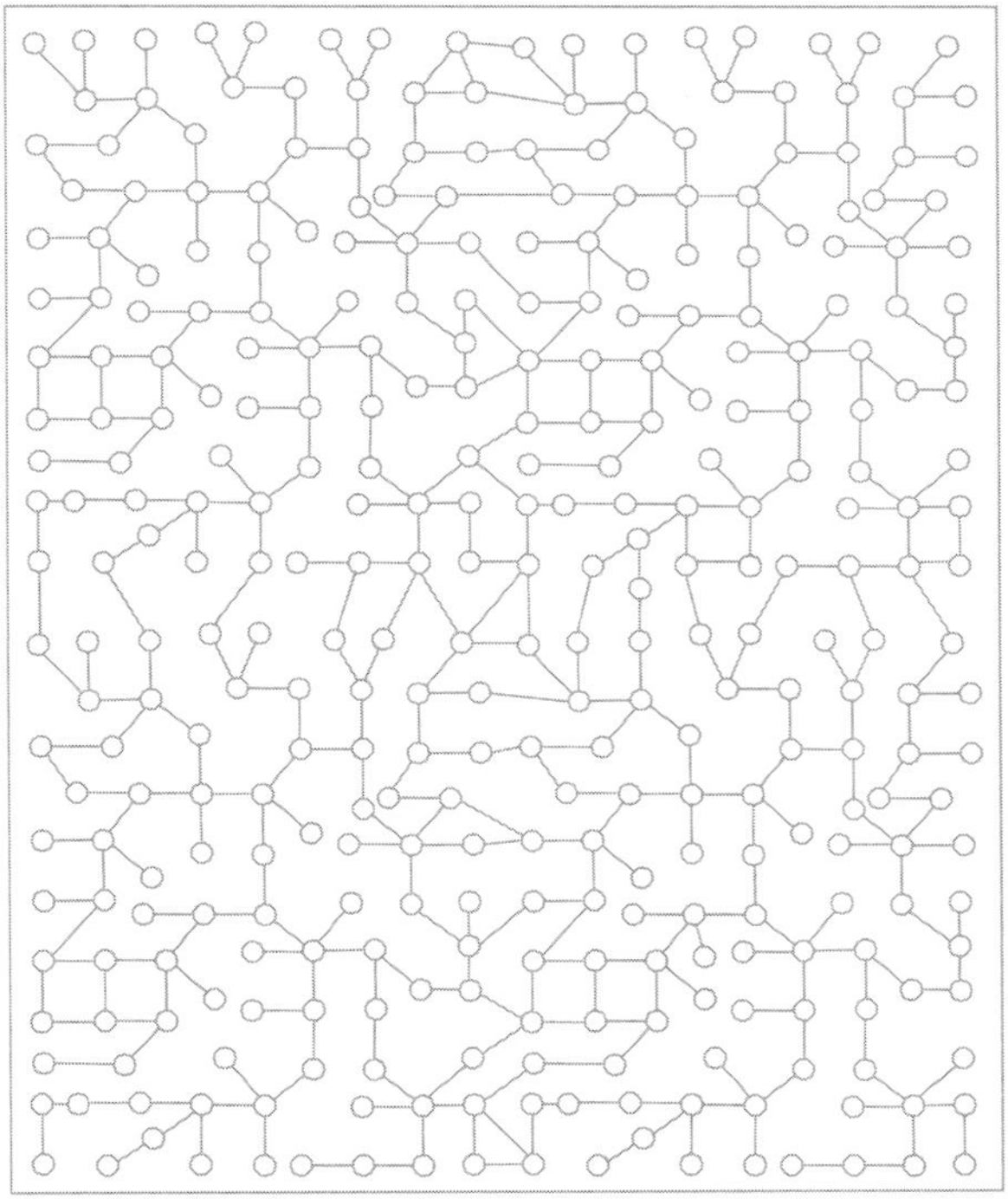

図9　遺伝子型ネットワーク

の本から隣りの本へ、そのまた隣りの、そのまた隣りというふうに、ダーウィンの生涯を異なった言葉で語るもう一冊の本から一冊分以上遠ざかることなく、図書館のほとんどすべての道筋を歩き通すということはできないだろう。

だが、代謝の図書館では、それがまさに、閲覧者《ブラウザー》のできることなのだ。同じ意味をもつ無数のテキストは、私たちのすむ宇宙の星、広大な暗い空っぽの空間の広がりのなかに点在する島のようなものに見えるかもしれない。しかし、実際はそうではない。あなたは、明るく照らし出された道筋のネットワークを通って、そのあいだを移動することができるのだ。

八〇種類の化学燃料が遺伝子型ネットワークを形成した

ここまでのところは、グルコースでの生存可能性という一つの主題領域にある本についての目録をつくっただけであるが、ほかにもたくさんの主題領域が存在する。エタノール、酢酸塩、その他数十の燃料で生存可能な代謝が存在する。私たちは、同じランダムな戦略、すなわち表現型――たとえば、エタノールでの生存可能性――を保存したままの編集ステップによるランダム・ウォークをし、先に進めなくなったときにのみ停止するという手法を使って、その地図をつくった。私たちは八〇種類の異なる燃料でそれをおこなってみたが、毎回同じパターンが見られた。生存可能な代謝は非常に異なったテキストをとることができ――たとえばその反応のわずか二〇%しか共有せずに――、代謝の図書館のなかで、それらのテキストは、つながりあった広大な遺伝子型ネットワークを形成することができる。

この全般的なパターンに勇気づけられて、私たちは、エタノール、グルコース、酢酸塩のような複数の異なる燃料で生存可能な、それぞれの燃料からすべてのバイオマス分子を合成することができる（この能力の利点は明らかである。燃料のうちのどれか一つの供給が尽きたときにも生き残ることができる）代謝の地図づくりを始めた。この代謝的な技能《スキル》は達成がずっと難しいだろうから、たぶん、少数の代謝しかそれをもっておらず、そのすべては図書館の一隅の書棚にあるのではないだろうか？

またしてもまちがっていたことが証明された。私たちは、五つ、一〇、二〇、そして最大六〇の異なる燃料分子で生存可能な代謝を研究した。そのうちの一つからスタートした意味を保ったままのランダム・ウォークは、どれも、はるか遠いところまで導かれていった。六〇の異なる燃料で生存可能ないくつかの代謝のあいだでさえ、共有する反応は三〇％以下だった。そして、同じ表現型をもつ代謝――それぞれの主題カテゴリーごとに一兆の何百倍もの数がある――が、そこでもまた、つながりあった遺伝子型ネットワークを形成していたのである[45]。

この時点で、私はもうほとんど有頂天になりかかっていた。私たちは、代謝の図書館の組織構造を支配する根本的な原理を探り当てたのだ。第一に、多くの代謝が同じ燃料分子で生存可能である――どの燃料を選ぶかはほとんど問題ではない。生物は、バイオマス構成要素を、多様な方法で、異なる多数の反応連鎖を通じて組み立てることができるのだ。第二に、こうした代謝の多くは互いに非常に異なっており、ごく少数の反応しか共有していない。第三に、私たちが見つけた生存可能な代謝は、巨大なネットワーク――遺伝子型ネットワーク――でつながっている。このの遺伝子型ネットワークは、代謝空間のはるかに遠い場所まで到達していた[46]。各主題領域はそのようなネットワークを一つもち、そうしたネットワークが代謝の図書館のなかで緻密に織り上げられた織物を形成している。

私たちはこのすべてを慎ましい手段によってなしとげた。なぜなら、私たちのコンピューター計算の能力は、代謝の図書館にあるテキストの数に比べればちっぽけなものだったからである。私たちは、大雑把にではあるが、想像を絶する広大な世界の地図をつくったのである。言ってみれば、私たちは風呂桶《バスタブ》に乗って大洋を横断したのだ。

イノベーションの鍵、遺伝子型ネットワークと近傍の多様性

同じ意味をもつ無数の代謝テキストがあるということは、そのうちのどれか一つを見つけられる確率を高める——数え切れないほどの倍率で。さらに都合のいいことに、進化とは、一人の気まぐれな閲覧者が代謝の図書館を探索するだけではない。進化は、新しいテキストを探すために、膨大な数の生物の集団（個体群）を雇い入れてクラウドソーシング［不特定多数の人々に業務を委託すること］をするのである。ある一個体の代謝の遺伝子型が遺伝子伝播によって変更されるたびに、進化は図書館のなかを一歩進む。さまざまな読者——何十億もの——が、この図書館を探索するために、さまざまな方向に歩み出すのである。

進化の図書館探索は、人間が図書館を閲覧する方法とは、もう一つ別の面で違っている。決定的に重要な分子を産生するための代謝的指示を混乱させるような変化——たぶん、遺伝子欠失——に遭遇して、生存可能な代謝につながる道から足を踏み外した不運な生物体を想像してみてほしい。その生物体は、自然淘汰のはからいで死ぬだろう。代謝の図書館においては、何世代もかけて繰りひろげられる一回の探索のなかで、読者たちは死んでいくのである（そしてほかの読者が生まれる）。

遠くから眺めていると、細菌からシロナガスクジラまでの図書館の探索者たちは、図書館それ自体の巨大さゆえに矮小化されて、塵の微粒子からなる巨大な雲のように見えるかもしれない。

一つの書架から隣りの書架へあちこちを漂いながら、新しい化学的な組み合わせを何度も何度も繰り返し試す生物たちの、はてしなくうねる渦巻きのように。あるものは死に、他のものは生き残り、後継世代に向けて、新機軸《イノベーション》となる組み合わせを伝える。この激しく動きまわる生命こそ、活動中の進化なのである。

この活動は、もし遺伝子型ネットワークが存在しなければ、消滅するだろう。もし、たった一つのテキストだけが、どれか一つの燃料での生存可能性を授けられるのだとすれば、一つの集団（個体群）のすべてのメンバーがそのテキストを共有し、図書館のそのテキストのまわりに密集しなければならない。別の本の頂点に忍び寄ろうとして、道を外れるメンバーがいれば、つねに、その個体は死ぬだろう。もし、わずかな数の同じようなテキストしか生存可能でないなら、集団は図書館のちっぽけな区画《セクション》を探索できるだけだろう。しかし遺伝子型ネットワークのおかげで、進化する集団（個体群）は、図書館を幅広く、遠くまで探索することができる。

遺伝子型ネットワークは、イノベーション能にとっての二つの鍵のうちの一つである。もう一つが次に述べること、すなわち、こうした探索を始めるときの、近傍のとてつもない多様性だ。

新しい食べ物——遠くから吹き飛ばされてきた木の葉、腐りつつある死体、あるいはひょっとしたら、木から落ちた熟れたリンゴ——がときおりやってくるかぎり、何十億もの細菌が生育していける土壌の一画を想像してみてほしい。こうした食べ物の多くの分子は栄養になるだろうが、どれか一つの微生物が、適切な組み合わせの酵素、食べ物をバイオマスに変換する正しい代謝テキストを獲得していないかぎり、それは無用の長物である。だがひとたび何十億という土壌仲間が他の燃料分子を消費し、食べ尽くしてしまって、みんなが飢えているときには、まさにそのテキストが命を救うことができるだろう。このテキスト、代謝の新機軸が、一つの微生物に生きる新たなチャンスを与えることができる。

たとえ一〇〇種類の燃料分子しかなかったとしても、10^{30}の代謝表現型が存在するはずだし、このテキストを見つけることは、そのうちの特別な一つを見つけることである。10^{30}のテキストを図書館の小さな近傍に詰め込む方法は、とてものこと存在しない。それぞれの近傍は数千のテキストを収容できるだけのスペースしかなく、それらの意味は、可能な表現型のうちのごくちっぽけな部分（10^{26}分の1）しか含むことができない。それはまるで、ニューヨーク公立図書館から数冊の本をランダムに借りてきて、ベッドのそばの机において、そのなかから『種の起原』を見つけたいと思うようなものだ――ほとんど不可能だ。しかし、もし一群の読者が、この図書館のはるか遠くまで伸びている遺伝子型ネットワークに沿って、閲覧していくことができるなら、そうした確率は変わる。遺伝子型ネットワークはとても大きいので、集団は数千の近傍を探査し、命を救う新しい表現型を見つける確率を高めることができるのだ。

ここには、異なる近傍は異なる新しい表現型を含んでいるに違いないという、隠された一つの前提があることに気づかれたかもしれない。太陽光発電についての一冊の本の近くに、中世フランス文学、二〇世紀建築、イタリア料理などについての別の本が見つかるかもしれない。ところが、太陽光発電についての別の本――図書館の別のところにある――の近くの棚には、鉄道模型、第二次世界大戦、天文物理学の本が置かれているかもしれない。代謝の言葉で言えば、一つの近傍に、酢酸塩、エタノール、クエン酸塩で生存可能な代謝が見つかり、別の近傍にスクロースやフルクトースで生存可能な代謝が見つかるかもしれないのである。

この奇妙な図書館分類整理法が本当に存在するかどうかを確かめるために、私たちは、同じ表現型（グルコースで生存可能）をもつが、それ以外の点では非常に異なる二つの代謝テキストを選んだ。AとBの二つの代謝は、図書館の別のところに置かれていたが――多くの反応を共有していなかった――、どちらも同じ遺伝子型ネットワークの一部になっている。それから、私たちはそれぞれの五〇〇〇ほどの隣接者すべての表現型を調べた。

そのうちの一部は同じようにグルコースで生存可能である――同じ遺伝子型ネットワークに属する――が、ほかのものは、重要な化学反応を失っており、死を招く。けれどもまた別の隣接者――これこそ、私たちにとって本当に関心があった――は、エタノールないしフルクトースのような、新しい燃料の組み合わせでも生きていくことができた。こうしたネットワークに対して、私たちは次のように問いかけた。代謝遺伝子型Aの隣接者たち――そのテキストは、Aと一つの反応だけ異なっている――は、代謝遺伝子型Bの隣接者とは異なる代謝的な新機軸を実際に含んでいるだろうか？　もしAの近傍が、新しい燃料であるエタノールとフルクトースで生存可能な代謝を含んでいるとするなら、Bの近傍は、たとえば、酢酸塩とスクロースで生存可能な代謝を含んでいるだろうか？

数千のネットワーク・ペアを分析し、八〇の異なる燃料分子がかかわる表現型を研究したあと、私たちは、前提が正しかったことを見いだした。異なる近傍は新しい意味を持つテキストを含むが、そうした意味は近傍間で異なる。ほとんどの代謝的新機軸は、一つの近傍に固有《ユニーク》で、他の近傍には生じない（それぞれの新しい表現型は独自の遺伝子型ネットワークをもつので、このことは、図書館にある異なる遺伝子型ネットワークどうしは、計りがたいほど複雑なやり方で織りまぜられていることを意味する）。

遺伝子型ネットワークの近傍はつねに新機軸に満ちている

ついで、私たちはさらに一歩先に進んだ。コンピューターの助けを借りて、代謝の図書館の遺伝子型ネットワークのなかをもう一度歩き回ったが、ただし今度は、メモ帳片手の在庫調査員のように振る舞い、私たちの通り道のすぐ近くに見られるすべての新機軸——手近に見られるすべての新機軸——をリストにしていった。

歩きはじめる前に、探索者の近傍にある新しい異なる表現型のすべてをリストにし、第一歩を進めたあとで近傍を調べた。もし、リストにすでに載っているのではない新しい表現型が含まれていれば、それをリストに追加し、さらにもう一歩進み、新しい近傍を調べ、新しい表現型が何かあれば書き加えるという作業を、数千歩にわたっておこなう。異なる近傍には異なる新機軸が含まれていることを知っていた私たちは、時間とともに、新しい表現型に近づくことができるようになるので、リストが増大していくものと予想していた。しかし、最終的には新しい表現型は種切れになるだろうとも予測していた。

これもまちがっていた。メモ帳が一杯になってしまったずっとあとも、まだ新機軸に出会い続けたのである。

この旅が例外的に豊かな恵みをもたらしたのではないかという危惧から、私たちは、図書館の異なる出発点から、異なる燃料分子で生存可能な代謝探しの旅を、さらに何回もつづけた。そしてまた、私たちの品物探しをクラウドソーシングして、どれほど多くの新しい異なる表現型を見つけることができるかを算出するために、単一の代謝についてではなく、進化中の代謝集団全体について、図書館を探索した。いずれの場合にも、新機軸はたえず積み上げられていき、勢いの衰える気配はなく、着実な足取りで、止まることなく、探索が、百歩、千歩、あるいは一万歩、何時間、何日、何週間、どれほど長く続いたかに関係なく、私たちの時間がなくなり、他の仕事をする必要が生じるまで続いた。進化中の代謝のイノベーション能は、それ自体として、私たちの一生のあいだでも尽きることがないことに気づかされたのだ。[47]

代謝の図書館におけるイノベーション能は無限に近いが、これには、遺伝子型ネットワークと多様な近傍の両方が必要である。これらは、イノベーション能にとっての二つの鍵だ。遺伝子型ネットワークは、進化する生物集団が図書館を探索できることを保証する。それがなければ、生存可能性を失うという致命的な罰が避けられないだろう。しかし、この図書館の多様な近傍がなければ、遺伝子型ネットワークの探索は無意味だ。探索したところで、新しい意味をもった多くのテキストは現れてこないだろう。

こんなやり方で人間の使う図書館を分類整理しようと思う司書がいたら、全員幽閉されてしまうだろう。たとえ一〇〇〇冊の本が違ったやり方で同じ物語を語っていたとしても、あらゆる種類の異なる意味をもつ本を隣りどうしに置くような区画《セクション》をつくる正気の司書はいない。その司書はまちがいなく、同じ意味を表すテキストのさまざまな近傍に、異なる主題カテゴリーの本を詰め込むということはしないだろう。

しかし近づいてよく見ると、代謝の図書館の目録《カタログ》は、狂人の熱狂的な幻想とはほど遠いものであることが明らかになる。人間の図書館が有用な理由は、太陽光発電についての本がどこそこの棚にあり、フランス文学の本はどの棚にある……という、私たちに適した目録をつくる司書がいるというだけである。読者が目録をもたず、ランダムに歩いていくしかなく、道を誤れば死をもって罰せられる図書館では、そのやり方は破滅的だろう。読者はどんな書棚から出発しようと、そこに貼り付けになってしまうはずだ。彼はサヴァン症候群、一つの領域では世界的な専門家だが他のすべての領域についてはまったくの無知で、新しいことは何一つ学習することができないような人になるだろう——それはたえず変化している世界で生き残っていくためには、賢い戦略ではない。そうした世界の読者にとっては、代謝の図書館は完璧で、新機軸のために不思議なほどうまくお膳立てされている。それは永遠の学習とイノベーション能を保証している。

さらに不思議なこともある。すなわち、生命の他の図書館も同じやり方で秩序立てられ、組織化されているのである。

第四章　タンパク質の多様な進化

20種のアミノ酸でできるタンパク質も20×20×20×……と膨大な組み合わせの図書館をもつ。長年の研究でタンパク質の性質がかなり解明され、この図書館もコンピューターで分析可能に。そこである問題に有用なタンパク質を探すと、次々と新しい答えが見つかった

ホッキョクダラは、体長一八〜三〇センチメートル、ほっそりした茶色っぽい魚で、銀色の腹と黒いヒレをもち、世界の海で、まったく人目をひかない住人である。ただ一つの点を除いては。なんとホッキョクダラ（*Boreogadus saida*）は、北極点から六度以内の、海面から九〇〇メートルも下の、通常〇℃以下の冷たさの水中で生活し、繁栄しているのだ。

この温度では、ほとんどの生物の体液は凍結し、よく鍛えられた剣のように美しい縁をもつ氷の結晶になるが、それが同時に命取りにもなる。凍結は生きた組織をバターのようにすりつぶしてしまうからである。温血動物は、氷点下の気候で生き延びることができるようにするサーモスタットを内蔵している。魚類にはそれがない。にもかかわらず、ホッキョクダラはそこにいる。

ホッキョクダラは、自動車のエンジン冷却水に入れる不凍液のように、体液の凍結温度を下げ

る不凍タンパク質をつくることで生き延びている。これらのタンパク質は新機軸《イノベーション》を生む自然の力の典型例だ。特定のタンパク質をつくるのに必要なアミノ酸鎖を変えると、たちまち、地球の海洋の広大な海域が居住可能になるのである。[1]

タンパク質のさまざまな役割

　不凍タンパク質は、魚類および他のあらゆる生物の細胞にひそむ何千という新機軸の驚異のうちの一つである。もしあなたが自分の体を縮めることができ、細胞のなかを旅することができたとしたら、まず、なんとたくさんの異なる分子があるものかと驚くだろう。それは何百万種類もあるのだ。水分子のように小さなものから、糖やアミノ酸のような大きい分子、タンパク質のようにさらに大きな高分子までが、ラッシュアワーの地下鉄の通勤客のように、押し合いへし合いし、互いのあいだを突き進んでいくのである。

　一つの細胞に含まれる分子集団のなかで、巨大な図体の怪物であるタンパク質は、生命の牽引車である。小さな分子をつなぎあわせ、それらを分子の鋏のようなもので切断し、あるいは単純に原子の配置換えをすることによって、細胞が必要とするあらゆるもの——自分自身のアミノ酸を含めて——を合成する代謝酵素については、すでに見てきた。[2]

　しかしすべてのタンパク質が酵素というわけではない。あるものは筋収縮を助けるタンパク質や、細胞の縦横に張り巡らされた丈夫な分子ケーブルに沿って「歩き」、さまざまな分子の荷物を守る小さな膜小胞を運ぶキネシンのような、分子モーターである。もし、細胞のこうした運び屋がもはや仕事をしなくなると、大混乱が起こる。たとえばあるキネシンの一種（ＫＩＦ１Ｂ）は、私たちの神経系にある細胞をつなぐのに必要な構成要素を運んでいるが、この遺伝子の突然変異は、タイプ2Aのシャルコー・マリー・トゥース病という治療不可能な病気を引き起こす。この病気は脚と手の運動と感覚に障害を引き起こす[3]。

また別のタンパク質はDNAに取りついて、遺伝子のスイッチを切ったり入れたりする。こうした調節タンパク質は、遺伝子に指定《コード》されている情報をアミノ酸鎖に変換できるようにする。数百のそのような調節因子が同時に働いており、それぞれが、ある遺伝子のスイッチを入れるが別の遺伝子のスイッチは入れないということをしている（調節因子は、第五章で探求するもう一つ別の種類の新機軸の源泉である）。

ほかにもまだある。細胞の分子骨格を形成する固い棒状のタンパク質、栄養を取り込むタンパク質、老廃物を細胞外に放り出すタンパク質、細胞間で分子メッセージを伝えるタンパク質などなどである。

タンパク質の機能の鍵を握る折りたたまれ方

こうしたタンパク質のそれぞれは、表現型として表される独自の特別な能力をもっているが、そのもっとも重要な要素はその形状である[4]。ここで私は、単に、タンパク質に含まれる二〇種類のアミノ酸の形状や、アミノ酸がつながっている順序――タンパク質の一次構造――のことだけを言っているのではない[5]。私が言っているのは、このアミノ酸鎖が、第一章で最初に述べたような折りたたまれ過程を通じて形づくられる、空間的な形状のことである。

親水性のアミノ酸は周囲の水に近づきたがるのに対して、疎水性のアミノ酸は水を避けようとし――膜分子の脂質部分のように――、こうした分子間の親和性の助けによって、アミノ酸鎖は立体的な形で折りたたまれる。折りたたまれるタンパク質は、熱の振動に動かされてもっとも疎水的なアミノ酸を一緒に集まらせ、タンパク質表面の親水的な分子に取り囲まれた、密に詰まった核を形成するような形が見つかるまで、アミノ酸鎖の数多くの形状を探索していく。[6]そのうえさらに、あるアミノ酸は互いに引きつけ合うのに対して、別のアミノ酸は互いに反発しあうが、こうした化学的親和性もタンパク質の折りたたまれ方に影響を与える。タンパク質の折りたたまれ過程——分子が不規則に飛び跳ねることのみによって推進される——もまた、自己組織化の力を思い起こさせるもう一つの現象である。

第二章で述べた、糖を分解するスクラーゼのようなタンパク質の三次元的な折りたたまれ方は、原子を一つずつ見ていくと、形のないただの塊りのように思えるだろう。しかし、後ずさりして、アミノ酸のビーズ玉をつなぎ合わせている紐状の構造（図10）に焦点を合わせれば、多くのタンパク質で見られるのと同じ、規則的に繰り返されるアミノ酸の空間的配置のパターンを識別することができる。

そこには、コルク栓抜きのような「ヘリックス（螺旋）」——図中の一つにネームがつけられている——や、「シート」と呼ばれる何本かの撚《よ》り糸が平行に走る構造が含まれる。[7]ヘリックスとシートはタンパク質の折りたたまれ方の主要な要素で、タンパク質の二次構造を形成している。そしてこうしたヘリックスとシートが、それらをつなぎあわせている糸と一緒になって、図10に示した、迷路のように入り組んだ三次元のタンパク質の三次構造を形成している。

もつれあったスパゲッティの積み重ねのように見えるかもしれないが、図10の折りたたまれ方は、実際には高度に組織化されたものである。どの二本のスクラーゼのアミノ酸鎖をとっても、自発的に、正確に同じ形に折りたたまれる。[8]この形状が、タンパク質の機能にとって決定的なのである。なぜなら、そのヘリックスとシートが、折りたたまれたタンパク質の、熱誘導によるは

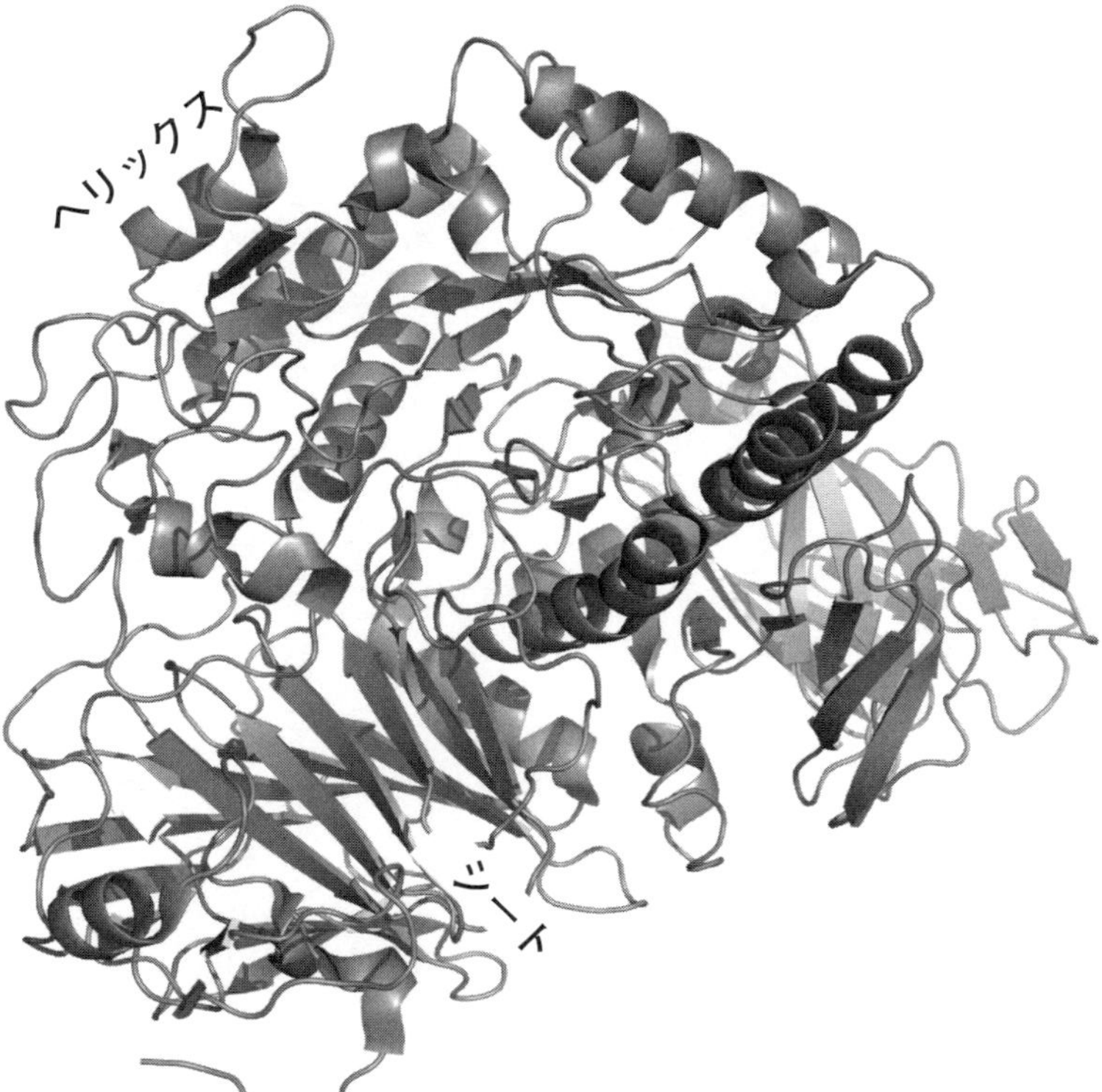

図10　三次元で折りたたまれたスクラーゼ

てしなく続く振動やぐらつきの舵を取り、制約するからだ。そのような制約された動きが、スクラーゼのような酵素がスクロースを分解するのを可能にする――それは支点で動きを制約されて、紙を切ることができる鋏の刃にちょっと似ている――のである。(9)

熱によって引き起こされる振動は酵素にとってきわめて重要だから、こうした分子は最適な温度をもつことになる。熱が少なく、振動が弱ければ、分子の再編成を引き起こすだけの力が生じない。熱が高すぎると、振動によって折りたたまれたところがばらばらに離れる――アミノ酸のまっすぐな鎖になってしまう。それよりも悪いのは、折りたたみを解かれたタンパク質はしばしば凝集して、ゆで卵のなかのタンパク質のように、活性を失った大きな塊りになってしまうことだ。折りたたみを解かれたタンパク質の大きな塊りは、単に役に立たないだけではすまない。そういうものが、たとえば脳に大量に蓄積すると、アルツハイマー病のような怖ろしい病気を引き起こす。(10)

タラの不凍血液やインドガンの酸素結合力をもたらすタンパク質の形状変化

揺れ動く形状をもつスクラーゼやその他のタンパク質のすむ、当惑させられるような世界においては、それぞれの形状が特別な職務をもっている。それぞれ、それがなす仕事によく適した、高度に複雑な形をしている。ダーウィンが生物の世界を記述するのに用いた言葉では、それは「きわめて美しいフォーム［ダーウィンはこの言葉を生物の種類という意味で使っている］が際限なくつづく」(11)世界であるが、こうしたフォーム――ダーウィンは知らなかった――が、生物の世界を活かし続けているのである。

タンパク質は単に、そこにある仕事をするだけではない。人間の世界の経済と同じように、生きた生物体の経済はたえず変化しており、それへの対応として、進化は新しいタンパク質の形状、新しい仕事を引き受ける新機軸《イノベーション》を生みだす。そういった仕事は、新しい問題を解決することが必要になったときにはいつでも始まる。たとえば、成長する氷の結晶の威嚇的なナイフから生き延びるといった問題が生じたときに。

さらに、溶鉱炉からスマートフォンに至るまで、人間の経済において発明が何度か独立になされるのと同じように、そうした仕事を果たす新機軸は、しばしば二度以上発見されている。不凍タンパク質はいい例だ。これはホッキョクダラで生じただけでなく、南極の魚類でも、しかも祖先の異なったタンパク質から生じている。[12] 北極でも二度以上生じてさえいる。[13] おまけに、一部の魚は、二種類以上の不凍タンパク質を進化させた。北大西洋のフユガレイ（*Pseudopleuronectes americanus*）は、血流の凍結を防ぐための不凍タンパク質を一つと、皮膚を保護するもう一つの不凍タンパク質をつくる。[14] そしてこうしたタンパク質のあるものは、進化的な時間では非常に速やかに出現した――三〇〇万年以内だ。

凍結を受けやすかったいずれかの祖先のタンパク質から不凍タンパク質をつくるためには、数十のアミノ酸が変化しなければならなかったが、タンパク質のイノベーションはしばしばもっと小さな変化しか必要としない。[15] ヒスチジンというアミノ酸を合成するのに必要な酵素の一つのアミノ酸を変えると、結果として、トリプトファンというアミノ酸の合成を助ける新しい酵素ができる。[16] アラビノースという糖――この名はアカシアの木からとれる天然樹脂であるアラビアガムに由来する――からエネルギーを抽出するのを助ける大腸菌の酵素の、特定の一つのアミノ酸を変異させると、この酵素は、原子の配列を変えるものから分子を分解するものへと変換される。[17]

中央アジアのインドガンが語ってくれるように、そのような最小の変化が、生命にとって劇的な結果をもたらしうる。このガンは世界でもっとも高いところを飛ぶ鳥の一つである。なぜなら、その渡りのルートで標高八〇〇〇メートル以上のヒマラヤ山脈を越えなければならないからだ。鳥はより強く羽ばたかなければならないのに、そこでは空気が希薄になるだけでなく、平地の空気の三分の一の容量の酸素しか含んでいない。この標高では、エヴェレスト登頂を目指す登山家は酸素ボンベを使い、ジェット旅客機の乗客は与圧室を必要とする。

インドガンはどちらのテクノロジーからも恩恵を受けることはできないが、問題はない。もっと巧妙な仕掛けをもっているのだ。彼らのヘモグロビン——酸素を肺から筋肉まで運ぶタンパク質——は、私たちのヘモグロビンよりもはるかにしっかりと酸素と結合するのを助ける、アミノ酸一つだけの変化をもっている。そのおかげで、インドガンは、希薄な空気から酸素分子をなんとか絞りとり、ほかの鳥が地上に降りるところでも飛び続けることができるようにしているのだ(18)。

タンパク質のわずかな能力の違いが生物の生き方を変える

ホッキョクダラの不凍タンパク質やインドガンの酸素結合能の高いヘモグロビンは、生物の生息環境《ハビタット》を拡張するから価値がある。生息環境の拡大はより多くの食物、より高い生存率、より多くの子孫を意味する。それ以外のある新機軸《イノベーション》は、一方の種類の食物ともう一方の種類の食物を識別し、毒のある植物でなく栄養のある植物を食卓に選ぶ能力という利点を授けてくれる。そういった新機軸は動きよりもむしろ知覚の改善に依存しており、それこそが、私たちの眼の奥にある網膜に三種類のオプシンが含まれている理由だ。

オプシンは、光を検知することに高度に特殊化したタンパク質で、青、赤、緑の異なる波長に調整されている。そのおかげで私たちは世界を色付き《カラー》で見ることができる。どんな場合にもそうだと言うわけではない。脊椎動物のなかで私たちのもっとも遠い祖先は、おそらく一種類のオプシンしかもっていなかった。彼らが見る世界は白黒だった。ほとんどの哺乳類は二種類のオプシンをもち、その世界は赤と青である。彼らは二色を見ることができる。しかし人類と、チンパンジーのようなヒトの近縁種は、三つの色で見ることができる。たぶん、色覚が私たちの遠い祖先の採餌に役立ったからだろう。たとえば色覚によって、緑色の木の葉の背景から果実が際立って見えたからかもしれない。理由はどうであれ、色覚という新機軸は、非常にわずかな変化、赤のオプシンから緑のオプシンに調整しなおすのに三つのアミノ酸を変えるだけでいいのだ[19]。

　色覚のような新機軸は私たちに恩恵を与えるのだが、損害を与えるものもある——お医者さんが処方してくれる抗生物質への抵抗性をもつ、おそろしい細菌の新機軸がそうだ。これは抗生物質のたえざる改良がもたらす不運な副作用で、細菌とバイオテクノロジストとのあいだの生物学的な軍拡競争の結果である。この競争はルイス・キャロルの『鏡の国のアリス』の赤の女王を思い起こさせる。赤の女王がアリスに言った有名な言葉は、「同じ場所にとどまろうと思うなら、全速力で走りつづけなさい」だった[20]。

　競争を通じて、細菌はさまざまなタンパク質の新機軸を発見してきており、そのうちのあるものは抗生物質の分子を破壊し、またあるものは排出《エフラックス》ポンプと呼ばれる細菌のレスキュー隊員として、汚染された家屋から有毒ガスをポンプで排出するように抗生物質を細胞外へ押し出す（人間の旅行と結びついて、遺伝子の水平伝播によって、そうした新機軸は数か月で世界中にひろまってしまうことがある）。とりわけ悪質なのは、一つだけでなく多種類の抗生物質を排出するタンパク質で、それによって、細菌は複数の抗生物質に対して耐性を得る。奇妙なことに、私たち自身の体の細胞が悪党化し、むやみに増殖し、急速に進化して癌になるとき、不要な抗癌剤を追い出すのに、しばしば同じ排出ポンプを使う。こうした例は、同じような問題に対する独立した解決策というだけでなく、癌との戦いに勝利することが難しい数多くの理由の一つでもある。[21]

こうした新機軸の裏にあるタンパク質は、ゼロからつくられたわけではない。それらは日々の生活に不可欠なタンパク質である輸送体［細胞の内と外のあいだの物質の輸送にかかわるタンパク質の総称］を改変したものである。なぜ不可欠かといえば、輸送体は、細胞内のさまざまな届け先に数千もの分子――栄養物、老廃物、構築素材――を輸送しているからだ。

それなら、これを本当に新機軸と呼ぶべきなのだろうか？　同じ疑問は、インドガンの改良されたヘモグロビンや霊長類の色覚についても提起される。自然はヘモグロビンをちょっといじくって、酸素への結合を強めただけだし、オプシンをいじって色の感受性を調整しただけだ。どちらも質的に新しいタンパク質ではなかった。しかし、こうした変化の影響の大きさを考えてみてほしい。どんな山脈でも越えることができる鳥に開かれた、何百万平方キロメートルもの新しい生息環境《ハビタット》のことを考えてみてほしい。私たちの世界が白黒だったらどんなに面白くなくなるかを考えてみてほしい。そして、薬剤耐性が細菌にもたらす生死の変化を考えてみてほしい。

その劇的な結果だけでも、こうした小さな変化はイノベーションと呼ぶに値する。これらの例は、わずか数個の原子の小さな変更が、一〇〇万倍も大きな生物個体にいきわたる影響をおよぼし、その子孫たちの生活を永久に変えてしまえることを示している。[22]

タンパク質の万有図書館

第三章で、自然が水平的遺伝子伝播を通じて、代謝酵素を組み合わせ、組み換えることによって、たえず化学反応の新しい連鎖をつくりだす様を見た。しかしそれは、代謝酵素そのものが最初に出現したやり方ではない。直前の数例で示したように、自然は、祖先タンパク質のアミノ酸配列を変えることで、既知の五〇〇〇種類強の酵素の一つ一つを含めて、新しいタンパク質をつくりだす。それはまた、遺伝子を調節し、物質を輸送し、筋肉を収縮させ、酸素を運び、栄養物を運び込み、老廃物を排出し、細胞間の情報伝達をし、その他多数の仕事《タスク》を果たす、無数のタンパク質をつくりだすやり方でもある。そうした新機軸《イノベーション》のいくつかについて、非常に詳細に記述した何冊もの本を書くことができるし、それらは実際に書かれてもいる。

本書はそういう本ではない。

こうした新機軸のすべてがどうして可能になるのかを、いくつかの逸話——こちらで不凍タンパク質について、あちらでオプシンについて——を通して理解することはできない。いくつかの郡の衛星写真からだけでは合衆国の地図を描くことができないのと同様だ。この仕事には、多数の古いタンパク質とそこから生まれた新しいタンパク質を比較する必要がある。数千ものタンパク質についてだ。

この仕事は、遺伝子のＤＮＡあるいはそれが指定《コード》するアミノ酸鎖——タンパク質の遺伝子型——を解読できれば、ずっと簡単になる。[23] 両方を解読するための最初の試みの一つは、英国の生化学者で、数少ない二度のノーベル賞受賞者の一人である——一度目はインスリンのアミノ酸配列の解読に対して、二度目はＤＮＡの塩基配列解読技術の発明に対して——フレデリック・サンガーによるものだった。彼の発見は、代謝の遺伝子型を解読する私たちの能力よりも数十年先行するものだったので、したがって現代の私たちは、タンパク質の遺伝子型と表現型について彼よりもっと多くのことを知っている。[24] そうしたタンパク質は、北極の原野や熱帯のジャングル、山頂や深海、私たちの腸内や沸騰する熱泉中、荒涼たる砂漠や豊穣な土壌中、汚れた下水道やきれいな川にすむ生物体から集まってくる。

整理して秩序立てないかぎり、タンパク質についてのこの巨大な事実の山は、狂人の辞書のなかのかきまぜられた一〇〇万個の単語のようなものであるが、ひとたび体系的に整理されると、第三章の巨大な代謝の図書館のような図書館の一部になるだろう。この万有図書館に収蔵されている本は、二〇のアルファベット文字でテキストが書かれたタンパク質の遺伝子型で、それぞれの文字が一つのアミノ酸に対応している。万有タンパク質図書館は、生命がこれまでつくったすべてのタンパク質と、つくることができるすべてのタンパク質の集成である。時には、タンパク質空間ないし配列空間と呼ぶこともできる。なぜなら、それぞれのテキストは、アミノ酸の単一の配列に対応しているからである。[25]

この図書館の大きさは、すでにおなじみになった計算が理解を助けてくれるだろうが、代謝の図書館に劣らずびっくりするようなものである。

まず、可能な二〇種類のアミノ酸のうちの一つを使った二文字の可能なテキストの数は20×20＝400だ。同じように、三つのアミノ酸を使うテキストは20×20×20＝8000通り、四つのアミノ酸では一六万通り、……ということになる。このような短いテキストはペプチドと呼ばれるが、大部分のタンパク質はもっと長いテキスト――ポリペプチド――で構成されており、可能なアミノ酸テキストの数は、その長さとともに激増する。たとえば、たった一〇〇個のアミノ酸をもつタンパク質の数は、すでに一の後ろにゼロが一三〇個ついた数よりも大きい。しかし図書館は、この想像を絶する大きな数よりもさらに大きい。なぜなら、スクラーゼのようなタンパク質は、一〇〇〇個以上のアミノ酸をもち、人間のタンパク質のなかには、その何倍も長いものがあるのだ（そのうちの一つ、チチン［コネクチン］と呼ばれる三万個のアミノ酸が連なった巨大なタンパク質は、私たちの筋肉中でバネの役割を果たしている[26]。タンパク質の万有図書館は、超天文学的な大きさをもつ、もう一つの図書館である。

代謝との類似性は、この図書館の大きさだけで終わらない。代謝の図書館と同じように、タンパク質の図書館は高次元の立方体で、お互いのすぐ近くに同じような複数のテキストがある。タンパク質のテキストのそれぞれは、この超立方体の頂点の一つに載っていて、代謝の図書館とまったく同じように、各タンパク質は、多数の直接の隣接者、超立方体の隣りの頂点を占める、ぴったり一文字だけが異なるタンパク質をもっている[27]。

もし、わずか一〇〇個のアミノ酸からなるタンパク質の最初のアミノ酸を変えたいと思ったとしても、選ぶべき他のアミノ酸は一九種類あるので、最初のアミノ酸だけが異なるタンパク質の一九の隣接者ができる。同じ過程によって、このタンパク質と二番目のアミノ酸だけが異なる隣接者が一九、三番目、四番目、五番目のアミノ酸についても一九ずつあり、一〇〇番目のアミノ酸までずっと同じことが言える。総計すると、このタンパク質は、100×19、すなわち一九〇〇の直接の隣接者をもつことになる。これだけの近傍でもすでに大きいが、アミノ酸を一つだけでなく、二つ、あるいはそれ以上変えようと思えば、さらに数字は大きくなるだろう。一つないし少数のアミノ酸の変化だけで、進化は多数のタンパク質を探査することができる。

代謝の図書館とのもう一つの類似は、ほぐしていきながら、どれほど遠くまで歩いたかを計る毛糸玉でももっていないかぎり、この図書館の迷路をさまよっているうちに迷子になってしまうことだ。この目的のために、またしても、距離という概念が役に立つ。それは、二つのタンパク質で異なるアミノ酸の数である。これは、一つのタンパク質テキストから、他のどれかのテキストまで移動するのに、どれほど遠くまで歩く必要があるか——どれだけの数のアミノ酸を変える必要があるか——を教えてくれる。[28]

この図書館内のテキストは重要だが、それよりもさらに重要なのは、それぞれがもっている意味である。私たちの眼は、タンパク質の化学的言語のこの意味、単語、文、節を読むことができないが、生命はこの言語によく通じている。そして生命は、一つのタンパク質が意味をもつか、それとも化学的にとりとめのないことのごたまぜを表しているのかを識別できる。

細胞は、どのタンパク質に意味があるか、つまり生きる助けになるかどうかについて冷徹な見方をする。それが役に立つときだけ意味があり、突然変異して、正しく折りたたまれなくなった欠陥タンパク質は、その意味を失う。もしタンパク質の「意味」というのがあまりにも擬人的に感じられるなら、意味の意味を探求する言語学の一分野としての記号論において、「意味」がどのように定義されているかを思いだしてみる価値がある。記号《サイン》——道路標識から本のテキストまで、何でもありうる——が指し示すものが、何であれ意味なのである。もしその記号がタンパク質のアミノ酸テキストであれば、それが指定する意味はタンパク質の表現型であり、細胞内でそれが果たしている機能である。[29]

私たちはまだ、書物の万有図書館にどれだけの冊数の意味のある本が含まれているかを知らないが、数十年の研究で、タンパク質については、その数を推計することができるようになった。なぜなら、ほとんどの有用なタンパク質は、特別な形に折りたたまれるからだ。もしあなたが、目をつむって図書館のランダムな書棚からランダムにタンパク質を取りだしたとして、それが折りたたまれる確率は最低でも一万分の一はある。

これはそれほど多いようには思えないかもしれないが、一〇〇個のアミノ酸からなる10^{130}以上のタンパク質を含むこの図書館が、どれほど膨大であるかを忘れないでほしい。たとえ、一万個のうちの一つだけしか折りたたまれないにしても、まだ10^{126}、一の後ろにゼロが一二六個もつらなる数のタンパク質が残っており、これは宇宙全体の水素原子の数よりもはるかに大きい。意味のあるタンパク質の数はそれ自体が想像を超えるものなのだ(30)。

一つの機能をもつタンパク質は、どれくらいの種類があるのか？

進化は、タンパク質の図書館を膨大な数の生物集団を通じて探索する。生物のタンパク質は、DNA鎖の一文字が変わる——AをCに、TをGに、あるいはその他のなんらかの形で——コピー・エラーが時々起こることによって、一度に一つのアミノ酸が変わり、このDNA鎖のエラーは世代から世代へと受け継がれていく。そのような変化が新しい有益な意味をもつテキストをどのようにしてつくりだすかを理解するためには、代謝の図書館でしたような地図づくりをタンパク質の図書館でしなければならない。これは見かけほど難しくはない。大勢のタンパク質科学者たちによる数十年の研究のおかげで、私たちは数万種類のタンパク質の折りたたまれ方と、この図書館における位置がわかっている。さらに、二〇世紀の分子生物学のテクノロジーは、その書棚からどんな本でも取り出し——どんなタンパク質でもつくることができる——、その折りたたまれ方と機能を実験室で研究することができるようになった。

タンパク質のイノベーション能についてのもっとも単純な疑問は、以前にすでに出会ったものだ。特定のある意味をもつ、生物体の生き残りを助ける機能をもつタンパク質を見つけることは、どれほど難しいだろうか？　もし図書館のなかにたった一つしかなければ、ビッグバン以来過ぎ去った百数十億年でさえ、それを見つけるには時間が足りない。意味のあるタンパク質が膨大な数で存在するので、生命がタンパク質の新機軸によって解決したあらゆる問題について二つ以上の解決策があったにちがいない。しかし、どれくらいの数があるのだろうか?

二〇〇一年に、ハーヴァード大学のアンソニー・キーフェとジャック・ショスタクは、生命の歴史におけるどんなことにも劣らず決定的に重要な発明をしたあるタンパク質のファミリーについて、この問いに対する答えを出した。すなわち、その一群のタンパク質は、第二章で生命の電池として出会ったATPと結合するのである。物質を輸送したり、筋肉を収縮させたり、新しい分子をつくったり、という仕事を遂行するタンパク質は、ATPを切断し、そうすることによって、ATPのエネルギーを自分の仕事に利用する[31]。

ATPのエネルギーを利用するためには、タンパク質はまずATPに結合する必要がある。もし、膨大なタンパク質図書館のなかで、たった一つのタンパク質だけがATPに結合できるとすると、手当たり次第に探すのはむなしいだろう。それを発見するには奇跡が必要だ。図書館のなかでATPに結合するタンパク質がどれくらい稀少であるかを見つけるために、キーフェとショスタクは、それぞれが異なる完全にランダムなアミノ酸鎖をもつ、多数の異なるタンパク質をつくりだせる化学のテクノロジーを使った。

この過程は、タンパク質の図書館の書棚からランダムに本を引っ張り出すのに相当する。これらの研究者がつくりだしたランダムなタンパク質は、全体でアミノ酸八〇個分の長さがあった。アミノ酸八〇個のタンパク質は10^{104}以上あるから、どんな実験でもそのすべてをつくることはできないが、この実験は、およそ六兆、すなわち6×10^{12}という驚くべき数の、ランダムなタンパク質をつくりだしたのである。

キーフェとショスタクは、そのうちの互いに関連がない四つがATPに結合できることを見つけた。六兆のうちの四つのATP結合タンパク質というのは、そんなに多いようには聞こえないが、この比率を潜在的な候補者の数にあてはめれば、その数ははるかに大きくなる。ATPに結合できるタンパク質は10^{93}――一の後ろにゼロが九三個つく――以上という結果になる。ATPに結合するという問題には天文学的といえるほど多数の解決策があるのだ[32]。

マサチューセッツ工科大学のジョン・レイダール＝オルソンとロバート・ザウアーは、同じ問題に、別の方向からアプローチした。彼らは細菌に感染するウイルスの遺伝子を停止させることができる制御タンパク質に焦点を合わせた。このウイルス――ラムダバクテリオファージ――のDNAは、自らを複製し、宿主の細菌を殺すのに役立つタンパク質を指定《コード》している。しかしこのウイルスは、オフ・スイッチを使って、分裂し宿主を殺す機が熟すまで、それらの遺伝子を停止させて、細菌内で休眠したままとどまることもできる。その機は、ふつう、宿主が酷い目にあったり、飢えたり、抗生物質の毒にやられたり、過剰な紫外線の照射を受けたりしたときにやってくる。それから、ウイルスは複製を始め、複製によってできた子ウイルスは、沈みゆく船からネズミが走って逃げるという言い伝えのように、その細胞を捨てる[33]。

レイダール＝オルソンとザウアーは、タンパク質図書館のこのウイルスのオフ・スイッチの近傍を探索して、この近傍に多数のランダムなアミノ酸配列をつくりだし、そのうちのどれが、ウイルスの遺伝子を停止させるという仕事のできるスイッチをつくりだせるかを調べた。この情報から、彼らは、この図書館の10^{50}以上のテキストが停止スイッチを指定していると推計した。彼らが別のタンパク質、アミノ酸の合成に必要な一つの酵素について同様のアプローチを試みると、およそ10^{96}ほどのアミノ酸鎖がその酵素の仕事をこなせることを見いだした[34]。

自然の不凍タンパク質は一つのヒントをくれ、これに似た実験室での実験がそれを実証した。ATPに結合する、ウイルスを停止させる、あるいは化学反応を触媒するといった問題は、答えが一つしかないわけではないのだ。むしろ、一〇〇万もの解決策があるかもしれない。天文学的といえるほど多くの解決策があり、それぞれがタンパク質の図書館の異なる本によって具現されている。(35)これほどの数の解決策は想像するのもむずかしいが、それは生命のイノベーション能についてよりもむしろ、私たちの想像力の限界について多くのことを物語っている。

ヘモグロビンに見るタンパク質進化の歴史

もちろん、図書館が特定の問題についての解決策を記載した、事実上無限の本の供給源を含んでいる、ということを知るだけでは十分ではない。私たちは、そうした解決策がどこにあり、どのように組織化されているのか──書架に几帳面に並んでいるのか、それとも一緒くたに山のように投げだされているのか──をも解明する必要がある。そしてそのためには、私たちは研究室での実験よりも先へ進む必要がある。

実験室では驚くほどの数の異なるタンパク質をつくりだし、テストすることができるとはいっても、その数は自然界に見いだされる数と比べると、取るに足らないものとして雲散霧消してしまう。自然は何兆の何十、何百倍もの生きた生物体のなかで、毎日新しいタンパク質をつぎつぎと大量に生みだしているのである。そうした生物体の一つ一つが数千のタンパク質を抱えていて、それぞれが、何十億年の昔にさかのぼって続いてきたタンパク質生成の、とぎれることない連鎖の最後の環《リンク》にすぎないのだ。

タンパク質学者は何年も前から天から授けられたこの賜り物に気づいてきた。そして、大きなお菓子問屋に入った子供のように、大喜びしてそれに飛びつく。そうした科学者たちが数千もの異なる生物体におけるタンパク質の創出について学んだことは、研究室での実験をはるか遠くまで飛び越えていった。すでに出会ったインドガンの酸素を運搬するヘモグロビンは、話がどれほど遠くまで到達したかを例証している。

　肺から体組織まで往復するあいだに酸素を結合し、離脱させるというヘモグロビンの慎ましい機能は、そのほとんど普遍的といってもいい重要性を正しく伝えていない。ヘモグロビンは、酸素と結合するグロビンという大きなファミリーの一員で、私たちだけでなく、他の多くの哺乳類、鳥類、爬虫類、魚類にとっても絶対的に重要である。[36] 数え切れない世代が過ぎてきたが、親の後ろには子、孫、そして無数の曾曾孫《ひいひいまご》の世代が続いていく。ゆえに、こうした生物のすべては共通の祖先をもっている。この世代の継承のあいだに、ヘモグロビンやその他のタンパク質を指定《コード》するDNAは数え切れないほどの回数で複製されてきた。各世代を苦しめるようなコピー・エラーは稀――ヒトの細胞ではDNAの四〇〇〇万字当たりに一つ[37]――だが、十分な時間が与えられさえすれば、ゲノムのすべての遺伝子が、コードしているタンパク質を変えるほどのエラーを被ることになる。

　そして、グロビンが折りたたまれるのを阻害するよう変更されたアミノ酸のテキストは、必要とされるところに酸素が行きつくのをも阻害する。言い換えると、死を招くのだ。しかし変更されたタンパク質は、つねにその意味と機能を失うわけではない。ある種の変更は、折りたたまれ方も機能も損なわず、次世代に伝え渡される。[38] 数千、数百万世代が過ぎるうちに、許容されるコピー・エラーのあとにまた別のエラーが累積されていき、タンパク質のアミノ酸配列はゆっくりと変化していくことがありうる。

　図11は、ヒトのヘモグロビンと三種の類縁動物のヘモグロビンの一〇個のアミノ酸断片を示している。[39] 図のそれぞれの文字は科学者がアミノ酸を省略形で表すときに使う二〇の文字からとっ

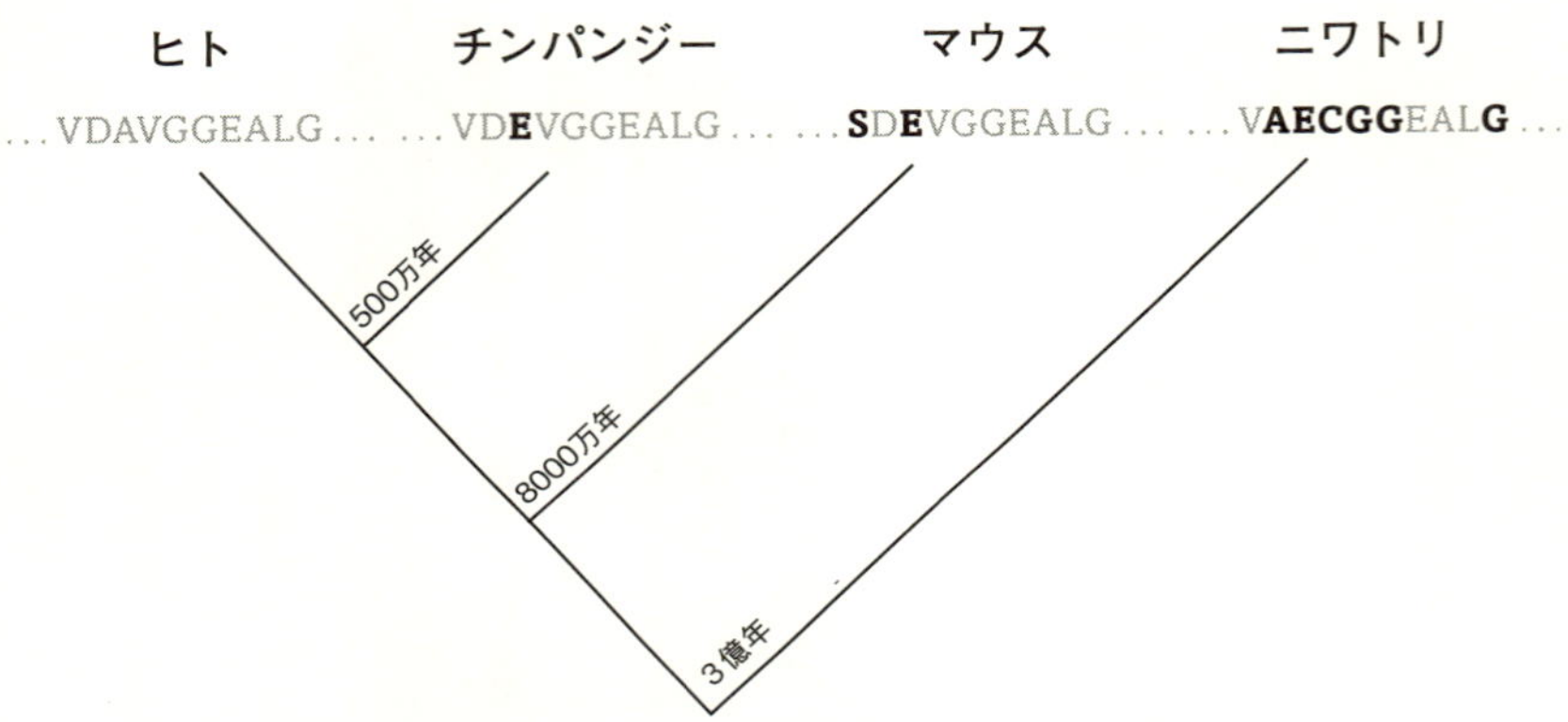

図11　時間の経過とタンパク質の変化

たもので、Vはバリン、Aはアラニンを表す等々である。ヒトと私たちにもっとも近縁なチンパンジーは、五〇〇万年ほど前、人間でいうとほぼ二〇万世代――人間の一生と比べると膨大な量の時間だが、進化においてはまったく小さな時間――昔に、共通の祖先をわかちあっていた[40]。そして小さな時間はエラーがわずかなことを意味するので、チンパンジーのグロビン・テキストは、それ以来たいして変わっていない。図の断片では、唯一の違いは、チンパンジーのグロビンがヒトではアラニン（A）になっている場所にグルタミンというアミノ酸（濃い文字のE）をもっていることだけである。

ヒトの系統は八〇〇〇万年ほど前に、ネズミの系統から分かれた。したがってネズミ（マウス）のグロビンは、チンパンジーよりも変化を累積するより長い時間があったわけで、そのことが、図11のマウスとヒトの二つのアミノ酸の違いに示されている。ニワトリの系統はほぼ三億年前という、さらに遠い昔にヒトの系統と分かれ、六つの変更されたアミノ酸が生じた[41]。

何百万という他の生物もグロビンをもっており、温血脊椎動物だけでなく、爬虫類、両生類、魚類、ヒトデ類、軟体動物、双翅類、蠕虫類、さらには植物さえもっている。こうした生物のあるものは、生命の巨大な系統樹の同じ枝の上に生えており、最近の共通祖先をもっている。それらのグロビン・テキストは、時間をかけた長い旅のほとんどを共有し、ごく最近になって分かれただけなので、いまだによく似ている。ほかの生物は別の大枝の上にあり、より遠い祖先を共有しているので、異なったテキストのグロビンをもっている。(42)

しかし、そうしたテキストがどれだけ異なっていようと、それぞれはきっちりとした働きをする。そうでなければ、生き残っていることができなかっただろうからである。生き残っているテキストのそれぞれは、酸素と結合するという問題についての異なった解決策をコードしている。(43)そして生命が生きつづける一〇〇〇年ごとに、それはタンパク質の図書館の奥へ奥へと進んでいき、盲目的に集団で手探りする進化的な旅のなかで、つねに新しいグロビン・テキストを発見していくのである。(44)

植物がもっているグロビン

この旅がすでにどれほど遠くまでグロビンを導いたかを理解するために、私たちのもっとも遠い親戚のいくつかを考えてみてほしい。植物の一部は、血液をもっていないにもかかわらず、実際にグロビンをもっている。(45)

ダイズ、エンドウ、ムラサキウマゴヤシなどマメ科の植物は、空気中にあるほとんど無限の供給源から、なくてはならない窒素を抽出することができる（他のほとんどの植物は、地中から窒素を抽出しなければならないが、地中では、農民が肥料を与えない限り、しばしば窒素は稀少である）。この目的のために、マメ科植物は根の周囲の組織塊のなかにすむ細菌（根粒菌）を雇いいれるが、根粒菌は空中の窒素ガスをアンモニアに変換する特別な酵素をもっている。窒素肥料に含まれているのと同じアンモニアだ。この巧妙な共生にはたったひとつだけ問題がある。大気中の酸素がこの酵素を破壊するのだ。こうした酵素を保護するために、植物はグロビンをつくり、グロビンが細菌から酸素を遠ざけて安全を守るのである。

植物と動物は生命の系統樹の別の大枝の上に位置するが、それは両者の共通祖先が生きていたのは一〇億年以上前のことだからだ。そのグロビンはびっくりするほど異なっていて、別々の長い進化の旅をしてきたことを反映している。たとえば、ハウチワマメと昆虫のグロビンは、そのアミノ酸のほとんど九〇％が異なっている。しかし、これらのグロビンは酸素と結合するだけでなく、図12のような非常によく似た形状に折りたたまれるのである。左はハウチワマメの、右はユスリカのグロビンの折りたたまれ方だ。両方とも、いくつかの螺旋状のへリックスをもつが、左上から右下にかけて平行に走る二本のへリックスのように、よく似た配置をもっている。この図は、これらのグロビンがどれほどよく似ているかを十分に表していない。これらの分子を動かして、一方がぴったり他方の上に来るように置くと、それぞれの原子はほとんど正確に同じ場所にくるだろう。一〇億年以上の別離があったにもかかわらず、これらのグロビンはいまでもなお同じような形で折りたたまれているのである。

これらのグロビン間のアミノ酸の違いは極端だが、異例というわけではない。他の何かの動物、たとえば、二枚貝とクジラのグロビンでさえ、アミノ酸の八〇％以上が違っている[46]。ただ、そうした違いにもかかわらず、これらのグロビンや他の生物からの数千種類のグロビンは、タンパク質の図書館のなかの途切れることなくつづく道のネットワークによって結びつけられているので

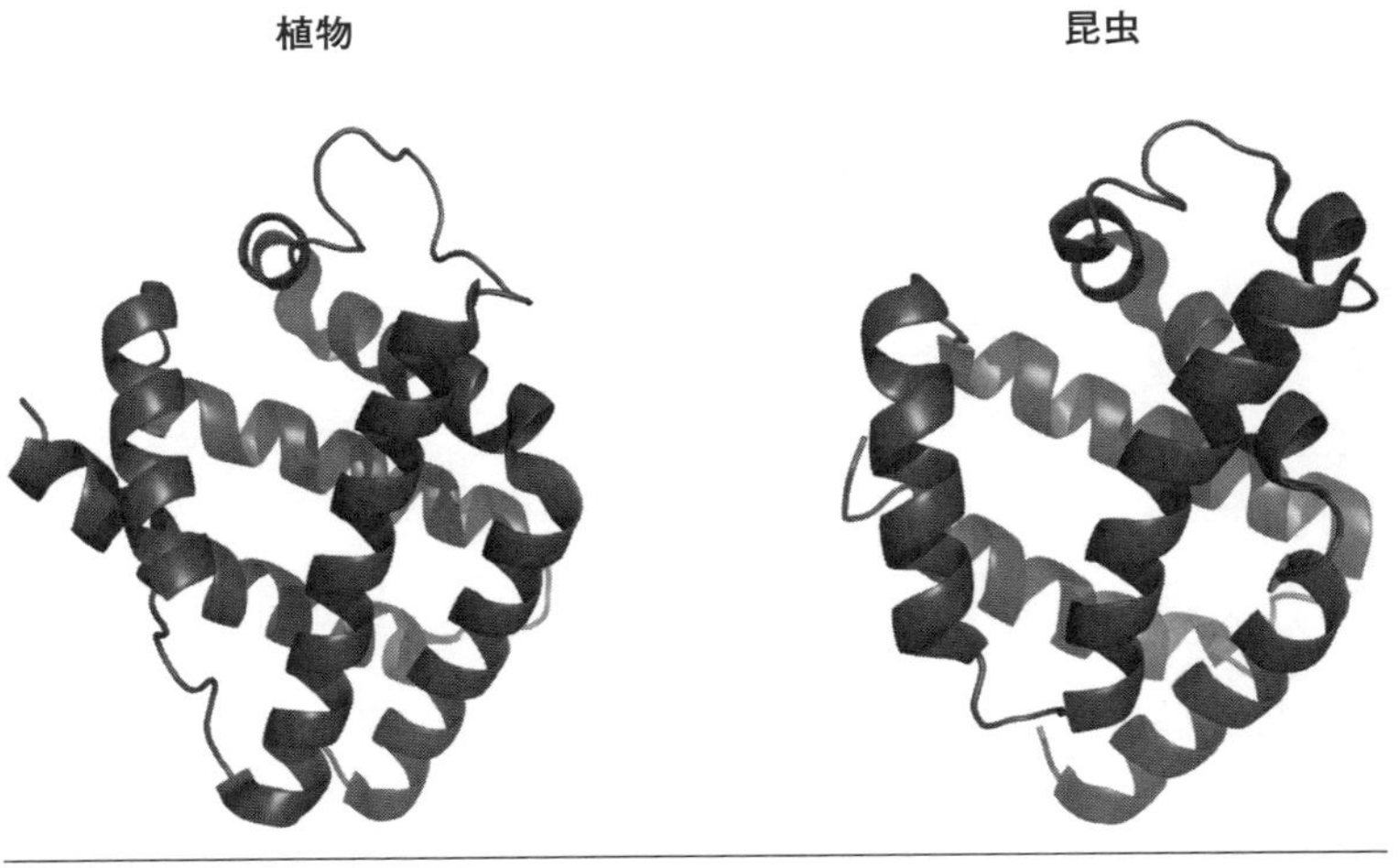

図12　よく似た折りたたまれ方の二つのグロビン

あり、共通祖先から始まるこの道は、一回に一つのアミノ酸変化という一歩を進めるが、テキストの意味は変わらないままである。

読者は、私たちが代謝の図書館ですでに出会った一つの主題《テーマ》を認めることができるだろう。そこでは、進化が、一つの代謝表現型の意味を失うことなく、遠く、広範囲に旅することができた。タンパク質の図書館を進むときに進化がとる一歩は異なっている――水平的な遺伝子伝播に代わって、単一のアミノ酸の変化である――が、原理は同じだ。遺伝子型ネットワークがグロビンを結びつけ、その蔓《つる》をタンパク質の図書館の遠いところまで伸ばしていく。進化は、分子が意味を失うという死の流砂に落ち込むことなしに、このネットワークに沿って探索することができる。

広大な遠くまで達する遺伝子型ネットワークの形成ということになると、グロビンは例外ではなく、むしろ当たり前なのである。同じ折りたたまれ方をもち、同じ反応を触媒し、同じ祖先を共有する酵素が、ふつうは、アミノ酸の二〇％以下しか共有していないのだ。科学者たちが、図書館のなかの既知の数千の酵素をコードしているテキストの位置を地図にしてきたからこそ、私たちはそのことを知っている。そういうテキストの目録《カタログ》をつくることで、図書館のなかの遺伝子型ネットワークの道を地図にすることができる。

たとえば、あるネットワークは図書館のなかを、グロビンよりももっと遠くまで達することができる。その点でＴＩＭバレル［八つのαヘリックスと八つの平行なβシートからなるタンパク質の折りたたまれ方］タンパク質を超えるものはない。ＴＩＭは、グルコースからエネルギーを抽出するのを助ける酵素、トリオースリン酸イソメラーゼの頭文字をとったもので、折りたたまれ方がバレルと呼ばれるのは、そのシートとヘリックスが樽板《バレル》のような配置を取っているからである。

眼のさめるような事実は、この折りたたまれ方をもついくつかの酵素が、共通のアミノ酸を一つももたないことだ。それらは、タンパク質の図書館の正反対のコーナーを占めている——テキストは一文字も共有していない——が、なおも、同じ化学的メッセージを運んでいるのである。[47]こうしたタンパク質は、『ハムレット』の無数の脚本にいささか似ている。そのすべてが同じように上演可能だが、この戯曲の四〇〇〇行のうちの数百行しか共有していない——あるいはまったく共有しないものさえある。

自然の図書館の数千のタンパク質は、どれも同じような物語を語っている。一つの問題が新しいタンパク質によって解決できるとき、それは酵素であっても、調節因子であっても、ヘモグロビンのような輸送体であっても、解決策の数は多すぎて数え切れない。そして、そうしたタンパク質のすべては、タンパク質の図書館全体にひろがる広大なアミノ酸テキストのネットワークによって結びついている。

私たちは、そうしたネットワークのいくつかにある数千のタンパク質を知っているが、それらは未知——同じ表現型を共有している何兆ものタンパク質の大部分——の広大な砂浜の砂粒にすぎない。そうした未知のタンパク質の一部は、絶滅して久しい生物に属している。生命の四〇億年はまだまだ十分な時間だとは言えない——この時間では、わずか10^{50}のタンパク質、タンパク質の図書館にあるすべてのテキストのほんのわずかな部分を生みだすにしか足りない。[48]生命のとてつもなく大きな系統樹とそのすべてのタンパク質は、どれほど膨大で美しくとも、遺伝子型ネットワークが住んでいる広大なプラトン的王国の、汚れた鏡に映った染みだらけの映像、かすかな影でしかない。

タンパク質の図書館の遺伝子型ネットワーク

第三章で、進化の何十億という閲覧者が代謝の図書館の遠くまでひろがる多様な近傍を探索するうえで、遺伝子型ネットワークが助けになることを見た。こうしたネットワークを通じて、この図書館の探索者のなかには、ネットワークが途切れてしまって死ぬものもいれば、新しい表現型をもつ新規性のあるテキストを見つけるものもいる。遺伝子型ネットワークはタンパク質についても同じことをするかもしれないが、それはタンパク質の図書館の近傍が多様な場合だけである。[49] そうでなければ、進化中のタンパク質集団は、どこであれ、今いるところに留まるだろう。もし異なる書架に同じ本が収まっているのなら、図書館を探索する必要はない。

図書館のそれぞれのタンパク質の近くの書棚には、現代の同じような画一的な外観の家が並ぶ郊外とちょっとばかり似て、同じような意味を持つテキストが入っているのだろうか？　それとも、近傍のそれぞれには、独特の建物と個別の魅力をもつ中世の村落のように、独特な新しい機能を持つタンパク質が入っているのだろうか？　数十年にわたるタンパク質研究のおかげで、この問いに対して、タンパク質データの山を掘ることが可能なコンピューターを使って答えられるようになった。とはいえ、最近まで、その答えはまったく見当もつかなかった。

この問いに答えるには、単なるコンピューター以上のものが必要である。司書のテキストに対する愛も必要である。エヴァンドロ・フェラーダという名の若いチリ人研究者が、博士号を得るために私たちの研究グループに参加したとき、まさにチューリッヒにこの愛を運んできた。彼はすでにタンパク質を研究してきており、折りたたまれ方《フォールド》から最小の原子の詳細にいたるまでの、タンパク質についての膨大な情報データベースを掘り起こすことに熟達していた。

私は、エヴァンドロの穏やかで思慮深い性格を、生命の深遠な謎にたえず取り組む精神をもつ人々のなかに以前に見たことがあった。たぶんそれが、彼がこの問題について研究することに同意した理由である。なぜなら、タンパク質空間の構造は、まさしくそのような謎だからだ。すなわち、困難でやりがいがあるだけでなく、解決できる謎でもあった。そのうえ、それはタンパク質のイノベーション能の秘密をも握っているのだ。

エヴァンドロは、極度に多様な――五〇〇〇以上の異なる化学反応を触媒するのだから驚くにあたらない――タンパク質のグループという理由で、酵素に焦点を絞った。酵素はまた特別よく研究されてもいる。図書館のいろんな場所に散らばっている数千のものについて地図《マップ》がつくられている。その位置は正確に知られており、それらを分析するのにコンピューターが使える。

エヴァンドロは、同じ折りたたまれ方をもつが、同じ遺伝子型ネットワークの別の場所にあるタンパク質の対《ペア》を選ぶようにコンピューターに設問した[50]。それから、最初のタンパク質の周囲の狭い近傍を探索し、そのなかのすべての既知のタンパク質を、その機能とともにリストにした。そのあと、二つめのタンパク質の近傍を探索し、そのまた近傍にあるすべての既知のタンパク質とその機能をリストにした。最後に、彼は両方のリストを比較し、違っているかどうか、二つの近傍のタンパク質が異なった機能をもっているかどうかを問うた。次に、また別のタンパク質の対を選び、さらにもう一つ別のペアという作業を続け、それらについても同じ問いを発し、とうとう彼は数百のペアとその近傍について探索することになった。

最終的な答えは単純だった。二つのタンパク質の近傍は、たとえ二つのタンパク質が図書館のなかで近くにいたとしても、大部分が異なった機能を含んでいた。たとえば、アミノ酸が二〇%以下しか違わないタンパク質でも、その機能のほとんどが異なるタンパク質からなる近傍をもっている。タンパク質の図書館は、代謝の図書館とまったく同じように、高度に多様な近傍をもっている。そして、代謝とまるで同じように、この多様性は、図書館を探索していく集団によって、古い有益な意味を保存しつつ、新しい意味をもつテキストが発見されるのを助けるのに理想的な、広大な遺伝子型ネットワークをつくっている。

代謝の図書館もタンパク質の図書館もともに、広大な多次元の超立方体をぬって遠くまで伸びる、同じ意味を持つテキストによって構成される遺伝子型ネットワークに満ちあふれており、どちらも想像を超えるほど多様な近傍を数多く含んでいる。両者には互いに多くの共通性があるが、人間の図書館とはほとんど共通性がない。それも驚くにはあたらない。どちらも、人類よりはるか以前から存在したのだ。

RNAの万有図書館を研究すべきわけ

少なくとも人類の出現よりも三〇億年前。それは、タンパク質が生命の仕事の大部分をRNAから引き継いだときだった。そうしたのにはしかるべき理由があった。なぜなら、タンパク質はより多くの構成要素――RNAの四つのヌクレオチドに対して、二〇種類のアミノ酸――をもっているので、自然はタンパク質を用いれば、より多くのテキストを書くことができる。四文字のアルファベットでは、約一〇〇万の異なる一〇文字文を書くことができるが、二〇文字のアルファベットなら、一〇兆以上のそのような文字列を書くことができる――一〇〇〇万倍も多い。タンパク質テキストのこの膨大な数は、より長いテキストではさらに増大する。テキストが多いことは、より多くの形状をもち、より多くの化学反応を触媒でき、より多くの仕事を遂行できることを意味する。[51]

しかしRNAの方がタンパク質より先に出現した。この理由だけで、RNAは生物学的イノベーションの神殿において、栄誉ある地位を授けられる資格がある。最初の自己複製子によってなされた新機軸がなければ、私たちは存在しなかっただろう。そして私たちの仕事も、RNAのイノベーション能の理解なくしては不完全なものになるだろう。

幸いにも、RNAとタンパク質のあいだには、RNAのイノベーション能の理解を助けられる多くの平行現象がある。私たちは、RNAテキストを超立方体の図書館――タンパク質の図書館ほど大きなものではけっしてないが、それでも恐るべき大きさである――として組織化することができる。そこでは、似たようなテキストは互いに近く、似ていないテキストは遠く離れている。この図書館も多くの次元に存在し、ゆえに、その近傍は三次元空間におけるよりもずっと大きいことを意味する。多くのRNAテキストの意味は、形状という言葉でも表現される。なぜなら、RNA鎖はタンパク質のように、高度の柔軟性があるからだ。空間中で曲がったり、ねじれたりし、タンパク質のように精巧な折りたたまれ方に自らを組織する。

残念ながら、RNA分子の手強さによって、形状を明らかにするための平行現象はそこまでで終わる。実験家たちは、数百のRNAについてのみ形状をつきとめてきたが、形と機能がわかっている何千ものタンパク質と比べれば、それはほんのわずかでしかない。したがって、タンパク質についてできることが――図書館の地図をつくれるだけの多くの分子が自然に見られることに比べて――、RNAについてはまだ可能ではないのだ。[52]

だが、オーストリアの科学者、ペーター・シュスターと共同研究者たちのおかげで、RNAの図書館研究は勝ち目のない戦いではなくなっている。ヨーロッパにおける計量生物学の始祖の一人であるシュスターは、いまではウィーン大学を引退した元教授だが、そこで一九七〇年代から教えていた。シュスターとの最初の出会いは、多くのヨーロッパ人がオーストリア人についてもつ固定観念を裏づけるもののように思えた。でっぷり太った腹とひねくれたユーモアのセンスをもつ愉快な人物で、オーストリア＝ハンガリー帝国時代末期の伝統的なウィーンのカフェにいたとしても、けっして場違いな感じはしなかっただろう。そこでは、おそろしいほど教養のある博学の士たちが、精神分析から量子力学まであらゆることを長々と弁じていた。彼はその伝統に属する科学者で、幅広い問題について、生半可ではない知識の持ち主である。自分ではあまり本気に受け取っていなくとも、シュスターは皮肉たっぷりの態度で意見を述べ、重要な議論にユーモラスな余談の胡椒をふりかける。彼は、オーストリア人が人生とその多くの試練をどのように見ているかについてたびたび言われてきたことの典型を表している。「状況はどうしようもないかもしれないが、けっして深刻ではない」。

けれども、シュスターの表面的に愉快げな物腰の下には、広い心と鋭い知性がある。彼は、RNAワールドがどのようにして始まったかについての仮説をはじめて提唱した一人だった[53]。そして彼の研究グループは、RNAテキストの分子的な意味の重要な一つの側面、すなわち、その二次構造という表現型を予測するコンピューター・プログラムを開発した[54]。

RNAの二次構造は、RNA鎖が折りたたまれたときに最初に現れるものである。鎖がねじれ、折れ曲がり、湾曲するにつれて、そのヌクレオチドの一部は互いに塩基対合し、分子のなかに、有名なDNAのらせん階段によく似た、短い二重らせんのヘリックスをつくりだす。二次構造は、複数のそのようなヘリックスが、あいだをつなぐ一本鎖のテキスト区間によってつながったパターンのことで、すべてが単一の分子によって形成される。タンパク質のシートとヘリックスのように、これらのヘリックスは、最終的に三次元に折りたたまれたブーケへと自己組織化していく花なのである。[55]

シュスターは、RNAのヌクレオチド配列から二次構造をコンピューターで算出できただけでなく、彼のグループのコンピューター・プログラムは、ものすごく速くもあった。プログラムは、数百のそうした分子の形状を数秒で予測した（今でもまだ、三次元のより複雑なRNAの折りたたまれ方については予測ができない）。これだけ速いプログラムがあれば、RNA図書館の地図づくりに着手できる。

RNAの完全な折りたたまれ方と機能を理解するにははるかに遠いとはいえ、二次構造はそれ自体として重要だ。もしRNA分子の文字配列に起きた突然変異がその二次構造を乱せば、その分子はもはや三次元で正しく折りたたまれることができない。二次構造はRNA分子の意味にとって本質的で、花がなければもはやブーケができないのと同じことである。それこそが、二次構造を研究すべき非常にまっとうな理由なのだ。

シュスターのグループの研究者たちは、RNA図書館のなかに、すべて形状として表現される目がくらむほどの数の潜在的な分子的意味を見いだした。たとえば、たった一〇〇文字の長さしかないRNA鎖が、すでに10^{23}の異なる形状をつくることができる。自然の多くのRNA分子はずっと長く、そのような長いテキストは、もっと多くの形状をつくれる。[56]

おまけに、同じ形状をともなうテキストは、タンパク質の図書館と非常によく似た形で組織化されている。図書館のなかをはるか遠くまで導く連接したネットワークを形成し、わずかな歩数でどの任意のテキストにも、大胆にではあるが、分子的な意味は変えないままにして、変更することができる。[57]そしてタンパク質の図書館とちょうど同じように、異なる近傍は、型にはまった家がたちならぶ郊外よりもむしろ中世の村落に似ている。それぞれの近傍は多数の異なる形状を含み、どの二つの近傍をとっても、共通するものは多くない[58]。これらすべては、RNAのイノベーション能がタンパク質におけるのと同じ規則に従うことをほのめかしている。そして最近の実験は、それが実際に正しいことを示している。

正反対の機能のリボザイム酵素の出会い

二〇〇〇年におこなわれた巧妙な実験において、マサチューセッツ工科大学のエリック・シュルッとデイヴィッド・バーテルはRNA図書館のなかを走る一本の道を明るみに出した[59]。この実験は一〇〇文字以下の短い二つのRNAテキストからスタートした。この二つは、図書館のなかでは遠く離れており、多くの文字が異なっているが、両者は単なる任意の二本のRNA鎖ではない。どちらの分子も酵素、すなわちリボザイムだ。リボザイムと呼ばれるのは、タンパク質よりもむしろRNAで構成された酵素だからである。どちらもクネクネと動いて異なる三次元の形状をとり、異なる反応を触媒する。最初の分子は、RNA鎖を切断して二つの断片に分けることができるが、二つめの分子は正反対のことをし、二本のRNA鎖を原子結合で合体させる。これらの酵素を「スプリッター（切断屋）」と「フューザー（結合屋）」と呼ぶことにしよう。

もしあなたがすでにスプリッターをもっていて、図書館のどこかにフューザーを見つける必要があるとすれば、それは簡単かそれともむずかしいのか？　そして、その逆に、フューザーからスプリッターをつくりだすのはどうだろう？　言い換えれば、こうした分子のどちらか一方から、進化がおこなうように、図書館の探索を通じて、特異的な分子的新機軸《イノベーション》をつくりだすことができるだろうか？　もしあなたが遺伝子型ネットワークについて知らなければ、そんなことは不可能だと思うだろう。なぜなら二つの分子は遠く離れているからである。そしてたとえ可能であったとしても、とてつもなく困難だと考えるだろう。なぜなら、欠陥のある分子を生じるたった一歩の誤りが、進化においては死を招くからである。

シュルツとバーテルは敢然と、一つの分子から出発し、それぞれの一歩で分子の機能を保存したまま、文字を一歩ずつ改訂していくことによってもう一方の分子に向かって歩んでいった。それはまさしく自然淘汰に求められることだった。彼らは、図書館のあいだを通る生存可能な歩みを予測するのに化学知識を用い、それぞれの候補となる突然変異体をRNA鎖としてつくり、それが祖先と同じように同じ反応を触媒できるかをテストした。もしできなければ、別の一歩を試みた[60]。

彼らが発見したことを知っても、もはや驚かないかもしれない。フューザーから出発して、彼らは、二本のRNA鎖を合体させるという分子の能力を変えることなく、スプリッターに向かって、小刻みに四〇文字を変えることができた。そして、スプリッターから始めて、彼らは、二つのRNA分子に切断するという能力を変えることなく、フューザーに向かって、小刻みに四〇文字を変えることもできた。二つの分子のちょうど中間あたりで、なにか興味深いことが起こった。そこから三歩もいかないうちに、どちらの分子も、その機能が完璧に変わってしまったのだ。彼らは、フューザーをスプリッターに変えることも、その逆もできたのだ[61]。

多くのすぐれた実験の例に漏れず、この実験は一つではなく複数の強力なメッセージを伝えている。一つめは、多くのRNAテキストは、出発点となるフューザーないしスプリッター分子の分子的な意味として表現できること。二つめは、図書館のなかの何本かの道がこれらの分子をつなげており、そこを通れば、たとえ各一歩が古い意味を保存しなければならないとしても、意味のある新しいテキストを見つけることができること（遺伝子型ネットワークがこのすべてを可能にする)。三つめは、この道の一つを歩いているうちに、探し求めている新機軸が、すぐ近くの小さな近傍のどこかの地点に現れるだろうということである。

この実験は、図書館の探索に、現実の進化的な時間におけるような膨大な数の集団ではなく、一人の閲覧者しか使わなかった。そのうえさらに、この閲覧者は盲目的でランダムな歩き方をしたのではなく、専門の科学者たちの生化学的な知識に導かれていた——その歩みは、遺伝子型ネットワークから外れないように設定されていた。この点が、私の心にいつまでも消えない疑念を残した。遺伝子型ネットワークは、現実の進化——盲目的に進化するＲＮＡ集団——が新機軸《イノベーション》を生むのを助けることもできるのだろうか？　この答えを得るには、さらにもう一〇年かかることになるが、答えは、私のチューリッヒの研究室における進化実験からやってきた。

ＲＮＡの遺伝子型ネットワークのイノベーション能

ほとんどの人は進化が氷河の動きのように緩慢で、私たちの短い一生よりもはるかに長い時間の尺度で展開していくものと考えている。一〇〇〇年で四〇世代しか動かない人類進化について、このことは事実だが、多くの他の生物は、二〇分ごとに繁殖する大腸菌のように、はるかに短い世代時間をもっている。一日もたたないうちに大腸菌は五〇世代を経ることができる。そして一個のＲＮＡ分子は、ＤＮＡを複製する分子複製機械の類を使って、数秒で複製することができる。[62]一日に、その数千世代を押し込むことができるのだ。

迅速に複製される生物と分子は、実験室で進化を再現するための野心的な実験を可能にする。そのような実験室での進化実験は、進化がいかにして多数の世代を重ねるうちに集団全体を変容させるかを垣間見させてくれる。ＲＮＡ分子は、そうした実験にとりわけ魅力的であり、同じ理由によって、初期の生命にとってもっとも重要なものだった。ＲＮＡ分子は、極めてコンパクトで進化可能な一つのパッケージのなかに、複製し変異することができる遺伝子型と、淘汰の対象になる分子としての表現型の両方を含んでいるからだ。

二〇〇八年の秋に、私の執拗な疑念に終止符を打つことができる進化実験を担当する候補者の面接をおこなった。そのうちの一人は、若いアメリカ人科学者で、その成績証明書のせいだけでなく、面接にトレッキングシューズを履いて現れたせいもあって、際立っていた。ほとんどの大学の研究者は正装をせず、ほかの職業の厳格な服装規定《ドレス・コード》を軽蔑するものだが、それでも彼の服装はちょっと異例だった。少なくともそれは、健全な自信を物語っていた。

この若者、エリック・ハイデンはポートランド州立大学で博士論文を書き終わったところで、そこではＲＮＡ酵素についてすばらしい仕事をしていた。それまで進化生物学についてほとんど知識のない化学者だった彼は、新機軸《イノベーション》について深い好奇心を滲み出させていた。彼は屈託のない表情と部屋を明るくする笑顔のおかげで、すぐに私の気にいった。短い会話のあと、私は彼に、私たちのところが居心地がいいかどうかを見るために、私のグループの他の研究者と雑談でもしてみたらと勧めた。彼はすっかりくつろぐことができたに違いない。なぜなら、一時間後に私の部屋へ靴下で戻ってきたからである——トレッキングシューズは暑すぎるというのが、彼の説明だった。

エリックは職を手に入れ、私が自らの決定を後悔することはけっしてなかった。彼はＲＮＡについて深い知識があり、注意深い実験家であり、並外れて楽しい人間だった。私は彼と一緒に仕事をできることが恵まれた特権だと感じた。

私の研究グループで、エリックはいくつかの細菌の遺伝子発現を助けるＲＮＡ酵素であるリボザイムを研究した。この酵素は、特別な文字配列をもつＲＮＡ鎖を認識し、それを切断し、その鎖の断片の一つを自分にくっつける[63]（多くの生物は、特別なＤＮＡやＲＮＡのテキストを認識し、切断する分子を抱えている。その目的は、異物である感染したウイルスのＤＮＡを破壊することから、大きな意味のあるテキストを形成するために短いＤＮＡの断片を合体させることまで多岐にわたる[64]）。私はこの酵素について単純な一つの疑問をもっていた。遺伝子型ネットワークは、この酵素が新しいＲＮＡ分子を認識できるように変容させるのを手助けできるだろうか？

それを確かめるために、エリックは、この酵素の一〇億以上のコピー――全部合わせてもティースプーン一杯に収まる――をつくり、この集団のそれぞれの分子を複製するのに、分子複製機械を使った。この機械は、時々コピー・エラーをするので、不完全で、したがって、この集団のリボザイムに突然変異をばらまくことになる。つぎにエリックは、そうした突然変異体の一部――まだそのＲＮＡのターゲットに反応できるもの――だけを複製させるという化学的トリックを使った。このトリックは、分子の機能は次世代まで生き延びるために保存されなければならないという、自然淘汰の極めて重要な要件を満たしていた。

エリックの実験は、エラーの出やすい複製と淘汰のあいだで、何サイクルも繰り返しおこなわれた――一サイクルが一世代だと考えて欲しい。最初のサイクルが始まる前には、彼の集団のすべての分子はどれも同じで、一つの図書館で同じ本の上にかがみ込む一〇億人の読者のようなものだ。第一世代が終わったあと、多くの分子はすでに変異しており、そのなかで何個かの突然変異体だけが生き残っている。生き残ったものは、第二世代でさらに変異を重ね、ということが続いて、ついには、わずか一〇世代で、集団のなかの分子は、スタート時点のＲＮＡと平均して五文字異なるようになり、なかには一〇文字も異なるものもいた。一〇億人の読者は、図書館中に散り散りにひろがってしまっていた。

この単純な観察は、エリックの実験の第一部を締めくくった。この集団はいまや多数の異なるＲＮＡ分子を含んでいたが、すべては一連の一文字変換を通じて親とつながっていた。淘汰の強制力によって、集団内の分子は、たとえ遺伝子型は変わっていても、表現型を保存していた。集団は図書館内にひろく散らばってしまっていたので、エリックの実験は、この表現型をもつＲＮＡ酵素の遺伝子型ネットワークが存在することを示していた。

実験の第二部には、二つの集団がかかわっていた。一つめの集団は、いま述べたばかりの多様な分子を含むものだが、二つめの集団はスタート時点の集団と同じように、すべてが同一の分子からなっていた。エリックは両方の集団に、切断すべき新しい別のＲＮＡ鎖を供給した。このＲＮＡ鎖で、彼はリン酸原子一つをイオウ原子に置き換えておき、酵素の仕事《タスク》がはるかにむずかしくなるようにしておいた。それから、両方の集団を、何度も複製と淘汰の周期を繰り返させることを通じて進化させた。ただし今回は、新しいＲＮＡ鎖も切断できる分子だけを選別した。そこで彼は、どちらの集団がこの新しい仕事をこなす要領を速く会得するかを問うた。遺伝子型ネットワークにひろがった一つ目の集団か、それとも一か所に集中した二つ目の集団なのか？

もし遺伝子型ネットワークがイノベーションを助けるのであれば、一つ目の集団の方がうまくやれるだろう。なぜなら、そのメンバーはＲＮＡ図書館のより多くの近傍を探索できるからだ。これこそまさに、エリックが見つけたものだった。拡散した集団は、極度に集中した集団より八倍も速く、新しい仕事に習熟したのである。[65]

エリックの実験はもう一つの驚きもはらんでいた。その驚きは、進化が見つけ出した最良の新しい分子、新しい仕事に他のどれよりもすぐれていた分子の文字配列を読んでいたときに訪れた。

私たちの実験でスタートに選んだRNA酵素は多くの研究者によって研究されていた。それは二〇〇文字ほどの短い分子である。その文字配列、その折りたたまれ方、どういう仕事をするか、どのように仕事をするかもわかっている。それについて知りたいと思うようなことはほとんど知られていた。そして私たちは、この酵素が進化する環境条件を、何世代にもわたって、すべての分子の濃度に至るまで厳密にコントロールしていた。この完璧に近い知識があれば、この分子が新しい仕事を解決するためにどのように変化するかを予測できたはずだと思われるかもしれない。もしある機械の、一つ一つの歯車、ボルト、レバー、バネ、そしてそれらが組み合わさった動き方まで、隅から隅まで知りつくしていれば、まちがいなく、その機械の最善の改良法がわかるだろう。

私たちは予測できなかった。私たちの酵素を改良するために自然がたどりついた解決策はまったく予想外のものだった。現在においても私たちは、なぜそれがもっともうまくいくのか、完全には理解できていない。

そのような驚きは、実験室における進化実験では何度となく現れる。ある分子がどれだけよく研究されているかにかかわりなく、実験がどれだけ単純であるかにかかわりなく、どれほど厳格にコントロールされているかにかかわりなく、自然は驚かせることをけっして止めない。

しかし、特殊解を予測することに失敗はしたけれども、私たちはそれよりも重要なことを予測できたのである。すなわち、遺伝子型ネットワークは、集団がこの解決策を発見する速度をスピードアップできたということである。そしてこの予測は的を射ていた。たとえ個々の新機軸《イノベーション》を予測することができなくとも、イノベーション能は予測することができるのだ。

科学者でない多くの人々は、科学が自然の神秘的な謎を解明したとき、自然を支配している法則を突き止め、それによって、驚きを感じる心と世界についての畏怖を奪い去るとき、困惑を感じる。詩人のジョン・キーツの言葉を借りれば、科学者は、「天使の翼をもぎとり」、「虹を解体する」類の興ざめな輩《やから》である。[66] こうした感情が、ダーウィン説が抵抗にあう理由の一つだったのは確かだが、しかしここに示したような実験は、両方の使い道があることを示している。[67] 科学は、特定の新機軸を予測することができないとしても、イノベーション能の一般的な原理を説明することはできる。イノベーション能の理解は、新機軸の魔法を傷つけずにそのまま残すことができる。そして、そのこと自体が、驚きと畏怖の理由なのだ。

第五章

新たな体をつくる遺伝子回路

植物の光合成に有利な複葉のような、新たな体はどうやって生じるのか。体を形作る遺伝子は、多くの遺伝子がつながる「回路」に調節されている。この遺伝子回路も天文学的な組み合わせの図書館をもっていた。そこには、うまく働く新たな体の候補者が無数に待っていた

善良さの喩え《メタファー》であるミルクを責めるのはむずかしい。マクベス夫人の夫は、国王殺しに身を委ねるには、「人間の優しさというミルク」に満ちあふれすぎている。『出エジプト記』の第三章は、ヘブライ人たちに対して、「ミルクと蜜の流れ出る地」を約束したし、今日でも私たちは、無害なものを「母乳のように安全」と呼んでいる。

しかし、世界の人口の半分以上にとっては、コップ一杯の健康なミルクは、絶対に体によくない。それは膨満感、ガス、下痢を意味する。その理由は、ミルクの甘味成分である乳糖《ラクトース》を体が吸収できるように分解する酵素、ラクターゼの欠如である。それがなければ、体は乳糖を分解できず、使われずに残された乳糖は腸内細菌が燃料として喜んで貪り、不快な副作用をともなう老廃物をつくりだす。

そうした乳糖不耐性の大人も赤ん坊だったときには、母乳に含まれるこの糖を問題なく消化できた。赤ん坊のラクターゼの遺伝子のスイッチがオンになっていた――専門用語で言えば、発現していた――のであり、それはつまり、体はラクターゼをつくるDNAの指示をRNAに転写して、このRNAを必要な酵素に翻訳したことを意味する。乳糖不耐性の大人の体は、ラクターゼ遺伝子のスイッチを永久的にオフにしてしまい、もはやそれを発現しないのである。ラクターゼ遺伝子のように、私たちの体がスイッチをオンにしたりオフにしたりすることができるものを、「被調節遺伝子」という。

人類の歴史のほとんどの期間、大人ではラクターゼ遺伝子が「オフ」の状態が標準だった。もしあなたが幸運にも乳糖を消化できる乳糖耐性だとすれば、あなたはラクターゼ遺伝子のそばにあるラクターゼ調節領域と呼ばれるDNAの区画に突然変異をもち、大人になってもラクターゼ遺伝子をオンにしつづけているのである。そのきっかけは、あなたの遠い祖先がミルクを飲む牧畜民だったことだ。なぜなら、乳糖耐性を引き起こす突然変異は最初に、東アフリカやスカンジナヴィアなどの牧畜民集団を通じてひろまったからである。それはとても急速にひろまり、一部の集団では、人類がはじめて牧畜という生活様式を発見してからの、八〇〇〇年ばかりの束の間に、〇%から九〇%までになった。これは自然淘汰が人類のゲノムに残した烙印として、近年における もっとも強力なものの一つである。(1)

驚くべきことのように思えるかもしれないが、乳糖に誘導された消化不良は、新機軸《イノベーション》と深いかかわりがある。両者を結びつけるのは調節――ラクターゼ遺伝子のような分子の活性の調整――である。腸の不調などよりはるかに多くのことを説明するものとして、調節は、クラゲの優雅に波打つ傘、サメの致命的な打撃を与える魚雷のような体形、バラのほっそりした茎、セコイアの途方もなく巨大な幹、毒蛇の死を招くとぐろ、アナウサギの俊敏な脚、鳥の天翔《あまがけ》る翼など、果てしなく多様な生物の形態にも加担している。

調節は、生体膜でできた袋の成長とRNAゲノムの成長のバランスをとっていた最初の細胞のおぼろげな起源から、はるか遠いところまでやってきた。それから三〇億年以上後のいま、調節は、この地球上のあらゆる生物の体を形づくっている。新しい調節がどのようにして現れたかを把握することなしには、イノベーション能の理解は完全なものにならないだろう。

ノーベル賞を勝ちとった、ラクターゼ遺伝子発現の研究

調節は、もっとも複雑な生物においてさえその形態と機能を制御しているのだが、他のたいていのものの場合と同じように、もっぱら、もっとも単純な細胞、つまり細菌で研究されている。以下に紹介するのは、二人のフランス人遺伝学者、フランソワ・ジャコブとジャック・モノがノーベル賞を勝ち得た経緯だ。二人は、二重らせんが発見されたばかりの時代だった一九五〇年代に研究を始め、大腸菌のような原始的な細菌が、ラクトース（乳糖）の消化を許すような遺伝子の発現をどのように調節しているかを示した。(2)

遺伝子発現は、第四章のエリック・ハイデンの実験でちょっとだけ出会ったような種類の分子複製機械から始まる。それは、その名前がずばりと語っているように、ポリマー（重合体）をつくるポリメラーゼという酵素だ。遺伝子が忠実にRNAへ転写される際に見いだされるもので、四種類のヌクレオチドと呼ばれる小さな構成要素を多数重合させて、紐状のRNA分子をつくる。(3)このポリメラーゼが一つの遺伝子を転写するとき、まず遺伝子のDNAに結合し、DNAに沿って一文字ずつ滑っていきながら、遺伝子と同じ文字配列をもつRNA分子をつなぎあわせていく。(4)

これは、細菌がβガラクトシダーゼ[5]（この名は面倒なので、しばしばβgalと略記される）と呼ばれるラクターゼ変異体の遺伝子を発現するやり方でもある。この酵素は、ラクトースを単糖であるグルコースとガラクトースに分解し、そこから他の代謝酵素がエネルギーと炭素を抽出するのである。

βgal遺伝子を調節するために、細胞はその転写を調節因子というタンパク質によって操作する。このタンパク質はもっぱら一つのことだけをする。すなわち遺伝子近くの短い区画のDNAにくっつくのである。細胞内の液状の環境には、複数の種類の調節因子があちこちに漂っており、そのうちのどれか一つが特定のDNA塩基配列――DNAの「単語」――に出会ったときはいつでも、それに結合し、しがみつく。異なる調節因子は異なるキーワードをもっている――βgal調節因子の場合は、GAATTGTGAGCという文字列をもつDNAを認識する。[6]

この認識を可能にするのは、酵素を機能させているのと同じ、折りたたまれたタンパク質の形状である。調節因子とDNAは、レゴのブロックの片方が他方の凹みにぴったりとはまる小さな突起をもっているのとちょっとばかり似た、相補的な形状をもっている必要がある。この喩え《アナロジー》は、適切だが限界もある。なぜなら、形状が問題のすべてではないからである。たとえば、二つの分子は相補的な電荷をもたなければならず、そうでなければ互いに反発してしまうだろう。そして、標準的なレゴのブロック・セットにはわずか数十の形状しかないが、分子ははるかに種類が多く、タンパク質では数万種類、DNAではそれよりも多く、可能な単語の数だけ多様な形状が存在するのだ。[7]

おまけに、レゴのブロックとは違って、多数の分子は、酵素のように振動したときだけでなく、互いに結合したときにも、自発的に形状を変える。この形状の変化は、錠に適切な鍵を差し込ん

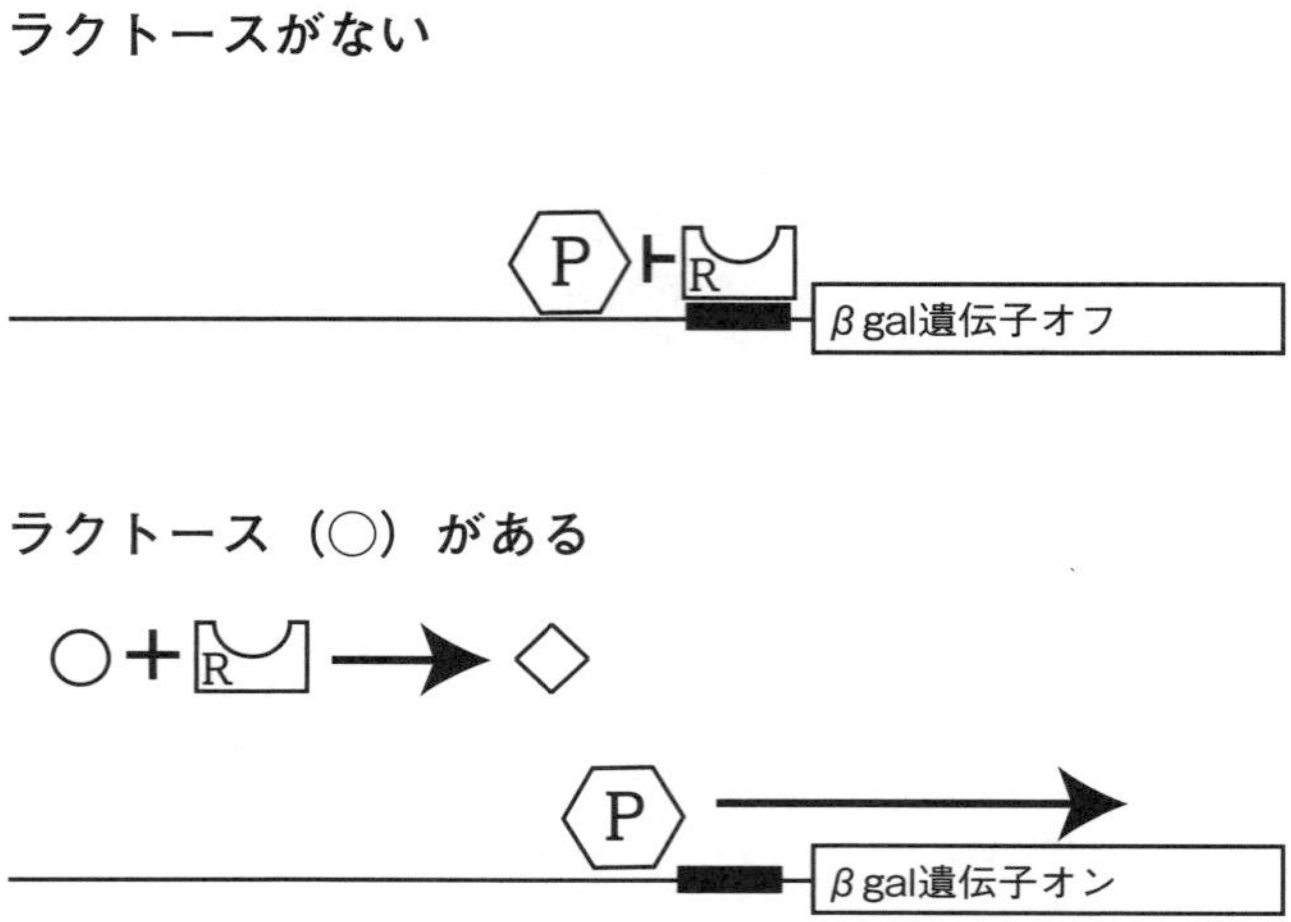

図13　遺伝子の調節

だときに起こる状況と似ている。正しい鍵だけが錠のシリンダーを回し、扉を開けることができる――ただし、分子においてはシリンダーを回すのは熱以外のなにものでもない。

調節因子のレゴに似た結合は、βgal産生を、考えうるもっとも単純なやり方で調整している。それはポリメラーゼの障害物をつくりだすのだ。なぜなら、調節因子のキーワード（図13の黒い長方形の箱）はポリメラーゼが転写を開始するちょうどその場所に置かれているからである[8]（図13の上の部分）。まわりにラクトースがないときには、調節因子（R）がこのキーワードに結合し、ポリメラーゼ（P）が遺伝子を読み始めるのを阻止する――遺伝子のスイッチはオフのままである。

ラクトースを使うためには、細胞はエネルギーが豊富な物質が現れたときはつねに、この障害物を取り除く必要がある。どのようにしてそうするかを理解するうえで、調節因子がDNAだけでなく、もう一つ別の分子にも結合できる――レゴの一つのブロックが他のいくつかのブロックとつなげることができるように――という知識が役立つ。

他の分子というのはラクトースそのものだ。ラクトースの鍵が調節因子の錠と結合したとき、調節因子は形状を変え（図13のダイヤモンド形を参照）、もはやDNAとは相補的な形状ではなくなる（図13の下の部分）。調節因子はDNAから離れ、それによって、ポリメラーゼはいまや自由に、一文字ずつRNAに転写することができ、そのRNAから細胞はβgalタンパク質を産生することになる。要するに、βgal遺伝子は、ラクトースが手に入るときにはつねにスイッチがオンになっている――βgalがつくられている――が、それ以外の時にはオフになっている。それは、転写が阻止されているからなのだ。

細胞の無駄遣いを避けるための調節

βgalはすぐれた材料である。しかし安くはない。βgalを発現する細胞は、単に数十個のβgalタンパク質を含んでいるだけでなく、同じ分子を三〇〇〇個ほども含んでおり、その一つ一つが一〇〇〇個以上のアミノ酸から構成されている。それらのアミノ酸を生産し、つなぎ合わせる必要があるが、それには分子的な材料とエネルギーの代価を支払わなければならない[9]。

常識的に見れば、細胞はそうした材料の無駄遣いを避けるためにβgalを調節しなければならないはずだという考えが浮かぶ。しかしもし、常識が自然のやり方に迫るもっとも確かな手引きだというなら、生物学者がなすべきことはほとんどない、ということになる。細胞が生産する何百万種類もの他の分子を考えれば、βgal生産の費用はつねに無視できる程度のものなのかもしれない。そして、遺伝子をつねにオンにしておくことには、ラクトースが利用できるようになるときに、素早くスタートが切れるという実際の利点もありうる。

二〇〇五年、イスラエルのワイズマン研究所のエレツ・デケルとウリ・アローンは、βgal発現に要する真のコストを見つけようと思った。[10] 彼らは、本当はないのに細胞にラクトースがあると信じ込ませるというトリックを使った。細胞は理由もなくβgal遺伝子のスイッチをオンにし、もしその無駄遣いが何らかの違いを生じるとすれば、細胞の分裂速度が遅くなるはずである。

そして実際に、数％遅くなった。それは、資金に余裕のない開発業者が不必要なプール付きの家を建てたために、ほかのぜひとも必要な部屋に使うべきだった金と材料を食ってしまったようなものだ。賢明な建設業者の方は、もっと速く仕事を終え、家を売却し、新しい家の建築を始めているところなのに、他方はまだ、プールのタイルにどれを選ぶかで悩んでいるのだ。

わずか数％でしかない建築の遅れは、大腸菌が分裂に要する二〇分に一分ばかりを付け加えるだけで、たいしたことのように思えないかもしれない。しかしその一分が最終的に命取りになるだろう。そのような無駄遣い細胞が最初は集団に五〇％含まれていたとすれば、八日後には一％、わずか三〇〇日後には、一〇〇万分の一以下になるだろう。速やかに、避けようなく、宿命的に、そうした細胞はより速く増殖する細胞によって消滅させられてしまう。これが、急速かつ残酷に作用している自然淘汰である。

もし無駄遣いを避けるという理由で調節が重要なのだとすれば、そういう状況はいたるところにあるはずだ。そして実際にその通りである。巧妙に相互に連接しあったパイプラインのネットワークとして、数百の反応——ラクターゼは、そのうちの一つだけを触媒している——をもつ一つの代謝を考えてみてほしい。このネットワークに栄養物が流れ込み、そこからバイオマス分子が出てくる。それぞれのパイプには専用のポンプ、すなわちなかに材料を流し込む酵素がある。

細胞は必要に応じて、それぞれのポンプを調節できる。もし新しい栄養物――落ちたリンゴ、腐った死体――が土の一画に見つかれば、土壌細菌は、そうした分子を流すポンプを始動させる。ひとたび栄養物が貪り食べられてしまうと、そうしたポンプを止める。そしてもし、ある栄養物がより多く利用でき、他の栄養物がわずかしか利用できなくなると、細胞はポンプが適正な速さで動くように微調整することができる。

*βgal*遺伝子は調節因子によって抑制《リプレス》されるが、他の遺伝子は逆のやり方で調節されている。つまり、そうした細胞は、なにもしないときにはスイッチがオフのままで、必要なときだけ活性化する――ＲＮＡポリメラーゼによる遺伝子の転写を阻止するのではなく、むしろ促進する調節因子を通じて[11]。そして、転写の調節がもっとも重要な種類の調節であるとはいえ、ほかにもたくさんの調節がある。細胞は転写されたＲＮＡからどれくらい速くタンパク質を産生するか、そうしたタンパク質の活性、寿命、その他を調節する。これがたぶん、調節因子の重要性のもっとも説得力ある証拠である。生命は十数の異なる調節を発明してきたのだ。

生物体の個体発生を導く調節

最高級レストランの厨房を想像してみてほしい。貯蔵室には、あらゆる種類の野菜、肉、果物、魚、料理油、スパイス、および香料が貯えられている。ありふれた料理から、それぞれ栄養があり、しかもおいしい異国料理まで、考えられるあらゆる料理をつくれる材料がある。料理長はいつどんなときにも、あらゆるものが完璧に揃っていることを望んでいる。代謝における調節因子の役割は、ちょうど適量の材料を注文し、余ったジャガイモのようなちっぽけなものにさえ金を浪費しないように心配する、けちなマネージャーの役回りである。

しかし、実際の調節はそれよりはるかに大きな役割を果たしている。それは、豆一カップとチキンスープ二カップと少量の塩を三五〇℃のオーヴンで三〇分間調理するといった、レシピの類の指示をも出す。それぞれのレシピはゲノムに指定《コード》された巧妙な遺伝子発現プログラムだ。それは細胞に、生物体内のそれぞれのタンパク質素材をいつ、どのようにつくるかを教えるのである。もしシロナガスクジラとスフレを比べるのはあんまりだと思うなら、生命のレシピの複雑さを考えてみてほしい。いろんなタイプの細胞はそれぞれ、もっとも複雑な料理よりもはるかに多くの素材を必要とし、数千もの素材を、その量をきわめて繊細に、信じられないほど絶妙のタイミングで調整しなければならないので、五つ星のもっとも腕のいい料理人でさえ、生命のレシピを守れる望みはないだろう。おまけに、進化はたゆむことなく、つねに新しい料理を生む新しいレシピをつくりだしてきた。その料理とは、細胞、組織、および器官における新機軸《イノベーション》だけでなく、たえず変化するとてつもなく複雑な調節パターンを通じて出現する、まったく新しい種類の体もそうである。

調節のレシピは、一個の細胞から体をつくりだすというほとんどマジックに近い過程を研究する生物学の一分野としての、発生生物学が取り組む仕事である。この学問は、体の細胞がいかにして、組織も形もない単なる塊りではなく、動物の脳、肝臓、心臓、肺、植物の茎、葉、根、花のような器官を形成するのかを考えるものだ。

それぞれの器官は高度に専門化した役目をもち、多数の特殊化した細胞をもっている。たとえばあなたの心臓は、心筋のポンプをつくる収縮細胞、それらの細胞を束ねて保持する結合組織、そしてガレー船の漕ぎ手のリズムを告げる太鼓打ちのように、電気信号を介して拍動を同調させるペースメーカー細胞を含んでいる。単一の受精卵からいかにしてこうした細胞のタイプが形成されるのか、そしてなぜ、正確に正しい時期に正しい場所で形成されるのか？　細胞は、ニューロンや肝臓細胞にならずに、ペースメーカー細胞になることをどのようにして知るのだろうか？

答えは調節のなかにあり、それがすべての生物体の個体発生を導いていくのである。多細胞生物の特殊化した細胞は、その独自性《アイデンティティー》を自らがつくるタンパク質から得ている。それぞれの細胞は、私たちのすべての遺伝子の完璧なコピーを含んでいるが、細胞によって、それらの遺伝子のうち、どれをタンパク質として発現するかという点で異なっている。[12]

筋肉細胞は、収縮を可能にする小さな分子機械であるモーター・タンパク質を発現するが、この収縮こそ、筋肉がおこなうことのすべてだ。あなたの眼にある細胞は、透明なタンパク質をつくるが、その目的は光を通過させて光感受性のある網膜に焦点を結ばせることである。軟骨細胞はコラーゲンとエラスチンを発現するが、これらのタンパク質は、関節にある骨のクッションとなり、骨が互いに擦れ合うのを防いでいる。[13]

特殊化した細胞と特有のタンパク質のあいだの関係は単純なものに思える。しかし、確かに細胞は特異的なタンパク質を発現するのだが、特定の細胞だけが独占的にそうしているわけではない。実際には、どの一つのタンパク質をとっても、複数のタイプの細胞で発現できるのである。あなたの眼の硝子体——レンズと網膜のあいだにある透明なゲル——の細胞は、軟骨細胞と同じコラーゲンをつくっており、あなたの二頭筋の筋肉細胞は、心臓と同じ分子モーターを発現している、等々である。[14]ある細胞に独自性を与えているのは、一つの分子ではなく、「分子指紋」、すなわちその細胞に独特の数百のタンパク質の組み合わせなのだ。そして、新機軸の細胞タイプの独自性も、本当は、新しいパターンの遺伝子調節によって引き起こされる新しい指紋なのである。[15]

独自性を形づくる遺伝子は、複数のタイプの細胞で発現できるので、それらは、図14にいくつ

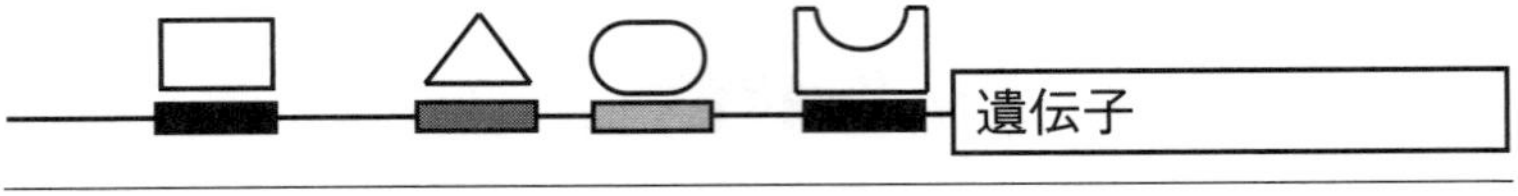

図14　一つの遺伝子の複数の調節因子

かの小さな長方形の箱（黒や灰色の）で象徴したように、一つだけでなく複数のオン＝オフ・スイッチをもっている。これらの箱のそれぞれは、自分の調節因子と結合することができる異なるキーワード（白抜きの図形）を表している。

一つの例は、あなたの眼のレンズの指紋の一つで、眼の焦点を合わせるのにも役立つクリスタリンというタンパク質をコードしている遺伝子である（この遺伝子についてのさらなる詳細は第六章で述べる）。Pax6と呼ばれるタンパク質を含めて、少なくとも五つの調節因子がその近くに結合していて、その発現を左右する。[16]

そのような調節因子のあるものはＤＮＡに強く結合し、転写にも影響を与えるが、他のものは弱く結合して、転写に弱い影響を与える。[17]国王への影響力を行使しようと画策する家臣団のごとく、これらの調節因子は、ある一つの遺伝子を発現するというポリメラーゼの「決断」に影響力を行使しようと画策するのである。あるものは抑制に与《くみ》し、あるものは活性化に与する。あるものは強い影響力を持ち、あるものは弱い影響力しかない。そしてそれらの影響の総和が遺伝子の発現を左右するのである。

そして、何が、調節因子を調節するのだろう？　答えは単純で、さらに多くの調節因子である。図14における遺伝子の調節因子がタンパク質であることを覚えていてほしい。すべてのタンパク質と同じように、調節因子も遺伝子にコードされており、遺伝子もまた通常は調節されるのである。

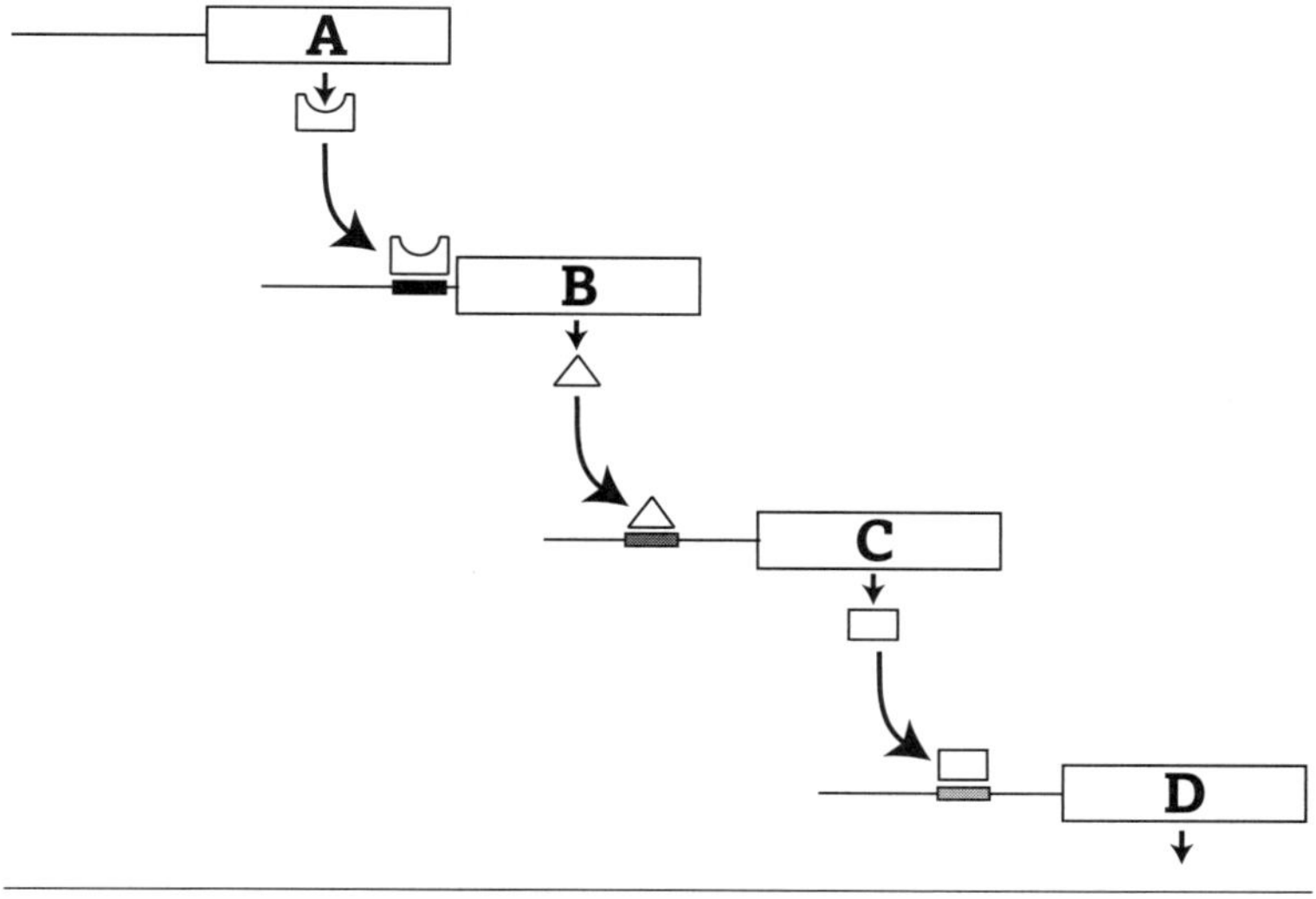

図15　調節のカスケード（連鎖反応）

レンズのクリスタリンの調節遺伝子Pax6は、レンズにおいてだけでなく、角膜、膵臓、発生中の神経系においても発現し、そこでは複数の調節因子がその発現を導いている。そして、こうした調節因子についてはどうだろう？　どのように調節されているのだろう？　他の調節因子を通じてである。その調節因子は？　さらにまた別の調節因子を通じてである。これら調節因子のすべてはしばしば一つづきの連鎖、図15に示したような調節のカスケード（連鎖反応）を形成している。

互いに複雑に調節しあう調節因子の回路

これだけでもう十分に複雑に思えるだろうが、残念ながら、調節はもっとはるかに複雑なものになりうる。調節因子は直線的な連鎖を形成するだけではなく、調節因子どうしが互いに調節しあう、複雑な調節因子回路も形成する。図16は、その考え方を、AからEまでの標識をつけて長方形で囲んだ五つの遺伝子からなる、調節回路で表したものである。単純にするため、図では、調節因子がDNAのどこに結合するかはもはや示さずに、どの調節因子どうしが互いに調節するかだけを示してある。黒い線の矢印は調節因子が遺伝子を活性化することを、横棒で終わる灰色の線は、遺伝子を抑制することを示している（遺伝子が互いに活性化するとか抑制するとか言うのは、口語的な簡略表現としてである）。破線はさらにもう一つの複雑化をほのめかしている。それぞれの調節因子は、回路の外にある他の遺伝子の塊り――最大で数百個――をいじくることができる。

Pax6遺伝子は、そのような回路のメンバーで、そこでの突然変異は調節因子回路がもつ威力のほどを実証する。すなわち、ヒトのPax6遺伝子に生じた欠陥は、無虹彩――虹彩の欠如――

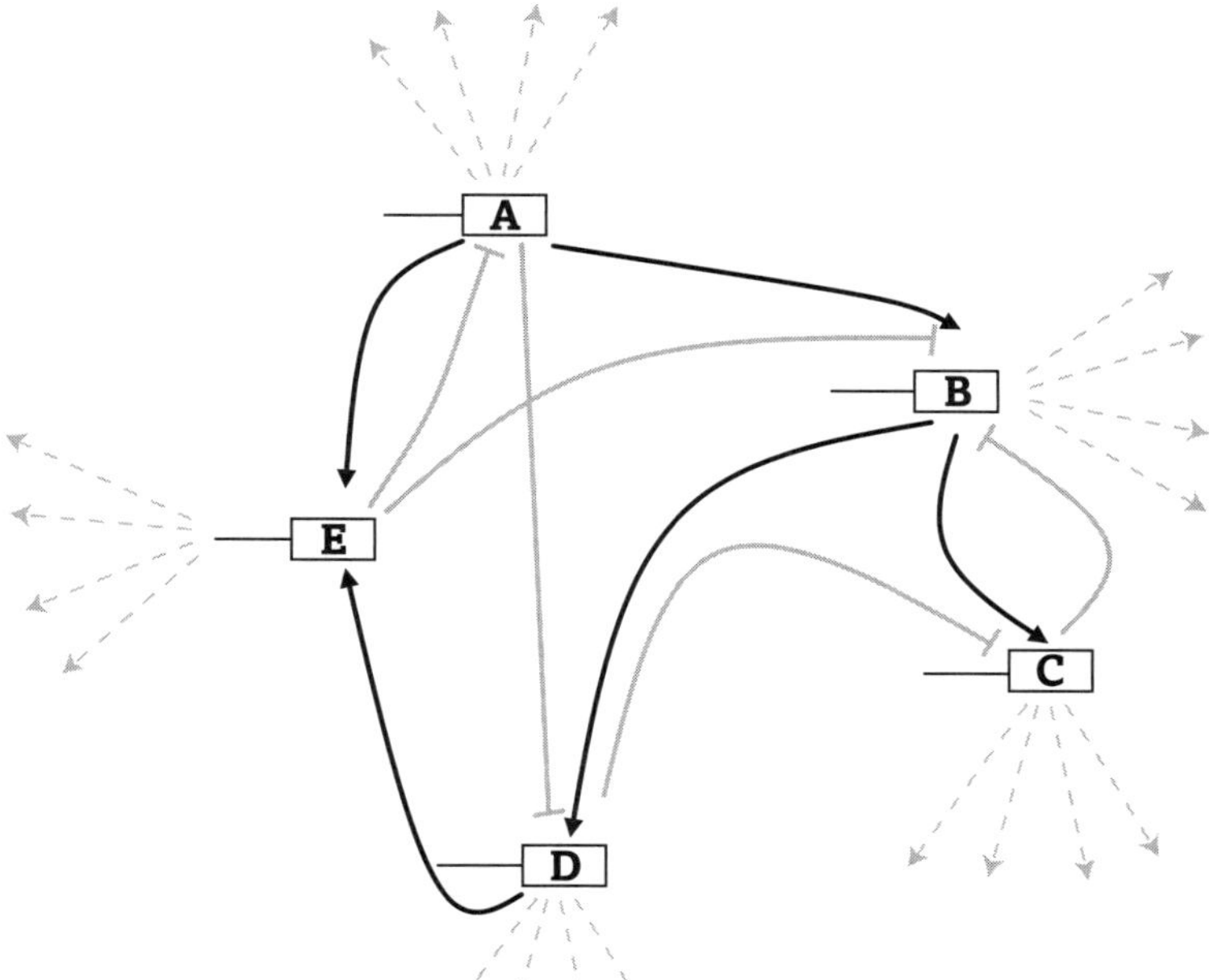

図16　調節回路

だけでなく、レンズの混濁や網膜の退化を通じて失明を引き起こす。この遺伝子と対応する同様の遺伝子は、マウス、魚、さらにはショウジョウバエにさえある――それらの動物の眼と人間の眼のきわめて大きな構造上の違いにもかかわらず。Pax6のショウジョウバエ版はアイレス（eyeless）と呼ばれるが、その理由はこの遺伝子を欠くハエは眼ができない、という単純なものだ。しかし、それよりもっと驚くべきことが、発生学者がとんでもない場所でアイレスのスイッチをオンにして、ハエにありがた迷惑な贈り物をしたときに起こる。この場合、ハエは、触角、脚、さらには翅にさえ、眼を生やすことができるのである。(18)

図16は、技術者がつくるような配線図にちょっと似ている。配線でつながれた遺伝子というこの喩え《メタファー》は、実際の配線でつながれているわけではないとはいえ、役に立つ。配線図は回路の遺伝子型、すなわちその調節因子をコードしているDNAと各調節因子が結合するキーワードを書き表す、簡便《コンパクト》な方法である。(19)これは、一目見ただけで、図16の遺伝子AがBとEを活性化するが、Dを抑制する・BはCとDを活性化するが、EとCによって抑制される・DはCを抑制する等々のことを読み取ることができる。

細胞の内部で、こうした影響が、相互の活性化と抑制の交響楽をつくりだし、遺伝子のオーケストラの中の各楽器は、それ自体の音をもつ他の楽器の音楽的な合図《キュー》に反応する。最後には、回路の遺伝子の発現がもはや変化せず、相互の影響が釣り合いに達したとき、回路は平衡に達する――ポリフォニーの終わりの和音のように。この均衡の時点で、回路の遺伝子のあるものはスイッチがオフになり、他のものではオンになる。仮説的な例をあげれば、図16の遺伝子AとCはオンになり、B、D、Eがオフになるかもしれない。

この回路の状態（たとえば、「オン」、「オフ」、「オン」、「オフ」、「オフ」）が、細胞の分子指紋が最終的につくりだす遺伝子発現パターンである。なぜなら、回路の遺伝子のそれぞれが多数の他の遺伝子を調節しているからだ[20]。このパターンも回路の表現型である。それは、直接に感知することはできないので、精妙な機器で計測する必要がある表現型のもう一つの例だ。けれども、究極的には、それがすべての中でもっとも明らかな表現型——生物の体とその形状——をつくる。そして、新しい革新的なタイプの体をつくるには、新しい遺伝子発現パターンが必要になる。

ショウジョウバエの体づくりの秘密

調節回路は、腐った果実に群がるちっぽけなショウジョウバエから、シロイヌナズナと呼ばれる雑草、体長一〇センチメートル足らずの縞模様の淡水魚ゼブラフィッシュまでの、異なった生物の体をつくるのに役立っている。こうした生物はどれ一つとして人目を引くものではないが、発生学のお気に入りの研究材料にさせる、それ以外の性質をもっている。これらの生物は小さくて発生が速く、そのため、短時間で多数の個体を研究できるのである。

これらの生物が教えてくれる一つの教訓は、調節回路が信じられないほど急速に体を形づくれるということだ。ショウジョウバエ（*Drosophila melanogaster*）の幼虫は、親バエが産卵してからたった一五時間後に孵化し、蛹化・変態して、わずか七日後には成虫になる。餌を食べ、這い、世界を動きまわることができる複雑な体をつくるのに一五時間なのだ——何千という科学者がこのレシピがどういう仕組みで働くかを突き止めるために、学者としての生涯を費やしてきたのも、驚くにあたらない。

ハエの体には三つの主要な部分があり、それらがさらに一四の体節に細分される。頭部、三つの体節をもつ胸部、さらに一一の体節をもつ腹部だが、個々の体節は、歩行や繁殖のような特別の役目をもっている。ほとんどの人にとって、ハエは特別に美しくも優雅でもない。鳥の翼の完壁さや、巨大なセコイアのような威厳はまったくない。

けれども、これらの一四の体節とそれぞれの特別な役目は、ゴシック様式大聖堂の飛び梁《フライング・バットレス》やパルテノン神殿のドーリア式の柱と同じように、ハエに特有のもので、生物界のどんな側面にも劣らず、大きな科学的啓蒙をうみだしてきた。いまでもショウジョウバエの発生は、高等学校の生物学の生徒からノーベル賞受賞者までの多数の人々によって研究されている。その理由は、そこには調節についての教訓がいっぱい詰まっており、その多くはすべての動物に適用されるからである[21]。

産卵に先だって、ショウジョウバエはいくつかの化学的信号、幼虫を形成するための複雑なレシピの断片を、卵に入れる。そうした信号の一つはビコイド（bicoid）と呼ばれる遺伝子のＲＮＡコピーで、卵はそれからビコイドタンパク質をつくることができる（確かに、ショウジョウバエ学者は奇妙な名前を使う）。ビコイドは卵の前端近く、後に頭が形成される場所に挿入されるが、水の入ったコップにシロップの小滴を落としたときのように、卵のなかに分散していく。その濃度は前端部がもっとも高く、後方に向かうほど低くなっていく。

ビコイドに加えて、母親は前端部に、いくつかの他の遺伝子のＲＮＡ転写体も入れ、さらにまた別の転写体を後端に入れるが、こちらは前端に向かって分散していく。母親の仕事がなされたあと、胚のそれぞれの部域は、その部域に特異的な量の調節因子の組み合わせによって、バーコードを付けられた状態になる。

精子が卵を受精させたあと、卵は多数の細胞へと分裂を始め、発生中の胚は、挿入されたＲＮＡ分子からタンパク質を合成する。どの細胞でも、それぞれが合成するタンパク質の量は、母親が近くにどれだけのＲＮＡを挿入したかに依存する。[22]これらのタンパク質は、ご推察の通り、その量に応じて、他の遺伝子のスイッチをオンにしたりオフにしたりできる調節因子である。たとえばもし、ある遺伝子の活性化因子がビコイドのように前方に多ければ、その遺伝子は前方ではビコイドによってスイッチがオンになるが、それ以外の場所ではそうならない。

こうした調節因子が制御する多くの遺伝子のなかで、いくつかは特別である。なぜなら、それらの遺伝子は、さらなる調節因子をコードしていて、それが他のいくつかの遺伝子のスイッチをオンにし、そのうちの一部も調節因子を発現し、といったことがつづくからだ。それだけでなく、これらの調節因子は互いに調節しあっている。一五以上もの異なる遺伝子が複雑な調節回路を形成しているのである。[23]この回路は、以前に私が説明した相互調節の振り付け《コレオグラフィー》を踊りながら、ある調節因子は発現していないが別の調節因子は発現しているという、遺伝子発現のパターンをつくりだす。

この回路のなかでとりわけ注目すべきタンパク質はエングレイルド（engrailed）と呼ばれている。それは、回路の振り付けに導かれて、七本の胚を横切る高度に規則的な縞で発現されるようになる。エングレイルドを産生する七つの部域は、それをもたない七つの部域と交互になり、エングレイルドが発現した縞は、ショウジョウバエの胚期の一四の体節を分けることになる。それからエングレイルドと他の調節因子は、各体節の独自性を指示する多くのさらなる遺伝子を制御し、ある体節が脚をもつ、あるいは翅を保持する、あるいは腹の一部になるといったことを指示する。[24]

こういったことすべてや、それ以上のことが、せいぜい数時間のうちに起こるが、ショウジョウバエの胚を発生生物学への授かり物にしているのは、その迅速な発生だけではない。体節化が十分に進行するまで、胚の細胞は膜壁によって隔てられてはいないのである。これは、発生中の胚のなかを分子が自由に漂うことができることを意味する。他のほとんどの種では、細胞は受精後に膜壁できっちりと隔てられるため、細胞間のコミュニケーションに、はるかに大きな困難がある。

ただし、それは不可能ではない。人間の雄の繁殖器官――ペニスと陰嚢――は、示唆に富む一例だ。雄の胎児がおよそ八週齢になったとき、いわゆるライディヒ細胞の塊りが、最終的に生殖器官が形成される部域の近くに、アンドロゲンと呼ばれる化学信号を放出する。これらの信号は、生殖器官を形づくるうえで決定的な重要性をもつテストステロンと似たホルモンである。ライディヒ細胞から放出されたアンドロゲンは、周囲の細胞に、ペニス、陰嚢、そしてずっとのちには精原細胞を形成して特殊化するように指示する。

ひとたび、アンドロゲンのホルモン分子がライディヒ細胞から放出されてしまったあとは、その化学的構造のために細胞膜を通過することができるので、分子は細胞間の隙間を通って漂っていき、最後にはもう一つ別の細胞内に入る。細胞内では、このホルモンの形状を認識できる特別なタンパク質であるアンドロゲン受容体が、すでにそれを待ち受けている。そして両者が接合すると、受容体タンパク質はその形状を変えて、もう一つの別の錠前になる。その新しい形状は、そのタンパク質がDNA上の特別なキーワードに結合し、その近くの遺伝子を活性化することを許す。アンドロゲン受容体は多くの遺伝子のスイッチをオンにするが、そのうちのいくつかが、さまざまな調節因子に、最終的に数百の遺伝子を目覚めさせ、雄の生殖器官の内部に独特な細胞の独自性をつくりだすようにさせる。[25]

ハエからヒトまで、胚発生のあらゆる瞬間を通じて、数百の同じような信号が縦横に駆け巡っている。この想像もつかないような複雑なコミュニケーション過程が、細胞にその位置と運命についての指示を与える。ちょうど、ビコイドを発現している細胞が自分が前端に近いところにいるのを「知る」ように。こうした信号は、細胞に、最終的に独自性を獲得し、体を形づくるために、分裂せよ、移動せよ、膨らめ、縮め、平らになれといった指令も出す。そして、細胞が、新規の形状や体制《ボディ・プラン》を導くような独自性を獲得するときにはいつでも、そうした信号が関与しているのである。

超複雑な調節を予測するコンピューター

ハエからヒトまでの胚を形づくる調節のダンスをもし予測することができれば、いかにして、組織、器官、細胞が形成され、なぜ異なる生物が非常に異なった体制をもつかの理由を予測することができるだろう。それは驚くべき偉業となるだろう。残念ながら、回路の発現パターンは、図16のような単純な回路でさえ、極度に込みいったものになりうる。もしAがBを活性化し、CがBを抑制する一方で、BはCを活性化し、DがCを抑制するならば、どの遺伝子発現パターンに決着するかは、にわかにはわからない。

悪いことに、多くの回路はこれよりももっと多くの遺伝子を含んでいて、数十の調節因子が、相互に絡まり合った調節のきめ細かいすかし細工《フィリグリー》を形成しており、人間の心が把握できる範囲を超えた複雑さになっている。しかし、回路の振り付けの数式を記述し、そうした数式をシリコンの脳内で処理し、回路の遺伝子発現パターンを予測できるコンピューターという形式のなかにならば、望みはある。

この仕事に生涯を捧げる一人の注目すべきコンピューター科学者がジョン・ライニッツである。

私がはじめてジョンに会ったのは、一九九〇年代、私がエール大学の大学院生のときだった。彼は私より数歳年長で、人々に変わり者と呼ばれたのは、喫煙がすでに排斥されていた時代にフィルターなしのタバコをチェインスモーキングし、晩餐会にも普段着の金曜日《カジュアル・フライデー》のような服装をして出たからである。彼は化石のようなフォルクスワーゲンのビートル（カブトムシ）を運転していたが、後部座席は捨てられたファストフードの包みのゴミの山の下に隠れてしまっていた。ジョンの反骨精神はまちがいなく、彼の研究における一つの強味だった。というのも、彼は主流に逆らって力強いストロークで泳いでいたからである。

この当時、多くの科学者はショウジョウバエの胚で研究していたが、コンピューターは研究論文の執筆という以上の使われ方をしていなかった。代わりに彼らは、一つの遺伝子のDNAテキストを変え、あるいは実験室で調節因子を操作し、そのような変化が体節化をどのように変更させるかを測定することで、調節を研究していた。彼らの研究は生産的だった。なによりも、彼らは、ショウジョウバエの数千の遺伝子のうちのどれが胚を形成するのかを確定した。

しかし、一つの回路全体の発現パターンを、一時に一遺伝子ずつ、理解しようとする彼らの努力は、失敗が運命づけられていた。なぜなら、回路の全体はその各部分の総和をはるかに超えたものだからである。現在では、このことは広く受け入れられているが、一九九〇年代の初めに、コンピューターでハエの個体発生を模倣しようとするジョンの努力は、彼を異端者《アウトサイダー》たらしめることになった。

この研究は、空軍や民間航空機のパイロットの訓練になくてはならないフライト・シミュレーターの一つを建造するのに相当する——コックピットの複雑な機械類のすべてだけでなく、乱気流や機器の不具合のような撹乱要素も再現しなければならない。同様に、ジョンのハエ・シミュ《フライ》レーターは、ショウジョウバエの初期胚における調節因子と、それらが互いにどう調節しているかについての山のような情報を集め、この情報を数式の中に要約し、コンピューターで、シミュレーションをさせた。そして、良質なフライト・シミュレーターと同じように、これもうまく動いた――けっして小さな成果とはいえないものだ。

それはショウジョウバエの初期発生を模倣することができ、しかもそれをとてつもない速さでやってのける。それは、個別の例では見落とされてしまうかもしれないパターンを探り出すために、何度でも繰り返し実行することができた。そして、正常な胚の振り付けをただ再演するだけでなく、調節因子の機能不全という飛行機事故もシミュレートし、突然変異遺伝子がどのようにして奇形胚をみちびくのかを説明することもできる。(26)私が書いたこの数行の成果のために、ジョンは自らの人生の数十年を、しばしば無視したり恩着せがましい仲間たちをものともせず、このシミュレーターの構築に捧げてきたのである。ハエを叩こうとするとき、しばしば彼の献身が私の心をよぎる（そのあとで叩く）。

四肢の形成を支配するホックス遺伝子の秘密

脊椎動物には、魚類、哺乳類、両生類、爬虫類、鳥類が含まれるが、六万種以上にのぼる脊椎動物は、背骨と脊索を共有することをのぞけば、信じられないほど多様な体をもっている。けれども、この多様性は同じような構造の上に築かれている。なぜなら、すべての脊椎動物はその系譜を五億年以上前に出現した共通祖先までさかのぼることができるからである。たとえば、魚が水中をかきわけて漕ぎ進むのを助ける対ビレ――一対は体の前に、一対は後ろにある――は、陸上で這い、歩き、跳び、走る動物の前肢（腕）と後肢（脚）を生んだ。そうした動物の一部――

恐竜――の前肢は、鳥類の翼に変わった。

　四肢は、陸上生活をする脊椎動物の鍵となる新機軸である。四肢はよく知られた三つの部分をもつ。上腕と大腿（上脚）、前腕と下腿（下脚）、手と足である。私たちの腕と脚にある主要な骨は、ウマ、イヌ、ワシ、コウモリ、ブタ、ワニ、およびその他多数の動物の腕と脚の骨に対応している。進化がしたように、その大きさを変えることで、競走のために誂えたウマのほっそりした四肢や、飛行のために完璧な翼の軽い骨のように、多くの特殊化した機能が可能になる。

　四肢は――古いものも新しいものも――、クラゲからヒトまで、無数の生物の体を構築するのに用いられる一つの調節因子ファミリーのおかげで存在する。[27] これらの調節因子は正常な体の発生に不可欠なものであるが、それらを指定《コード》している遺伝子の名前――ホメオボックスあるいはホックス遺伝子――は、ホメオーシスにおいて果たしている役割に由来する。ホメオーシスというのは、これらの遺伝子が突然変異したときに、たとえば頭の触角が生えるべき場所に（役に立たない）脚が生えてくるといった、奇形の生物が生じる過程のことである。生命のレシピの変更は、善いにつけ悪いにつけ、劇的な影響をおよぼすことができる。[28]

　ホメオボックスは、ＤＮＡに結合し、ホックス調節因子が遺伝子発現を制御できるようにする六〇個のアミノ酸からなるタンパク質配列である。ショウジョウバエとヒトのように異なった生物体のなかで、こうした調節因子は、細胞、組織、および器官の特質《テクスチャー》を与える、他の数百の遺伝子の上に立つ支配者だ。ホックス調節因子は、因子の互いの発現をも調節する。つまり、それらの因子は、図16のようなものだが、それよりももっと複雑な調節回路を形成している。というのも、動物は四〇種類以上のホックス調節因子をもっていることがあるからだ。この回路が多くの生物の体――ヒトをも含めて――の主要な部分を形づくる。そうした部分の一つに、私たちの脊柱にある三三個の椎骨とその特異な独自性がある——可動性のある関節をもつ頸《くび》の二つの椎骨、肋骨に付着した胸部の一二個の椎骨などだ。

ホックス遺伝子回路は、私たちの背骨が子宮のなかで発生するにつれて、頸、胸、腹で異なった遺伝子の組み合わせを発現する。それぞれの組み合わせが、一つの遺伝子発現コード、それぞれの体の部域に特異的なホックス遺伝子の一つのオン＝オフ・パターンである。一つは頸の椎骨に特異的なオン＝オフ・パターン、もう一つは胸部の椎骨に特異的なオン＝オフ・パターン、等々というわけだ。

ホックス遺伝子は、ヒトの体を形づくるだけでなく、ニシキヘビやその他のヘビ類のように、その体制——これも太古の新機軸——が、ずるずる滑り、穴を掘り、泳ぐことを可能にするような脊椎動物の体をも形づくる。ある種のヘビは、三〇〇以上の椎骨をもち、その大部分は同一で、ヒトの一二個の胸椎と同じように肋骨をもっている。ホックス遺伝子はこうしたヘビ類と他の動物のあいだの違いの原因となっている。

大部分の脊椎動物では、胸部についてのホックス・コードは、胚の小さな領域でしか発現されないが、この領域は、一億年以上前にトカゲ類からヘビ類が進化するときに、ゴムバンドのように伸びた。胸部のホックス・コードが体の主軸のほとんどに沿って発現されることになり、彼らの新しい体制を定義する数百の椎骨を構築することを許したのである。[29]

ホックス遺伝子は、生物の体の主軸——この軸は脊椎動物の背骨によって定義される——だけを形づくるわけではない。進化はそれを、もう一つの太古の新機軸である魚のヒレ（鰭）にも転用した。[30] そして、そこで止まらなかった。何百万年ものあいだに、進化はこれらのヒレを、ヒレのホックス・コードを変更し、洗練し、分化させることによって、四肢に変容させた。最終的にそれは、歩いたり飛んだりする生物に、三つの部分からなるコード、一つは上腕のための、もう一つは前腕のための、三番目は手のためのホックス遺伝子の特別な組み合わせをつくりだした。

こういったことのすべては、このコードを歪める突然変異の影響からわかるのだが、それは動物でよく研究されている怖ろしい先天性異常として現れる。四肢の発生中に、Hoxa11およびHoxd11と呼ばれる二つの遺伝子が発現されないと、結果として、前腕がまったくできないか、肘の近くから手が出るということが起こりうる。同じように、二つの異なるホックス遺伝子——Hoxa13とHoxd13——の発現できない結果として、指または掌の欠損が起こりうる。(31)もし、ホックス遺伝子の第三のグループの発現ができないと、上腕だけしか形成されないだろう。

しかし、ほとんどの場合には、ホックス遺伝子は非常にうまく自分の仕事を果たす。そしてそれを、驚くほど多くの場所でおこない、骨盤から脊椎動物の脳まで、さまざまな構造の形成を助けている。小エビ類、クラゲ、ミミズ、さらにはショウジョウバエまでの異なった生物の体の構築を手助けしてもいて、そこでは、ホックス回路は体節化の回路と同じほど重要である。実際に、はこの二つの回路は順番に働く。体節化の回路が体節数を確立してから、ホックス回路が各体節の独自性——どの体節が脚をもち、翅をもつかなど——を決定する。そしてこれらの回路は、ハエや大部分の動物が自分の体を構築するときに使う多数の回路のうちの二つにすぎず、数億年前に最初の動物が出現して以来ずっと使われつづけてきたものである。

ホックス遺伝子回路は、ヘビのような新しい体のプラン（体制）だけでなく、新しい体の部品——四肢のような——の起源にも手を貸した。こうした新機軸が正確にどのようにして始まったかは、深い生命の歴史の霧のなかに永遠に見失われたままかもしれないが、一つの原則は明白である。それらは、調節の変化に起源をもつのである。

210

チョウの目玉模様と植物の複葉

同じ原則は、他の、もっと太古の新機軸においても明らかである。

生い茂った草地を縫うようにして次の獲物を狩ろうとしているほっそりとしたトカゲが、突然目前に現れた巨大な二つの眼に睨みつけられたと想像してみてほしい。トカゲは、次の瞬間に粉々に引き裂かれるだろうと知りながら、身動《フリーズ》きできなくなる。しかし、そのあと二枚の翅が羽ばたき、二つの眼は蜃気楼のように消え去る。近くに捕食者など誰もおらず、おいしそうなチョウの翅に二つの大きな色つきの斑点があっただけなのだ。

チョウの目玉模様（眼状紋）は、並外れて多機能なディスタレス（distalless）と呼ばれる調節因子タンパク質によって形成される[32]。ハエ類の脚、翅、触角を形づくる回路の一員であるディスタレスは、チョウの翅の眼状紋の色づけにも転用されている。ディスタレスが眼状紋に特異的な発現コードの一部であることは、発生中のチョウの幼虫が、のちに眼状紋が形成される正確な場所でディスタレスをつくることからわかっている。あるチョウは小さな眼状紋をもち、別のチョウは大きな眼状紋をもち、あるものは眼状紋を一つだけもち、他のものは数個もつ。にもかかわらず、発生中のチョウはまちがうことなく、ディスタレスをその眼状紋の位置で発現する。そしてディスタレスは、単にその外見に関連しているだけでなく、本当は眼状紋の原因そのものなのである。もし、発生中の翅のディスタレス産生細胞を翅の別の位置に移植すると、発生が進んだ段階で、そこの眼状紋に色がつくのだ[33]。

チョウの体を大聖堂に見立てれば、その身廊《しんろう》［中央通路の入り口から翼廊までの部分］にあたる主要な体節から、そのガーゴイル［屋根に設置される怪物像］にあたる眼状紋までが、調節に

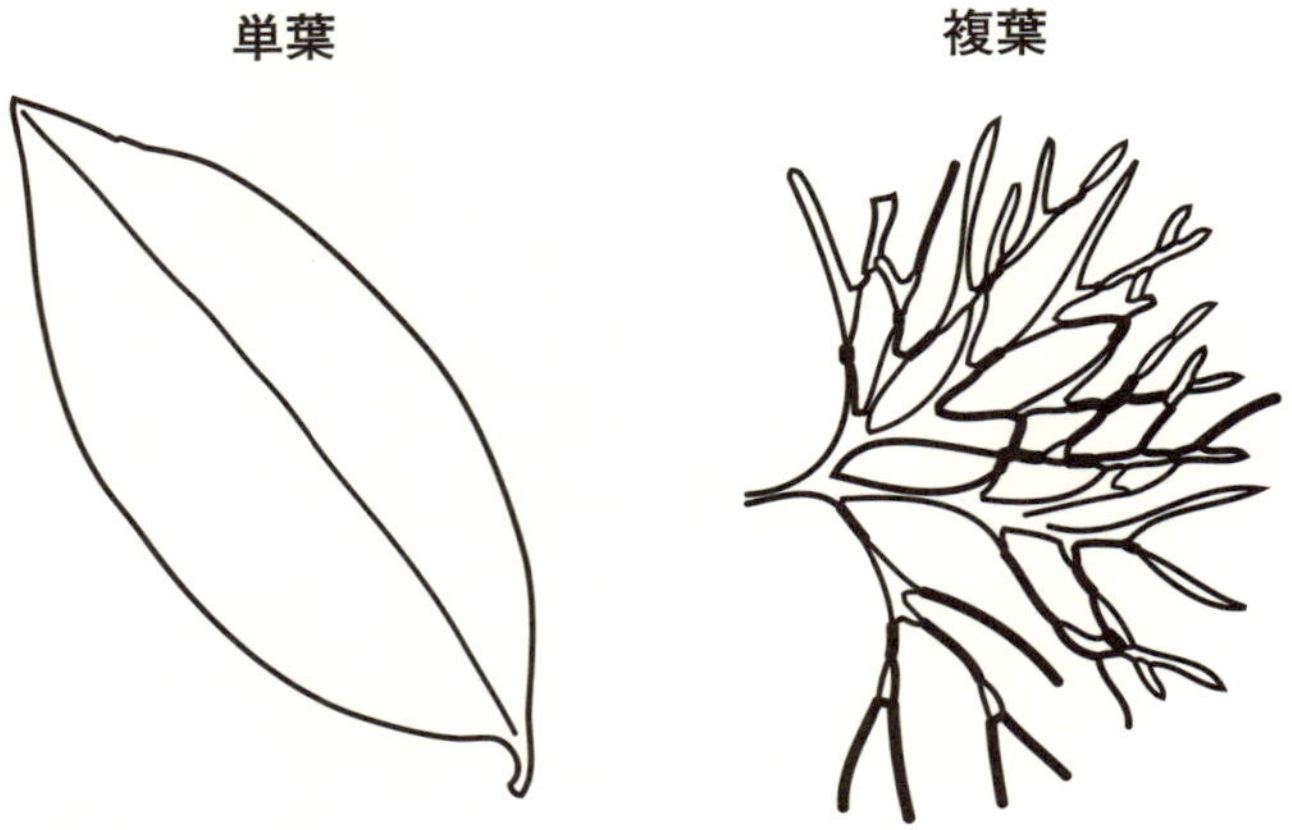

図17　葉の形の新機軸

よって構築される。同じことは、根、茎、花、葉をもつ植物のように、根本的に異なった青写真をもつ体にもあてはまる。二億年以上前に最初の顕花植物が出現したとき、その葉は、葉身の先が分かれることなく、連続した一つの表面をもつ単葉だった。後には、単葉から複葉という新機軸が誕生した。複葉では、葉身が多数の小葉に枝分かれしている（図17）。

単葉を小葉に切り分けると、いくつかの利点が与えられる。まず、切り分けられた葉は、単葉よりも大きな表面積をもつ。そして、光合成のための二酸化炭素をより多く吸収でき、植物がより速く成長することを可能にし、暑い環境では、葉が過熱するのを防ぐことができる。過熱は光合成の速度を落とし、葉に損傷を与えることがある。[34]もし複葉がそれほど有益なら、それが進化において二回以上出現したと予測したいところだが、実際にそうだった。[35]複葉は、顕花植物だけでも二〇回以上生じた。

この新機軸はその都度、調整の変化を要求する。植物の苗が芽を出して、土の中を押し進むとき、そのまさに先端にある小さな組織片が、苗を大きくし、上に押し上げる分裂細胞を含んでいる。葉が形成されはじめるのはここである。芽生えはじめの葉が肉眼で見ることができるようになる前に、複数の細胞の塊り——葉原基——が、すでに葉になるべき先端の周辺にセットされている。

この原基にある細胞は、ノックス（KNOX）と呼ばれる調節タンパク質を発現する。オックスフォード大学のアンジェラ・ヘイとミルトス・ツィアンティスは、複葉をつけるミチタネツケバナと呼ばれる慎ましやかな雑草のこのタンパク質を操作し、この調節因子がどれほど決定的な重要性をもつかを発見した。ノックスの量を減らしていくことによって、二人は、小葉の数を一つまで減らして、単葉をつくることができた。ノックスの量を増やせば、より多数の小葉をもつ葉をつくりだせた。加えて、二人は、ノックスがミチタネツケバナだけでなく、複葉をもつ他のいくつかの種でもこの役割を果たしていることを見いだした。[36]

イノベーションが生まれる理由は、またも調節回路の遺伝子型ネットワーク

こうした例やさらに数百の例は、新機軸《イノベーション》を生む調節の威力を例証している。何千という研究者の実験ノートや、学術雑誌の何十ページにわたって、植物のノックスやチョウのディスタレス、ショウジョウバエのエングレイルドといった調節因子に関する研究が満ちあふれている。私たちヒトのゲノムも、数十の個別の回路にある二〇〇〇以上の異なる調節因子をコードしている。[37] ここ半世紀の研究は、昔も今も、体を構築するうえで調節がいかに重要であるかを教えてくれている。それは、多くの新機軸の自然史とその背後にある新しい発現コードについての私たちの理解を助けてくれる。

しかし実例のリストは、どれだけ長大であろうとも、それより先のことは教えてくれない。トカゲの四肢と魚のヒレは、異なる発現コードをつくりだす変異型のホックス回路――異なる回路遺伝子型――によって形づくられる。そうした回路のどれか一つの変異型を特定しても、進化がどのようにして、ある仕事《タスク》に最適な発現コードを見つけたのかは説明できない（もし回路の変異型があまりにもたくさんあれば、それは途方もなく困難になる）。おまけに、進化において、回路が少しずつ変化していくあいだ、新しくいいものが見つかるまで、有用な発現コードはかならずしも保存されるとはかぎらないのである。実例のリストは、どれほど長くとも、調節を通じての新機軸がそもそも可能なのかさえ私たちに教えてくれない。

問題がおなじみのものであれば、答えもそうである。すなわち、たった一つの回路ではなく、多数の回路を、回路遺伝子型とそれが発現した表現型の図書館全体を研究するのだ。この調節の図書館にあるテキストは、調節因子をコードするＤＮＡ遺伝子型と、調節因子が認識するキーワードである。しかし、そんな風に書き出していくと、不必要に長く退屈なものになるだろう。あたかも、一軒の家を、建築家の青写真によってではなく、そこにあるすべての分子の位置によって記述するようなものだ。図16のような配線図で描き表す方がずっといい。

図書館の全体は、そのような可能な回路のすべて――可能なすべての配線図――からなる。その大きさを計算するには、こうした配線図を数える必要がある。それはむずかしいように思えるかもしれないが、驚くほど簡単である。一つの回路内の任意の調節因子をＡと呼び、それがもう一つの調節因子Ｂに影響を与える方法は原理的に三つある。調節因子ＡはＢを活性化するか、抑制するか、なんの影響も与えないか、のいずれかである。同じことは、他の任意のペア、たとえば図16の回路にある、ＡとＣ、ＤとＥについても当てはまる。一方は他方を活性するか抑制するか、それとも何の影響も与えないかである。これらが唯一の三択肢だ。

この単純な考え方を推し進めていくだけで、五つの遺伝子からなるすべての回路を数えることがほとんどできたようなものだ。残っているのは、遺伝子のペアの数を計算することである。図16の回路は、5×5＝25のペアをもっており、それぞれ三つの調節の選択肢をもっている。(38)回路の総数を見つけるためには、最初の遺伝子のペアの三を掛け、二つ目のペアの三を掛け、三番目のペアの三を掛け、ということを二五組のペアすべてでおこなう必要がある。三を二五回掛け合わせると3^{25}が得られ、つまり八〇〇〇億以上の回路ということになる。

驚くべき数字だ。五つの遺伝子で、八〇〇〇億以上の回路。とりわけ、現実の回路は五つよりずっと多くの遺伝子をもつことがあるのだから。たとえば、脊椎動物のホックス遺伝子回路は、およそ四〇ほどの遺伝子からできている。(39)これらの遺伝子が形成できる回路の数を数えるために、私たちは同じ考え方を使った。遺伝子ペアの数を計算し（40×40＝1600）、ついで三それ自体を一六〇〇回掛け合わせる。結果として出てくる数の大きさは、もう何度もお目にかかったような気がする。それは、一の後ろにゼロが七〇〇個ついたものより大きく、そのゼロの数はこの頁いっぱいになってしまうだろう。

しかし、びっくりするようなものではあるが、この数でさえ、すべての回路を捉えてはいない。ここまでのところ、すべての調節因子が同等の影響力をもち、ターゲットになる遺伝子のスイッチをオンあるいはオフにできるものと仮定した。しかし、国王の家臣団の喩えを思いだしてほしい。ある調節因子は弱く、別の調節因子は強いことがあり、そうなると、この違いが回路の数をさらに増やすことになる。任意の二つの遺伝子は、三つではなく、制御なし、弱いまたは強い活性化、弱いまたは強い抑制という五つの可能性に直面するかもしれない。この場合、五という数字——三ではなく——をそれ自体で何乗もしなければならない。そして、五で打ち止めにする理由もない。活性化と抑制の強さの度合いの違いをさらに細分することができれば、可能な回路の数はさらに増大するだろう。[40] 幸い、私の研究室における調査では、影響量の度合いをそのように細分しても、図書館の組織構造が変わらないことが示されている——これはいいことだ。なぜなら、三段階の細分化でさえ、もう一つの超立方体図書館を一杯にできるだけの回路があるからである。

回路の図書館とその遺伝子型テキストは、これまでに出会った代謝の図書館やタンパク質の図書館と共通点が多い。DNAの突然変異を通じて、回路中の配線を切ったり、付加したり——これらの「配線」が金属でできているのではなく、DNAの突然変異を通じて変更できる二つの遺伝子間の調節的な結びつきを表象したものであることを忘れないでほしい——すれば、図18の右に示したような、この回路の隣接者の一つをつくりだせる。ここでは、Bはもはや遺伝子D（左の回路の太い黒の矢印を参照）を調節していない。それぞれの回路は多数のこのような隣接者をもっており、四〇の遺伝子をもつ一つの回路で三〇〇〇以上ある。もし、すべての回路を超次元の立方体の各頂点に、つまり一頂点に一回路ずつ配置すれば、一つの回路から一歩踏み出すことは、この超立方体の辺に沿って移動するようなものである。[41] そして各回路からは多数の辺が出ている。なぜならこの超立方体は、多数の次元、四〇遺伝子の回路のための一六〇〇次元をもっているからだ。頂点の数はそれよりさらに多く、四〇遺伝子の回路の図書館全体にあるテキストの数、10^{700}だけある。[42]

他の二つの図書館におけるのと同じように、各頂点にある各回路は、近くの書棚にあるすべてのテキスト——一本ないし数本の配線が違う——を含む近傍をもっている。進化は、この近傍を

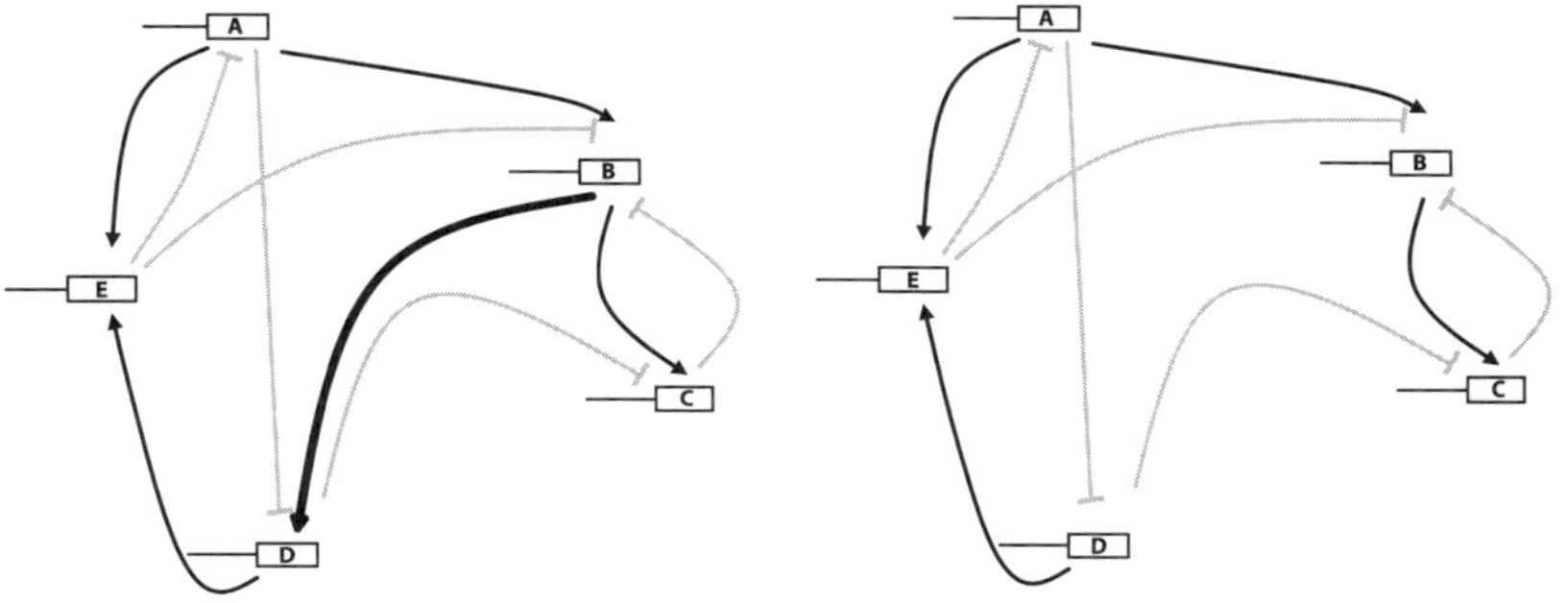

図18　調節回路の図書館の隣接者

ほんの数歩で、ＤＮＡの単語をわずか一つ変えるだけで、たやすく探索でき、二つの遺伝子間の調節をつくりだしたり破壊したりできる。この近傍を超えてより遠くまで歩けば、もっと距離の遠い――これもまたおなじみの概念――回路と出会うことになる。ここでは距離は、二つの回路で異なっている配線の数である。隣接の回路とはもっとも近いもので、もっとも遠く離れたものとは、一本の配線も共有していない二つの回路である。それらは、超立方体の正反対側の頂点にあるテキストどうしだ。

多くの回路の遺伝子型は、ランダムに並べた英語の文字列と同じように、意味をもたないだろう。ほかのものは、意味のある単語や文をコードしているだろう。たとえ、テキスト全体としては一貫性がなくとも、あるいは手のない不自由な腕をつくりだす突然変異したホックス回路のように破壊的なものだったとしてもである。意味のあるテキストの言葉は、またしても化学的な言語、つまり細胞や組織が理解できる遺伝子調節や発現コードという言語である。それは究極的には、背骨、葉、あるいは手として現れるが、それぞれ肉体に具現化された一群の意味である[43]。そして進化が新しい具現化された意味をつくりだすときには、単葉を複葉に変えるような種類の突然変異を通じて、それが起きるのである[44]。

配線の変化をたどって回路図書館を探索する

回路の意味は、先に説明したような、遺伝子調節の精妙な振り付けを通して表現（発現）される。一つの発現された調節因子パターン――ハエがその化学的信号を通じて卵に注入するパターンのような――から出発して、回路の遺伝子は互いに調節しあって、このパターンを変える。遺伝子はスイッチをオンにしたりオフにしたりする点滅をつづけ、サーカスの軽業師の一団が自分たちの肉体で築き上げる人体像に似たような平衡状態を回路が見いだすまでそれはつづく。そのような人体像では、軽業師たちは、一人の体を押す力ともう一人が引っ張る力が等しくなるよう、静止状態で平衡を保っており、たった一人の軽業師が力を抜いただけで、その構造は瓦解してしまうだろう。

何年もの調査研究を経ているので、私たちは、こういう種類の調節の平衡については、ジョン・ライニッツがハエ・シミュレーターで示したように、十分な知識をもっている[45]。このことは、私たちが、ただ一つではなく、わずか数個でもなく、何百万個という回路をいつでも解読できることを意味する。回路の超天文学的な図書館全体の地図を描くことができるのだ。

すでに私たちは、この図書館が想像を絶するほど多くの回路を含むことを知っているが、その発現コードの数もちゃちなものではない。もし四〇遺伝子の回路のそれぞれの遺伝子がオンかオフしかないのであれば、それは遺伝子発現パターンに二つの可能性を与える。可能な発現パターンの総数を計算するためには、二を遺伝子の数だけ掛け合わせる必要があり、2^{40}という可能な表現型に到達する。この数はすでに、一兆より大きいが、遺伝子がオンまたはオフだけでない多様な状態をとれれば、もっとはるかに大きなものになる——それは、少量、中量、大量、あるいは極大量の調節タンパク質として発現できる。おまけに、体のどれか一つの部品を形づくるのに、いくつかの回路がしばしば共同で作用することがあり、そうなれば、可能な発現コードの数はさらに増える。(46)

こうした可能な意味の数に比べれば、ヒトのような複雑な体をつくっている数百種類の細胞のタイプや、組織というのは、ちっぽけな数である。たとえかりに、体のすべての細胞が空間的に厳密に配置されていなければならないことを考慮に入れただけでも、そこには大量の発現コードがうごめいている——たぶんあまりにも多すぎて、一つでさえ見つからないだろう。

進化はこの回路の図書館を、ランダムに閲覧していくおなじみの読者の群れ、つまり生物の集団を通じて探索する。生物の集団内では、親から子に遺伝子が多少の文字変更をともなって伝えられるときにまれに起こるＤＮＡのコピー・エラーを通じて、回路は改変される。そのような突然変異はどんなものであれ、二種類の影響をもちうる。それは調節因子の形状を変形させ、ＤＮＡの認識を妨げることができる。あるいは、調節因子が認識するＤＮＡの「キーワード」の一つの単語を変更し、回路の配線の一本を切る——実際には、ある遺伝子への調節因子の影響を攪乱《かくらん》する——か、あるいは新しい配線をつくるかして、どれかの調節因子によって、新しい分子の単語《ワード》を認識できるようにすることもできる。

最初の方の種類の変化は、しばしば悲惨なことに終わる。なぜなら、それぞれの調節因子が他のきわめて多くの遺伝子に影響を与えるからである。調節因子のＤＮＡを認識する能力を壊すのは、複雑なレシピの材料を混ぜこぜにし、料理全体を駄目にしてしまうのと似ている。それは生物体に怖ろしい形成異常や、あるいは出産前に死んでしまうような胚を生じることがある。けれども、二つめの種類のコピー・エラーは、レシピの誤植により似ている。単に一つの遺伝子とそれが発現するタンパク質――数千もあるタンパク質材料のうちの一つ――の量を変えただけで、深刻な損傷を引き起こす可能性はずっと小さい。この二つめの種類の変化はより耐え忍べるものであり、したがって進化的な時間の尺度のなかで着実に累積していくことができる。そうだとすればこうしたエラーは、ゆっくりと回路の配線図を変容させていくことができるだろう。

一〇〇〇種以上の異なる種をもつショウジョウバエ類の何種かの回路のような、何百万年にわたって別々に進化してきた回路を比較するとき、耐えられる変化のほとんどは、回路の遺伝子そのものよりも配線に起こっていることがわかる。進化は、ほとんどの回路の配線を一回に一本だけ変更していく。なぜなら、回路の遺伝子に手を出すと、悲惨な事態を招くからである。おまけに、そうした小さな配線の変化は実際に累積して回路を変容させ、しかもこの過程は少しも緩慢ではない[47]。その理由は、調節因子のＤＮＡキーワードは、最短でわずか五文字ということもあり、遺伝子から数千文字も離れたところに現れるからだ。偶然だけによって、ランダムな突然変異が、新しいキーワードをつくり、ひいては回路の新しい配線を容易につくることができるのである[48]。

システム生物学で解明する回路のイノベーション

もし10^{700}テキストという超天文学的な図書館の一つの回路だけが特別な新機軸《イノベーション》を生みだすコードを発現して、他の回路が発現しなかったのであれば、進化は中断され、もとに戻ってしまったかもしれない。なぜなら、そのコードは、宇宙の大きさの何倍もある干し草の山の中の一本の針のようなものだからだ[49]。それがなぜ、途中で止まることがなかったのかという疑問が、一九九〇年代初めから問いかけられてきたが、私は無視してきた――ほかにあまりにも多くのプロジェクトがあったので。フランスのパリ近郊の高等科学研究所で研究サバティカルを過ごした二〇〇四年に、私の先延ばしに終止符が打たれた[50]。

この研究所は、たくさんの古い樹木、刈り込まれた生け垣、あふれるように咲き乱れる花壇、そして、生命についての疑問に思いを巡らしながら散策する小道もある田園風の公園のなかに建てられており、大学生活における果てしない、研究費申請、ネットワークづくり、社会奉仕から逃れることができる修道院的な隠遁所である。

そこの常任研究者たちはきわめて豪華な顔ぶれの科学者で、そのなかには、数学のノーベル賞として広く知られるフィールズ賞受賞者が数人いる。研究所は数学および物理学に重点をおいていたが、その指導者たちは、分子生物学において長らく休眠中の種子、全体は単なる部分の総和以上のものだという洞察が、いまや芽を出し、システム生物学と呼ばれる巨大な分野として開花していることに気づいていた。この新興の学門分野は、実験データを数学とコンピューターに合体させ、ハエの調節因子のような分子的な部分が、どのように協力しあって、生物学的システムの全体すなわち生物体を形づくるのかを見つけようとしている[51]。数学者と物理学者は、このような問題を解明するための多くの道具をもっており、研究所は、共同で何ができるかを知るために、私のような生物学者を、長期滞在するように招いたのである。

私にとって幸運だったが、私はこの招待を受け入れた。なぜ幸運だったかといえば、私がオリヴィエ・マルタンに出会ったのはパリだったからである。

オリヴィエは、パリに近いオルセーにある大学（パリ第11大学）の教授で世界的に尊敬されている統計物理学者である。彼のような統計物理学者は、プロパンガスの加圧容器内の分子のような膨大な数のモノの集まりについて、そうしたものが気体の圧力のような性質をどのようにしてつくりだすかを扱う。この圧力の予測は重要である――ガス・タンクが爆発するのは望ましくない――が、ありえないほど複雑でもある。なぜなら、何兆個という分子があらゆる瞬間に容器の壁にぶつかるからである。統計物理学者は、何兆もの部分――一つ一つを追跡するにはあまりにも多すぎる――をもつ全体について考えるのが好きで、そうした全体を記述する巧妙な方法を考え出したが、それが採用する精緻な手法は、世論調査機関が米国における選挙結果の予想に使う統計学とは、名前を除けばほとんど共通点がない[52]。

ただ、オリヴィエは一つ問題を抱えていた。統計物理学は、お腹の空いた群衆がメニュー料理を貪り、わずかな切れ端しか残っていない軽食堂に似ている。大きな疑問のほとんどには答えが出されており、残された問題はあまりにもむずかしいか、あまりにも些末なものかどちらかである――一九世紀以来、ジェームズ・クラーク・マクスウェルやルートヴィッヒ・ボルツマンのような科学者が統計学的な手法を使って熱力学的な問題を解いてきたのだから、驚くにはあたらない。彼のような立場にある科学者のほとんどと同じく、オリヴィエは、物理学が許す以上の大きな貢献をしたいと願っていた。彼の問題は、彼が解決に取り組むに足るだけの、新しくて挑戦的な疑問をシステム生物学に見つけることだった。

私はすでに、地図にすべき10^{700}個の調節回路をもっていた。本当に、私はオリヴィエを助け出せるのだろうか。

回路の配線が多少変わっても、表現型は変わらない

オリヴィエ・マルタンと共同研究を始めたとき、私はまず彼を、図書館で道に迷わないように

してくれる直感力と技術的なスキルをもつ学者として評価するようになった。しかし、やがて彼が単に足取りの確かな旅の仲間をはるかに超えた存在であることがわかった。彼は、自分の商売道具が私たちの道を見つけるのにどのように役立つかについて忍耐強く説明してくれる、親切で寛大な教師だった。[53]

私たちは、次のような、一つの疑問に答えることを目的とした小さな一歩からスタートした。回路の図書館には、なにか一つの意味を表現（発現）するテキストは一つしかないのだろうか？それを明らかにするために、私たちは、図書館の一個の回路だけをとりあげ、その発現コードを計算した。つぎに配線を一本変え、この突然変異が発現の表現型を変えるかどうかを問い、また最初の回路に戻って、もう一本別の配線を変えるということを、その回路のすべての隣接者をつくりだし、それらの表現型を知るまでつづけた。この一つの回路の近傍が異例なものではないことを確かめるために、異なる数の遺伝子をもつ回路、配線の数が異なる回路、異なる配線をもつ回路など、多数の異なる回路を出発点として、その近傍を探索した。

それらはすべて同じ答えを出した。回路はふつう、同じ表現型をもつ数十から数百の隣接者をもっている。[54] 言い換えれば、これらの回路の表現型は、個々の配線を変更するような突然変異に遭遇しても、不変のままにとどまるのである。一人の体が数ミリメートル動いただけで災厄を引き起こしかねない軽業師の集団がつくる人体像のように繊細なものではないのだ。調節遺伝子型の回路は、そのような変化に耐えることができる。なぜなら、配線の一本一本のすべてがその機能にとって致命的に重要ではないからである。

一つの回路からのこの第一歩がすでに、非常に重要なことを教えてくれた。すなわち、一つの発現コードで――それがショウジョウバエの体節化であろうと、葉の複葉化であろうと、あるいは脊柱の成形であろうと――、それをつくるための特別で特異的な回路が一つしかないようなものはない。各発現コードは、遺伝子間の配線の仕方が異なる多数の回路によってつくることができる。どれくらいの数かを確かめるのはより困難である。その数はあまりにも多いので、少なくとも四〇以上の遺伝子の回路では、計算することさえできなかった。わかったのは、その数が膨大になるということだけだった。小さな回路についてしか計算できなかったからである。一〇の遺伝子をもつものですでに10^{40}以上の回路をもち、二〇の遺伝子をもつものでは10^{160}以上の回路が、与えられた遺伝子発現コードをつくることができる。なにか一つの発現コードをつくるというのは、数えられないほど多くの答えをもつ、もう一つの問題である[55]。

同じ遺伝子発現問題に対して図書館内にどれだけかけ離れた答えがあるかを見つけるために、私たちは、代謝およびタンパク質を調査したときに使ったのと同じランダム・ウォークをおこなった。一つの回路から始めて、その発現コードを計算し、配線を変え――一つの遺伝子の調節を付加したり、消去したりする――、そうすることによって、同じ発現コードをもつランダムな隣接者に向かって歩み、そこから隣接者の隣接者に向かって、ということを、発現コードを変えることなしには先に進めなくなるところまで続ける。

またしても、私たちは、図書館のほとんどすべての道を歩くことができた。配線の九〇%以上も異なる回路が、なお同じ発現コードをつくることができた。その配線図を調べてみれば、一方から多数の小さなステップを重ねて生じたとはとても想像できないだろう。しかしそれぞれは、同じ問題に対する異なる答えだった。すなわち、ある細胞の独自性《アイデンティティ》を形づくることができる遺伝子発現の特別なパターンをどうつくるかという問題だ。

出発点の回路――およびその発現コード――が異例なものではないことを確認するために、私たちは、多数の異なる書棚、つまり異なる数の遺伝子、異なる数の配線、異なる配線の配置、異なる発現パターンをもつ回路から探索を始めてみた。結果にたいした違いはなかった。同じ発現コードをもつ回路のあるものは、あらゆる配線が異なっていたのに対して、他のものは配線の「わずか」七五％しか異なっていなかった。しかしそういったものでさえ、一つずつ並べて調べてみれば、はっきり識別できるほどの関連はないだろう。

私たちの探索は、同じ発現コードをもつすべての回路は、ふつう図書館のなかでつながっているということも教えてくれた。私たちはそのうちのどんな一つからでもスタートでき、一回に一本の配線だけを変え、その回路を一歩ずつ、その歩みで意味が変わらないままにして変えていけば、同じ意味をもつ他のどんな回路へも変容させることができる。[56] またしても、図書館のほとんどすべての場所から、他のほとんどすべての回路へ、調節因子として意味をもたないという泥沼にはまりこむことなくたどりつける道を見つけることができた。

これらすべてのことは、同じ表現型をもつ回路は、回路の図書館のなかで、膨大なネットワーク、代謝の図書館やタンパク質の図書館で見つけたのと同じような、遺伝子型ネットワークを形成していることを意味する。この図書館は、こうしたネットワークに満ちあふれており、その一つ一つが人間に数えられる以上の回路を含み、それぞれのネットワークが図書館の中をはるか遠くまで到達している。同じネットワークにあるすべての回路は、同じ問題、すなわち、細胞、組織、あるいは器官を形づくるのに役立つ特別な発現コードをつくりだすことができるかという問題に対する解決策である。複葉のような新機軸が、それぞれ独立に数十回も進化できたというのは、もし膨大な数の回路がそうさせることができる発現コードをもっているのなら、さほど驚くことではない。

この図書館を理解するために必要な数百万の回路の地図を描くことは、コンピューター計算を除けば、いかなる在来の技術をもってしても不可能だっただろう――ハエの体節化を生じる一個の回路を理解するのに、数百人の研究者が何百万匹ものショウジョウバエで、何十年にもわたって実験しなければならなかったのである。しかしながら、恐れを知らない何人かの科学者は、細菌や酵母のような単純な生物で回路の地図づくりを始めつつある。

回路の表現型の果てしない可能性

その一人が細菌学者のマーク・イサランで、新しい配線――二つの遺伝子間の調節――を付け加え、その近傍に数百の回路をつくりだすことによって、大腸菌における転写調節回路の配線をつなぎ直した。そして彼は、私たちと同じように、調節回路が配線のやり直しにも耐える十分な頑強さをもつことを発見した[57]。配線を変えた回路の九五％は、正常に機能した。

他の研究者たちは、回路の図書館のなかをどのくらい遠くまで行けるかを見るために、ビールの発酵に用いる酵母のさまざまな種間における調節回路を比較した。そうした回路の一つは、酵母にガラクトースの消化を可能にする遺伝子を活性化した。この回路の最善の配線法が一つあるに違いなく、その方法を発見した酵母の種は、それを変えることなく他の酵母に伝えていくだろうと思う人がいるかもしれない。そうではないのだ。何百万年も前に分かれた酵母の二種では、配線が完全に変わってしまっているだけでなく、異なる調節因子さえ使われている[58]。この二つの回路のどちらかが劣っているわけではない。そうであれば生き残れなかっただろう。自然は、同じ調節問題を、二つの異なった、しかし同等に適切な方法で解決してきたのである。それだけではなく、これらの解決策は、小さな突然変異を一歩ずつ歩む道によってつながっているのである。

なぜなら、これらの種は共通祖先を共有しているからである。

ＲＮＡをタンパク質に翻訳する複雑な複合タンパク質機械であるリボソームも、同じ物語を語っている。細胞は、数十のタンパク質を正確にバランスの取れた量だけ生産しなければならない。さもなければ、*βgal*を無駄に過剰生産する大腸菌細胞と同じように消滅してしまうだろう。このバランスの達成は、最善解が一つしかない繊細な出来事のように思えるかもしれない。しかしまたしても、二種の異なる酵母は、完璧に異なるやり方でこれらの遺伝子を調節する、同じようにうまい解決策を思いついたのである。[59]

こうした実例は、生物が回路の図書館を実際にはるか遠くまで行けることを示している。しかし、旅の途中で、稀にしかない新しい有用な発現コードという金塊を探すときに、生物は、新機軸の代謝やタンパク質の場合と同じような問題に直面する。すなわち、可能な発現コードは何兆もあるが、どの一つの回路でも、すぐの近傍には、最大で数千の他の回路——配線が一本だけ異なるもの——しかなく、近くで、可能な発現コードのすべてを見つけるには少なすぎるという問題である。

無数の新しい発現コードを発見するためには、進化中の回路は、近傍の外へ、あえて冒険に出かける必要がある。そのような探検は、異なる近傍が異なる発現コードを含んでいるときにのみ、多くの発見をもたらすだろう。そうなっているかどうかを確かめるために、私たちはコンピューターに、同じ遺伝子型ネットワークから恣意的に二つの回路——ＡおよびＢと呼ぶことにするが、どちらも同じ発現コードをつくりつつ、異なった配線をもっている——を抜き出して、その近くのすべての回路を特定し、そうした回路すべての発現コードのリストを作成するように求めた。その結果、Ａの近傍の発現表現型のほとんどは、Ｂの近傍の発現表現型と異なっている——Ａと

Bの表現型、遺伝子の数、配線にかかわりなく——ことが判明した。異なる近傍は異なる表現型を含んでいるのである。

こうして、私たちはまたもや、おなじみの物語に立ち返る。調節回路の図書館は、代謝の図書館やタンパク質の図書館と同じレイアウトをもつのである。同じ遺伝子発現表現型をもつ回路は、遠くまで達する広大な遺伝子型ネットワークによって組織化されているのだ。そのことが、そのようなネットワークに沿って目的もなくさまよう読者の群れに成果をもたらすが、実際にはそれはたとえていえば、読むべき新しい本を探し求めて、回路を一回に一つの調節的な相互作用によってゆっくりと変える、方向性はないとしても着実な突然変異の力によってのみ、達成されるのだ。たとえ、数歩の歩みが、回路の発現コードを歪めることがあったとしても、他の多くの歩みは正しい発現コードを保存し、読者が遺伝子型ネットワークに沿って移動することを許すのである。読者たちはさまよいながら、つねに新しい意味、つねに新しい発現表現型をもつテキストを含む、つねに新しい近傍に到達し、そのうちの一つが、生命の建築コンテストにおける次の大仕事の種となるかもしれないのだ。またしても、遺伝子型ネットワークとその多様な近傍が、イノベーション能をつくりだしているのである。[60]

異なる図書館のあいだにおけるこのような類似性は謎である。代謝、タンパク質、調節回路におけるイノベーション能が、どうしたら同じ源泉、共通の触媒システムをもつ化学的意味に満ちあふれた図書館をもちうるのか。答えは、生命の起源よりもずっと以前の世界を導いた見えざる手が握っている——特別な種類の自己組織化である。次はそこに話を転じよう。

第六章　隠された根本原理とは

ここまで見たように、生命は一つの問題に、わざわざ複雑で膨大な解決策を準備している。なぜ単純にしないのか？　多少の変化で動じない「頑強さ」が、その答えのカギだ。多様な環境変化に対応する新種の候補を用意できるのは、隠れた「頑強さ」があるからだった

一九四四年、ノーベル賞受賞者の理論物理学者エルヴィン・シュレディンガーは、『生命とは何か』というタイトルで、一連の講義録を出版した。この短い本は物理学と、ワトソン＝クリック以前の時代に、進化について知られていたことを一体化させるという試みであった。この本はアイデアに満ちあふれており、アイデアの一つは、こぼれだしてポピュラー・サイエンス文化の主流へ流れ込んだ。それは、進化は秩序を増大させ、無秩序を減少させるという考えである――シュレディンガーはこれを「負のエントロピー」と呼んだ。

四年後、アメリカの電気工学者のクロード・シャノンは、熱力学のエントロピー概念を、電話線を介しての情報伝達の問題と結びつけた。それ以来、進化と情報の概念は結びついたが、たいていはかなり初歩的なやり方でだった。すなわち、無秩序は悪く、秩序は善い。正のエントロピ

ーは悪く、負のエントロピー——現在では情報とも呼ばれる——は善いといった形においてだった。

シュレディンガーの本が出て以後、私たちはエントロピーについてより洗練された考え方をするようになった。秩序と情報は、進化にとって中心的でありつづけたが、最近になって、遺伝子型ネットワークのおかげで、新機軸《イノベーション》にとって、完璧な秩序は完璧な無秩序と同じように敵であるということも学んだ。自然は無秩序をただ大目に見ているだけではないのだ。自然は、新しい代謝、調節回路、高分子を発見するために、ある程度の無秩序を必要とするのである。

レゴのブロックを、もう一度比喩的な使い方のために取り上げ、このおなじみのプラスチック・タイルの無秩序な寄せ集めと、すべてのタイルが「正しい」場所にくるようあらかじめ分類された状態を考えてみよう。後者の場合、子供が、親切にレゴ社によって提供された図面にしたがって海賊船をつくるには、きっちりと決まった順番で組み立てなければならない。無秩序なレゴの寄せ集めは注意深く組織化されたタイルよりもはるかに大きな新機軸への潜在能力をもつが、それは海賊船を建造する新しい方法を発見する子供の生来の創造性を刺激するからというだけではない。もっと深い理由は、レゴ社の手引き書に載っているよりもっと多くの海賊船の作り方があることである。

生命の頑強さの検証

生物学では、この単純な事実は、生物が凍結から身を守るといった問題に対して、自然が発見した——遺伝子型ネットワークのおかげによって——複数の方法にはっきり現れている。そしてそれは、二〇世紀の終わりまで、ほとんど評価されなかったが、広汎に見られるものであるがゆえに生命の特質《ホールマーク》と呼ぶにふさわしい、一つの生物学的現象と深く結びついてもいる。それは頑強さ（robustness）、すなわち、変化に直面しても生命としての特徴が維持されることである。

頑強さの意味は、伝統的な書物における誤植とコンピューター・プログラムにおける誤植の違いでもっともうまく例証できる。

N sml stp fr mn, n gnt lp fr mnknd［すべての母音を脱落させたもので、正しくはOne small step for a man, one giant leap from mankind。人類最初の月面着陸をしたアポロ一一号のアームストロング船長の有名な言葉で、「これは一人の人間にとっては小さな一歩だが、人類にとっては偉大な飛躍である」］のような文字列をもつ本は、読者の眉をひそめさせるだろうが、それでもこの文の意味はなんとか理解可能である。しかしコンピューターのコードの一〇〇〇ページのたった一字の誤植あるいは、コンマ一つが抜けただけでも、一〇〇万ドルのソフトウェア・パッケージをつぶしてしまうことができる。このようなソフトウェアのバグは、毎年、何十億ドルもの経済的損失を引き起こしている。人間の言語は頑強だが、プログラム言語はそれほど頑強ではない。

生命は頑強なのではないかという疑念は、少なくとも一九四〇年代にさかのぼって始まった。この頃、生物学者で哲学者でもあったC・H・ウォディントンは異なる遺伝子型をもつショウジョウバエを研究し、それらが、翅脈や背中を覆う剛毛の数のような微小な細部に至るまで、区別のつかない体をもつことを発見した。彼は発生過程が「環境条件の小さな変化にかかわりなく、一定の結果」を生みだすことができるという現象を、キャナリゼーション（canalization）と呼んだ――頑強さを表すもう一つの言葉として。(1) そして、彼の研究は、ショウジョウバエの体制《ボディ・プラン》が遺伝的変化に対して頑強である――ハエの体をつくる方法はいろいろある――ことをほのめかしたが、頑強さへの研究は、それからもう半世紀間は沈滞したままだった。
しかし、一九九〇年代になるとほとんど一夜にして、表面的にはウォディントンと無関係な発見によって分子生物学者たちが当惑したときに、頑強さが、華々しく舞台の中央に躍りでた。それは、多くの遺伝子がどうやら何の目的にも役立っていないようだという発見だった。[2]
そのような遺伝子が人々を当惑させるのは、そもそもなぜそういうものが存在するのかということである。余分な遺伝子は乏しい資源の無駄遣いであるというだけでなく、DNAにたえまなく降り注ぐ突然変異は最終的に、そうした遺伝子を浸食し、時間が経てば、長年のうちに砕け散って粉塵と化す廃棄された建物のようになってしまうだろう。[3]
こうした「目的をもたない遺伝子」の多くは、第五章ですでに出会ったある生物のゲノムの塩基配列が完全に解読されたあとに発見された。その生物は、ビールやワインをつくるのに役立つ微生物、出芽酵母（*Saccharomyces cerevisiae*）で、ショウジョウバエが発生学の理解にとって有用なのと同じように、細胞生物学の理解にとって有用である。[4]
酵母のゲノムを手に入れて、生物学者は、無数の遺伝子がこの微生物の生活において果たしている役割が不明であることに気づいた。その役割を解明するために、彼らはゲノム操作によって「ノックアウト突然変異」をつくりはじめた。この名は、一つの遺伝子、ゲノムのテキストから意味のある文節をそっくり丸ごと削除することからきている。[5]
この実験の論理は、自動車の部品を一回に一つずつ取り除くことによって自動車の仕組みを分析するのと本質的に同じである。ディスクローターを取り外し、もしブレーキ・ペダルを踏んでも車が減速しなければ、ローターがブレーキに必要なことを学べる。同様にして、もし酵母の特定の遺伝子をノックアウトし、細胞がもはや分裂できなくなることがわかれば、その遺伝子は細胞分裂にかかわっていたのだ。ショウジョウバエのある遺伝子をノックアウトし、その変異個体がもはや翅を形成しなければ、その遺伝子が翅をつくるのに役立っていることがわかるのである。

遺伝子をノックアウトしても、酵母は平気だった

一つ一つの遺伝子についてなされたノックアウト実験の結果が、ポツリポツリと科学文献に流れ込み、ついには、遺伝子ノックアウト技術は、数千の遺伝子を削除できるほど十分に強力なものになっていった。スタンフォード大学の研究者たちが一九九〇年代に始めた印象深い実験でおこなったことはまさにそういう試みで、このとき彼らは、酵母ゲノムで明らかになった酵母遺伝子のリストを使い、すべての酵母遺伝子の一つ一つを削除することに着手した。彼らは、それぞれ一つの遺伝子を失った六〇〇〇ほどの異なる酵母の変異体をつくり、それを、変異していない祖先の酵母が生育することができた化学的環境に置き、失われた遺伝子の機能についての手がかりとして、それぞれの変異体が特異的な欠陥をもつかどうか調べた。[6]

彼らが発見したのは、まったく予想外のことだった。数千のこれらの変異体は、祖先とまったく同じように問題なくやっていけ、明らかな欠陥を何一つ示さない。こうした変異ゲノムをつくるために削除された遺伝子は、どんな明瞭な目的にも役立っていなかったのだ。それ以後、科学者たちは、他の多くの生物で、無数の遺伝子をブロックしてきた。そしてそうした遺伝子は、母音抜きの英語の文と同じ物語を語っている。自然言語と同じように、生命は頑強——この場合には遺伝子削除に対して——なのである。[7]

このような発見がすることは、ほとんど一つしかない。つまり、新しい疑問をつくりだすのである。その一つは、どうしてそうなったかである。いかなるメカニズムが、頑強さを生みだした

のか?

いくつかの遺伝子については、メカニズムは単純明快だ。それらの遺伝子は重複したものなのだ。一つのゲノム内で二か所以上見られる、一定の長さのDNAで、誰かがまちがって二度複写してしまったために一冊の本に同じページがあるのに似ている。遺伝子重複は、生物がDNAを複製したり修復したりするときに起こるもので、けっして稀ではない。ヒトゲノムのおよそ半数の遺伝子は重複遺伝子をもっている[8]。まったく同一の重複遺伝子は同じ仕事をするので、一方をノックアウトしても他方がその仕事を引き継ぐことができる[9]。病院が停電への安全対策として用いる余剰《リダンダント》電源のように、データ消失を防ぐためのコンピューターの余剰メモリーのように、民間航空機における墜落を防ぐための余剰回路のように、いくつかの遺伝子は、必要になるときまで「無用」なだけなのである[10]。

しかし、なくてもすむ遺伝子の多くは、重複体をもたず、コピーが一つしかない。そういった遺伝子については、頑強さの原因はそれほど単純ではない。

代謝の酵素を指定《コード》している遺伝子については、そうした原因がいちばんよく理解できる。一つの代謝の化学反応のネットワークは、都市の中心部の稠密《ちゅうみつ》な道路ネットワークに似ている。二番街四二丁目から七番街四八丁目まで行きたいと思う運転手は、碁盤状の道路網から六ブロック北へと七ブロック西へ行ける、好きなだけの数のルートを選択できる。大きな幹線道路には複数の車線がある。それらが、このルートにおける余剰と考えられる。なぜなら、たとえ一車線が通れなくとも、運転手は別の車線で走行をつづけられるからだ。

しかし完全に道路が封鎖されていても、問題ではない。なぜなら運転手は、道路網の別の部分を使うことができるし、本当に前に進めなくなった運転手は平行する二本の通りに入り口のある駐車場を突っ切ることさえする。そのような回り道は、速度を落とさせるかもしれないが、通行を止めることはない。

ノックアウトされた代謝遺伝子は、封鎖された道路に少しばかり似ていて、代謝反応のネットワークを通る分子の流れが止められる。封鎖された道路を迂回する回り道は、代替の代謝経路で、それで分子輸送路の渋滞を解消できる一連の化学反応であり、別のやり方で必要な分子を合成し、代謝の街を生命が進んでいけるように保証する。(11) これは単なる抽象的な喩え《メタファー》ではない。生物工学者は、代謝遺伝子をノックアウトすることで代謝道路封鎖をつくりだすことができ、それをしたときには、出芽酵母のような生物はしばしば、不可欠な分子の流れを迂回させることで生き延びる。代謝においては、こういった種類の頑強さが、余剰性《リダンダンシー》（冗長性）よりも重要でさえある。(12)

頑強さは代謝やゲノム全体に限らない。リゾチームのような個別のタンパク質にまでひろがっている。このタンパク質は、細菌を保護している分子の壁を破壊することによって細菌を殺す。それはヒトの唾液や涙だけでなく、母乳にも見られるほか、膨大な数の他の動物に、さらには細菌を攻撃するウイルスのなかにさえ見られる。(13)

科学者が、このようなタンパク質がどのように作用するかを見つけたいと思うときには、ゲノム内の遺伝子をノックアウトするのと似たようなことを、ただし小さな規模でおこなう――タンパク質のアミノ酸鎖の個々の文字を変え、それぞれの変化の影響を観察するのだ。彼らが、それぞれアミノ酸を一つだけ変えた二〇〇〇種類以上のリゾチーム変異体を作出したところ、およそ一六〇〇の変異体――八〇％以上――がまだ、細菌を殺した。リゾチームのようなタンパク質は、ほかにももっとたくさんあるが、代謝と同じように頑強なのである。そして同じことは、調節回路についてもあてはまる――すでに私たちは、大腸菌では、実験室でなんらの悪影響をともなうことなしに、配線を変えることができる回路のことを耳にしている（第五章）。

そのような頑強さのもっとも明白な利点は、生物個体を生きつづけさせることだ。その重要性は、最初の自己複製するRNA分子と、小さなエラーが時間の経つうちに積み重なって、ついには複製が不可能になる致命的なエラー・カタストロフにまでさかのぼる。これは本当のジレンマである。すなわち、RNA分子が、わずかなエラーをともなうだけで自己複製する能力を獲得するためには、わずかなエラーで自己複製しなければならないのだ。

しかし、今日のRNAの頑強さのほんのわずかでもあれば、この問題を乗り越えるバーの高さを手に負えるところまで下げることができただろう。頑強な分子における少数の複製エラーは、その自己複製能力を損なうことがないから、頑強さは、ひょっとしたら、よりすぐれた自己複製子が発見されるまで、十分長期にわたって、エラー・カタストロフによる破局の執行停止をもたらすだろう。[14]

頑強さこそが、遺伝子型ネットワークの探索を可能にしている

しかし、頑強さの重要性は、それをはるかに超えるところまで行く。それは、遺伝子型ネットワークとイノベーション能の謎を説明してくれる。

その理由を理解するには、自然の図書館を再訪する必要がある。そこでは、それぞれの代謝（あるいはタンパク質、調節回路）は、一冊のテキストとして表され、このテキストの隣接者はそれぞれ、一つの文字、一つの反応、あるいは一つの酵素とその遺伝子が異なっている。遺伝子削除実験から、そうした隣接者の多く、たとえば、遺伝子ノックアウトによって消去された一つの反応はなんの悪影響も受けないことがわかっている。

このことは、たとえ遺伝子型が変わったときでさえ、その表現型、その生物体そのものや観察できる形質に、かならずしも変化が生じないことを意味する。このような生物体は頑強である。その頑強さの程度は、その隣接者——単一の小さな変化の程度だけ離れた変異体——のうち、その変化によって表現型は影響を受けないでいるものの数に反映される。同じ表現型をもつ隣接者が多ければ多いほど、その生物体は頑強である。[15]

この現象を理論的な限界点で考えてみよう。もし、ある代謝、あるいはタンパク質、あるいは調節回路が、生存能力のある隣接者を一つももたないとすれば、それは最大限に脆弱だろう。その部分を一つ変えると、死を招くことになる。もう一方の極端では、可能なすべての変化が生存可能であれば、つまりすべての隣接者が同じ表現型をもつとすれば、その代謝は最大限に頑強だろう。いかなる単一の変化もそれを殺すことはできない。[16]

こうした極端な例は現実世界には存在しない。頑強さを完全に失った現実の生物体は一つもないし、完璧に頑強な生物体もない。しかし、あらゆる生物体は、その構造と機能において、ある程度は頑強であり、生物の集団が自然の広大な図書館を探索することを可能にしているのは、まさしくこの頑強さである。こうした図書館においてどれか一つの意味をもつテキストの数は膨大であるが、そうしたテキストは、大海に落とした一滴のように、図書館全体のごくわずかな部分でしかない。頑強さが完璧に欠如していれば、多くのテキストは同じ物語を語るかもしれないが、その隣接者でそうするものはいないだろう。いかなる探索者も、一つのテキストを閲覧して、その隣りに、一つのページ——あるいは単語、または文——だけが変わっているが、にもかかわらず意味はそのままのテキストを見つけることはできないだろう。そこでは、同じ表現型をもつ遺伝子型は、空の星に似たようなものになるだろう——何億光年という空間で隔てられて瞬く十億の星のようなものだ。

幸いにも、生物学的な世界は違っている。どんな任意の頑強なテキストから出発しても、同じ意味をもつ多くの隣接者の一つに歩みより、さらにその頑強な隣接者の一つに向かって歩みより、ということを、意味を変えることなしに続けていくことができ、そうして、語られたことのない新機軸を擁する自然の図書館のつねに新しい領域を探索していけるのである。頑強さは遺伝子型における多少の無秩序を許容し、自然が、それがつくることを手助けした遺伝子型ネットワークを通じて、そのレゴ・ブロックの新しい形状の探索を許すのである。

遺伝子型ネットワークは、第二章ではじめて出会った遍《あまね》く行きわたる自己組織化のもう一つの実例である――銀河の形成から生体膜の形成に至るまで、生物界と無生物界の両方にひろがる同じ現象の。しかし、それらは自己組織化の特異な例でもある。宇宙物質の引力を通じて自己形成する銀河、あるいは脂質分子の水に対する親疎の関係を通じて自己組織化する生体膜とちがって、遺伝子型ネットワークは時間をかけて出現するものではない。それは、自然の図書館の時間のない永遠の領域のなかに存在する。

しかし、それらはまちがいなく、ある種の組織構造をもっていて――それはあまりにも複雑で、ようやく理解の緒に就いたばかりだ――、この組織構造は、まったくひとりでに生じたものである。そして、銀河や生体膜と同じように、その自己組織化の背後にある原理は単純である。生命は頑強なのだ。この頑強さは、その遺伝子型ネットワーク――それがなければ、意味の同じテキストがお互いに孤立してしまうだろう――にとって必要であると同時に、それで十分なのだ[17]。代謝、タンパク質、調節回路が頑強な場合はいつでも、遺伝子型ネットワークが出現するのである。

遺伝子型ネットワークと自然淘汰の連係

頑強さがあれば、遺伝子型ネットワークをつくりだすのに十分なのだが、遺伝子型ネットワークだけでは進化にとって十分ではない。その理由は、進化は、一見したところ互いに相容れない二つの要求を満たさなければならないことだ。ライト兄弟の最初の飛行機フライヤー号で大西洋横断飛行に乗り出そうとしている先駆的な飛行家のように、進化は保守的であると同時に進歩的でなければならないのだ。この旅を完遂するためには新しい設計を発明しなければならないが、発明するまでは、古い飛行機を維持しなければならない、という認識をしっかりもたなければならない。自然は、新しいものを探索するあいだも、現在機能しているものを活かしつづけなければならないのである。遺伝子型ネットワークは探索に不可欠であるが、それは保守のためにつくられるのではない。

これは強調しておくべきだろう。なぜなら、遺伝子型ネットワークについての刺激的な新発見は、自然淘汰の決定的な重要性を私たちに忘れさせようとすることがあるからだ。保守は自然淘汰――進化の記憶――の仕事であり、十分な時間が与えられさえすれば、ちっぽけな改善でさえ保存するその力は、途方もなく信じがたいほど大きなものである。文字通りそうなのだ。『起原』でチャールズ・ダーウィンは、まちがいなく、生命の歴史においてもっとも目覚ましい新機軸の一つである眼について書いている。「異なる距離に焦点を合わせ、さまざまな光の量に対応し、球面収差や色収差も補正するための巧妙な仕掛けを備えた眼が自然淘汰によって形成されたのだと想定するのは、率直に言えば、このうえなく道理に反するように思える」[18]。

光が私たちの眼を通り抜けるとき、レンズは外の世界のびっくりするほど正確で歪みのない像を、光感受性をもつ網膜の上に投影する。そうするためには、レンズは光の進路を屈折させ、正確な角度で方向を変えなければならない[19]。これを可能にしているのは、単に形を変えられるレンズだけでなく、あまり評価されていないが特別なレンズの材質――新しい調節を必要とした太古の新機軸――も与《あずか》っている。

懐中電灯で水中を斜めに照らしてみると、光が表面で屈折するのが見えるだろう。水に糖を溶かすと、屈折はより鋭角的になる――溶かす糖の量を増やせば、より鋭角的になる（食品業界では、ワイン、ソフトドリンク、ジュースなどの糖分量を計るのにこの原理を用いている）。私たちの眼もこれとそっくり同じように屈折するが、違うのは、糖の代わりにタンパク質を使うことである。そうしたタンパク質――クリスタリン――が、レンズ中に高濃度で存在し、このためにレンズは光を強く屈折できる。

クリスタリンは、不思議なほどよく光を屈折させるので、レンズを構築するために誂えられたもので、それゆえ稀なタンパク質だろうと考えたい誘惑にかられる。それは違う。クリスタリンの多くは代謝酵素で、数こそ少ないが、体のいたるところで化学反応を促進しているのとまさに同じ酵素なのである。異なる生物は異なる酵素をクリスタリンとして使っている。クリスタリンが他のタンパク質と区別される特徴は、眼で要求される極端な濃度で発現された場合でさえ、簡単に固まらないことである[20]。

透明性を授けてくれるというだけの理由で、眼はアルコールを解毒する酵素のようなタンパク質からレンズをつくる――たまたま重いというだけの理由で、あなたが古い煉瓦をブックエンドに使うのと同じやり方だ。クリスタリンは、まわりのものに比べてもっとも頑丈なタンパク質の仲間でもあるので、ヒトの眼のレンズをつくっているクリスタリンは、誕生から死まで、一生涯を通じてもちこたえる[21]。しかし、時には摩耗して固まりはじめ、レンズを乳白色にしてしまう。これが起こると白内障が発症し、結果として、よく知られる悲惨な失明をもたらす[22]。

ダーウィンはタンパク質化学のことは何も知らなかったが、脊椎動物の精巧なレンズを備えるよくできた眼は、長大な漸進的改良のリストの最後にくるものであることにうすうす気づいていた――現代の私たちは知っている。ヒトの祖先が固まらない代謝タンパク質を転用しはじめるよりずっと以前に、一部の環形動物やヒトデ類のような、そのさらに祖先たちは、少なくとも、捕食者から身を潜め、隠れる物影を探すことができるだけの感度のある光感受性細胞が平らに集まった小区画（眼点）を使っていた。

数百万年後に、これらの細胞が集まって最終的に、光の方向をより正しく感知できる眼杯と呼ばれる浅いボウル状になり、凹みがより深くなって、もっと正確に感知できる単眼（ピット眼）となり、さらには、ピンホール・カメラ眼になって、小さな穴を通る光が本物の像をつくるようになる。そこから、光を焦点に集めることができる高密度の透明な組織――クリスタリンのおかげで――であるレンズへは、あと一歩である。最終的に、そうしたレンズは、鮮明な像をつくるために曲げたり動かしたりできるようになる。

こうした小さな、漸進的改良はすべて、保存する価値があり、自然淘汰はそうした。それがわかるのは、多くの動物がまだそうした漸進的改良型をもっているからである。眼杯は一部の扁形動物に、単眼は一部の巻き貝類に、ピンホール・カメラ眼はオウムガイ類――多数の小室に仕切られた殻をもつイカに近い仲間――に、そして単純なレンズは、クラゲのような原始的な生物に見られる[23]。

それは、そびえ立つ尖塔、絶妙な正確さで組みあげられた重くずっしりとした石柱、そしてあまりにも高いために薄暗がりのなかに視界が消えてしまう丸天井をもつ中世の大聖堂にちょっとばかり似ている。完成した作品――人間の眼のように――は、石や煉瓦を一つずつ積み上げてつくられたものであることを知らなければ、文字通り信じられないようなものである。

同じことは、すべての分子的な新機軸にもあてはまる。ホッキョクダラの不凍タンパク質のアミノ酸テキストは、ゼウスの額から跳びだしたアテナのように、一歩で生じたのではなかった。しかし、祖先のアミノ酸テキストのなかで、体液の氷点をわずか一〇分の一℃でも下げるという正しい方向に変化させたすべての一文字変化は、祖先たちの生息環境《ハビタット》を何キロメートルもの単位で拡張することができた。大きな生息域はより多量のより変化に富んだ食べ物を意味する。それは保存に値する変化であることを意味し、そうしたちっぽけな変化の長い系列が、生物の極寒の前線を長い距離にわたって拡張することができる。遺伝子型ネットワークは、そのような変化の一つ一つを見つける上で決定的に重要であり、自然淘汰はそれを保存するうえで決定的に重要なのである。

中立変異の意味をめぐる激しい論争

ある生物体を段階的に改善する優れた変異体は新機軸《イノベーション》のために重要であるが、ＤＮＡが被るのは、そういった種類の変化だけではない。多くの突然変異は最初に生じたときには、害にも助けにもならない。そうした中立変異は、生命の頑強さとそれが許す無秩序のもたらす結果である。

中立的な変化がイノベーションの問題になること――およびその理由――は、かならずしも明らかではない。実際に、自然淘汰と中立的変化の関係は、二〇世紀の最後の三分の一（一九六六年頃以降）におけるダーウィン主義という織物を引き裂いた歴史的論争の中心であった。当時十分に進行中だった分子生物学の革命は、哺乳類からショウジョウバエまで、さらに下って細菌まで、野生の生物の集団が驚くほど多量の遺伝的変異を抱えていることを明らかにしていた。同じ種のメンバーの数千の遺伝子のＤＮＡには、その文字配列に変異が見られた。大多数の科学者は、善きダーウィン主義者だったので、こうした変異の大部分の運命は自然淘汰によって決定されるものと信じていた――より頻繁に現れる変異は生存あるいは繁殖を改善するに違いない。

しかし、こうした淘汰主義者たちは、声高な少数派、こうした変異のほとんどは生物体になんの違いも生じないので、淘汰の眼には見えないと主張する中立主義者たちから反対を受けた。少なくともそうした変異は最初に出現したときには中立的である。古生物学者スティーヴン・ジェイ・グールドのような人たちから見れば、中立的な変化が存在するということそのものが、進化的な新機軸における自然淘汰の重要性を低めるものだった[24]。

科学・技術の歴史は、中立的な変化――休眠した発見――がいかにして、将来のイノベーションにとって価値あるものになりうるかについて、それほど厳密ではないがアナロジー（類似のもの）を与えてくれる。数論がそうしたアナロジーの一つを提供する。数論は数学の一分野で、それについてアメリカ人数学者のレオナルド・ディクソンは、「ありがたいことに、数論はいかなる応用にも穢《けが》されていない」と言ったと伝えられている[25]。これはユークリッド（エウクレイデス）から一九一九年までは真実だったが、ここ数十年のあいだに無関係な分野での発展――デジタル・コンピューターと、そのネットワーク・コミュニケーション――が、数論の原理をインターネット経済の舞台の真ん中に位置づけることになった。そこでは数論が、電子商取引とオンライン・バンキングを可能にする安全《セキュア》な通信に裏づけを与えている。

同じような意味で、ドイツの物理学者ハインリッヒ・ヘルツの実験は、ジェームズ・クラーク・マクスウェルの電磁気理論を確認したのだが、ヘルツは自分の発見に実践的な用途があるとは思っていなかった。彼は、それは「何の役にも立たない」もので、「巨匠マクスウェルが正しいことを証明するためだけの実験だった」と言ったと伝えられる。それから四〇年も経たないうちに、彼の発見は、世界最初の商業ラジオ放送局――ピッツバーグのＫＤＫＡで、現在も一〇二〇キロヘルツの周波数で放送している――をもたらした。[26]

しかし生物学に話を戻せば、中立主義者のもっとも率直な主唱者は日本人科学者の木村資生《もとお》で、彼は、そのような中立突然変異の進化的運命を説明する、洗練され、しかも成功した数学的理論を発展させた。木村は、自然に見られる遺伝的変異のほとんどが中立的だと断言した。ゲノムの時代は、この点で彼がまちがっていたことを教えてくれた――中立的な変異は有益変異より頻度は高くない。けれども、中立的変化が重要であるという彼の直観は完璧に正しかった。ただ、その理由が理解されるまで、さらに二、三十年を要した。

重要である理由の一つは、中立的変化は、遺伝子型ネットワークの水先案内として決定的な役割をもつことである。中立的な変化は、自然の図書館の閲覧者に、意味のないテキストの危うい領域のなかを抜けて新機軸に行きつける安全な通路を提供する。遺伝子型ネットワークと、それが許容する中立的変化がなければ、自然の図書館の探索はほとんど不可能だろう。

もう一つの理由は、最初に出現したときには中立的だった変化がそのままの状態にとどまるとはかぎらないことだ。かつて中立的だった変化が、新機軸の不可欠の部分になることがある――数論の原理のように。そして、ひとたびそうなれば、自然淘汰はそれを保存することができる。これは、淘汰主義者と中立主義者がどちらも一理あることを意味する。なぜなら、両方の種類の変化が、進化において不可欠だからである。中立的な変化が、新機軸への道を切り開いたあと、淘汰が新機軸に貢献するような中立的な変化を保存するのだ。

中立変異が秘める、イノベーションの可能性

よく研究されているハンマーヘッド型リボザイムと呼ばれるRNAからの一例によって、中立性と遺伝子型ネットワークが、進化の新機軸探しをどれほど加速できるかを示せる。シュモクザメ（hammerhead shark）と外見が似ていることからその呼び名をもつこのリボザイムは、課された仕事をこなせるような形状をしている——仕事に適してはいるが、かならずしも最適というわけではない。すべてのRNA分子からなる広大な図書館のほかのどこかに、このリボザイムに研ぎ澄まされた刃を授けるような、新しい形状、新しい表現型があるかもしれない。

もし、遺伝子型ネットワークが存在しなければ、RNA図書館の読者の群れ——進化中のRNA集団——は、このRNAをコードしている四三文字長のテキストのまわりに寄り集まり、一文字だけ変わっている形状を探索することしかできないだろう。この特定のRNA酵素はたまたま一二九の隣接者をもち、私たちはその形状をコンピューターで計算できるので、この近傍には、四六種類の新しい形状が存在すると判定できる。[27] これは、遺伝子型ネットワークがなくとも進化が探索できる形状の数である。

それでどうしようというのか？　もし、そのテキストの中立的な隣接者たち——同じハンマーヘッド型の形状をもつRNA——に向かって一歩踏み出し、その隣接者の隣接者すべての形状を決定するだけで、すでに九六二種類の新しい形状が見つかる。そしてそこからさらに一歩進めて、その中立的な隣接者たちの隣接者に向かえば、一七五二種類の新しい形状が見つかる。このリボザイムの遺伝子型ネットワークに沿ってわずか二歩進んだだけで、すぐ隣りよりもほぼ四〇倍も

の多種類の形状にアクセスすることができるのだ。

もちろん、ハンマーヘッド型形状の遺伝子型ネットワークは、二歩どころかもっと遠くまで伸びていて、10^{19}以上の数があり、あまりにも多すぎて、現在のコンピューターで近傍のすべての新しい形状を数えることはできない[28]。しかし、何百万、何十億という果てしない数の新しい形状が近くに存在するのはまちがいなく、進化の読者たちは、死に苦しめられることなく遺伝子型ネットワークに沿ってひろがっていけるから、そのすべてが探索可能であると言うことができる[29]。

これが、遺伝子型ネットワークがイノベーションを加速する仕組みである。それは、光より速い星間飛行をするためのSF（空想科学小説）的解決策である『スター・トレック』のワープ飛行と似ている。ハンマーヘッド型リボザイムから推し測って、遺伝子型ネットワークがなければ、進化は単純に四〇倍遅く展開していたと想像してみてほしい。その道に沿って四〇億年を進む代わりに、地球が最初の一億年間に進んだところまでしか生命は進化していないだろう。数種類の細菌はいるだろうが、間違いなく、多細胞生物はいない。いわんや、魚、陸上植物、恐竜あるいはノンフィクション作家はいない。実際には遺伝子型ネットワークは、進化を四〇倍よりもっと、いまだに計算できないほど加速したことだろう。遺伝子型ネットワークがなければ、生命が原始のスープから這い出ることはけっしてなかっただろう。

遺伝子型ネットワークは、テキスト間を「ワープ」できる？

SFは光より速い飛行についてもう一つの解決策をもっている。空間そのものの形状を変えるのである。創意に富んだSF作家は、数千光年離れた場所まで瞬間的に飛ぶことを可能にする「ワームホール飛行」のような技術を想定してきた。遺伝子型ネットワークはこれと似たようなこともすることが判明している。遺伝子型ネットワークは、代謝、高分子、調節回路の図書館にあるテキスト間の距離を縮めるのである。

進化の読者たちの群れ——集団をなした生物——が、鳥の翼のような、体の一部を形づくるのを助ける特別な発現コードをもつ回路の近くに寄り集まっていると想像してみてほしい。次に、調節回路の図書館のどこかに、わずかに流体力学的にすぐれた、あるいは軽いものになるよう翼を改変する新しいコードが存在すると想像してみてほしい。読者がそれを見つけるためにより遠くまで移動しなければならないとすれば、彼らがこの新機軸を見つけるためにより多くの時間が必要になる。

そのような巨大な図書館のなかを閲覧していくというのは、一見、干し草の山のなかに特定の一本の針を探すのに似ている。正しい針をすぐに見つけられるかもしれないが、成功するまでに、おそらくは、干し草のほとんど——ひょっとしたらすべて——を調べなければならないということになるだろう。常識は、同じことがこの図書館にも適用され、新しい発現コードは、宇宙の何倍もある大きさの干し草の山にある一本の針のようなものだと告げるだろう。

しかし、この図書館では常識は通用しない。私たちはすでに、同じ発現コードをもつ無数の回路が存在する——干し草の山にはたくさんの針がある——という発見からそのことを学んでいるが、新しい特別な発現コードを探すことによって見つけたように、この図書館にはそれよりもはるかに奇妙なところがある。この調査において、私たちは数千もの作為的な発現コードをつくりだし、そうしたコードの一つ一つについて、コンピューターで対《ペア》になる回路を発生させた。つまり、第一の回路がそうしたコードの一つをつくり、第二の回路が別のそうしたコードをつくるようにした。二つの回路は、回路遺伝子間でどれがどれを調節するかを決める配線パターンもほとんどが違っていた。

それから私たちは最初の回路から漸進的に、そうした遺伝子調節の変化によっても、回路の発現コードが保存されるようにして、一回に一つずつ配線を変えていった。それによってどこまで第二の回路に近づくことができただろうか？　非常に近いところまで行けた。たとえば、二〇の遺伝子からなる回路について、第二の回路の配線の八五％内にまで行けることを見いだした。

言い換えると、図書館のどこかの場所から——どこでもいい——出発して、それほど遠くまで歩く必要がなく、ある遺伝子型ネットワークからわずか一五歩離れるだけで、どんな他の回路の遺伝子型ネットワークでも見つけることができるのだ。それはまるで、どこから探し始めようとかかわりなく、あなたの針はつねに近くにあるというようなものである。[30]

探索すべき広さは、図書館の体積のほんのわずかでいい

もしこれが、十分に奇妙に聞こえないとすれば、さらに奇妙とさえいえるものについて、心の準備をしてほしい。

図19の正方形が図書館、点がその中の一冊のテキストだと想像してみてほしい。点のまわりの円の半径は正方形の一辺の一五％である——これは、私たちが回路の図書館を探索して見つけ出したように、一人の読者が一つの遺伝子型ネットワークから出て、特定の新しい発現コードを見つけるまで、平均して、どれほど遠くまで移動しなければならないかを示している。単純な計算をすれば、一辺が一〇〇センチメートルの正方形のなかの半径一五センチメートルの円の面積は七〇七平方センチメートルで、正方形の面積の七％強である。

もちろん、実際の図書館は二次元ではない。それは三次元空間に存在する。話を単純にするた

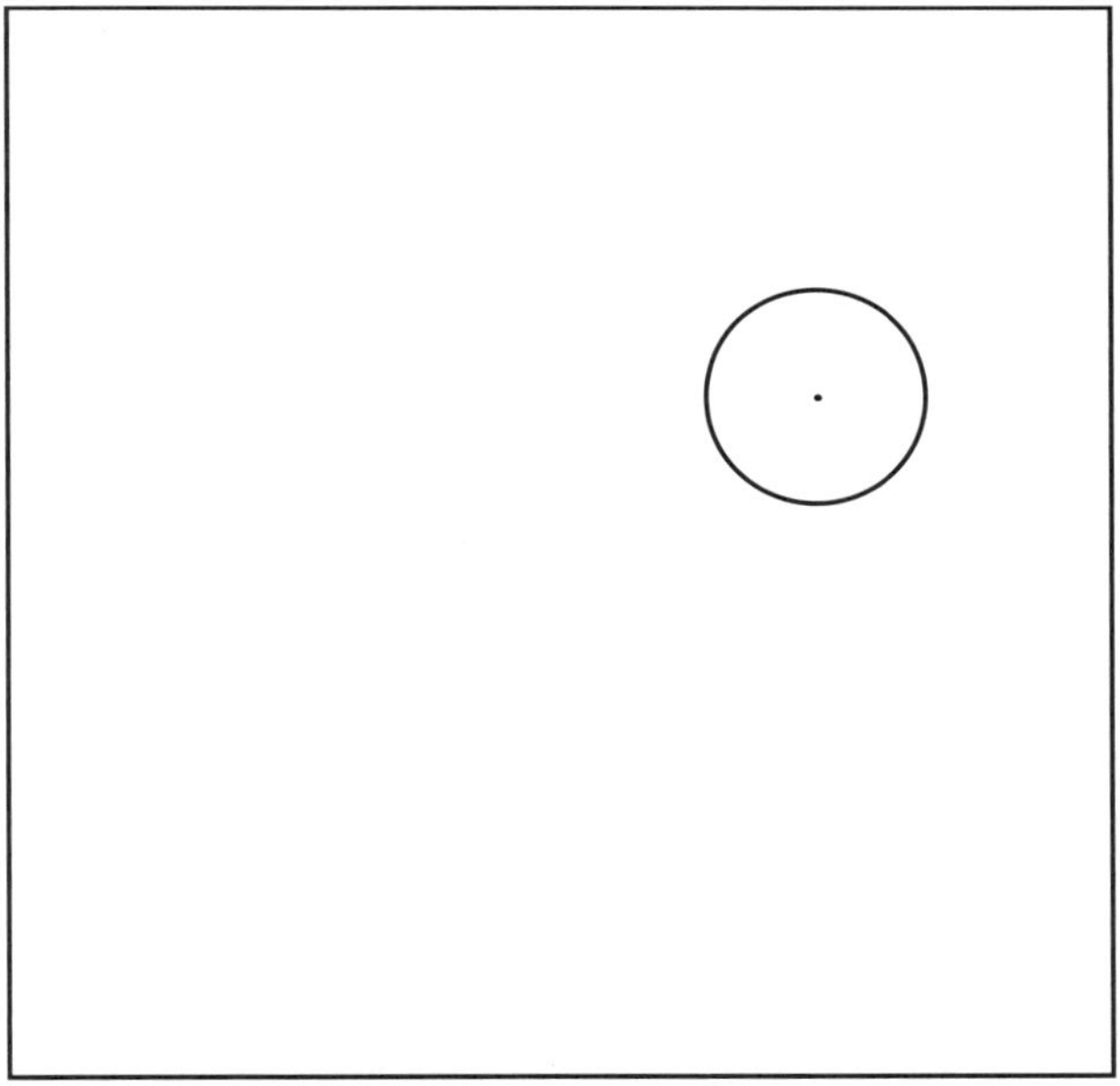

図19　正方形が図書館全体、点がその中の一冊のテキストを表し、円はその遺伝子型テキストの近傍

めに、私たちの図書館の建物は三次元の立方体のなかにあり、新しい発現コードをもつ回路を含む図書館内の領域は球になることにしよう。もしそうなら、図書館内に記入された球は正方形の場合と同じように、立方体の一辺の一五％の半径をもつことになるだろう。しかし、その体積比は非常に違ったものになる。球が含む体積は立方体の七％ではなく、わずか一・四％でしかない。

もちろん、調節回路の図書館は三次元ではないし、四次元でさえない。それはもっと高い次元の空間を占めており、立方体は超立方体に、球は超球になる。四次元では超球——やはり同じ半径をもつとして——は、超立方体の〇・二％の体積を含む。五次元では〇・〇四％、等々ということになる。

私たちの回路の図書館が存在する次元の数では——心の準備をして——、球体が含む体積は〇・一％でも、〇・〇一％でも、〇・〇〇一％でもない。それが含むのは、図書館全体の〇・〇〇一％、すなわち10^{-100}以下なのである[(31)]。

これは、一人の読者が、自分自身の遺伝子型ネットワークから出発して、なんらかの新しい発現コードを見つけるために探索する必要がある回路の図書館の、ごく小さな一部分でしかない。ごらんの通り、ますます高次元になる空間における単純な幾何学的原理から浮かび上がってくる数字は、これほど小さいのである。つまり、次元が高くなるにつれて、一定の半径をもつ球体は立方体の体積に対してたえず減少し、ますます小さな比率の体積を占めるようになる[(32)]（この体積の減少は、体積の一五％という私のあげた例についてだけでなく、どんな比率でも言える。七五％という高い比率でさえ、三次元では体積は四九％まで、四次元では二八％、五次元では一四・

七％までというふうに、ますます小さな体積になっていく[33]。

同じような直観に反する現象は、他の新機軸《イノベーション》の図書館にもある。次元が増えれば増えるほど——代謝や分子の収蔵数が大きくなるほど——特定の新機軸を見つけ出せる距離は小さくなる。いくつかの食べ物で生育できる代謝をもってスタートし、盲目的に閲覧しながら、他の食べ物で生育できる代謝を探す読者は、わずか数個の反応を変えるだけでいいのであり、正しいテキストに出会うまで、代謝の図書館のごく小さな——想像できないほど小さな——部分を探索する必要しかない。同じことはＲＮＡにも当てはまる。既存のあるＲＮＡ分子から出発して、新しい形状をもつ——新しい形状であればなんでもいい——近くの分子は、その分子の構成要素であるわずかな個数のヌクレオチドを変え、その図書館のごく小さな部分を探索するだけで見つかるだろう[34]。

進化は最適者の到来を確実なものにするために、図書館の10^{100}分の一しか探索する必要がないという驚くべき事実は、盲目的な探索がいかにして生命の無限の多様性を生みだすかを説明するのに十分である。進化は干し草の山全体を探しまわる必要がない。なぜなら、干し草の山は一本より多くの針を含んでいるからである。実際には、頑強さと、それが遺伝子型の異変を許容するおかげで、干し草の山は数え切れないほど多くの針をもっているのであり、それらの針は不規則にひろがってはいるが、航行可能なネットワークとして組織されているのである。

そしてもし、それぞれのテキストの近傍が極度に多様であることを思いだしさえすれば、この図書館の組織構造のもう一つの特徴を理解できたことになる。すなわち、遺伝子型ネットワークは、遠くまでかつ広汎に分布しているだけでなく、びっしりと互いに絡まり合っていることである。

それぞれの遺伝子型ネットワークが他の多数のネットワークに取り囲まれ、あらゆる側面から枝が入り込み、厚いネットワークの薄織物を形成しており、この薄織物はあまりにも複雑なため、どこをとっても同じようには見えず、一本一本が異なる表現型に対応している何百万本、何十億本、あるいはそれ以上の異なる糸からできている。もし一本一本が違った色をしていれば、この薄織物は、どの一本の糸を見ても何十億本もの別の色の糸が通っているという、入り組んだやり方で編まれていることになるだろう。高次元の空間だけが、そのような織物を収めることができ、その肌理《テクスチャー》は、私たちの理解力を超えたものであろう。この織物は、私たちの知っているどんな織物とも異なっている。それは各生物の目に見える華麗さの背後に隠されているが、あらゆる華麗さは、それから現れるのである。

「オッカムの剃刀」は常に正しいのか?

遺伝子型ネットワークとその織物は、頑強さの結果であるから、頑強さは新機軸《イノベーション》にとってとてつもなく価値がある。しかし価値のあるものは、ふつうただではなく、頑強さもまた例外ではない。その代償――高い代償――は複雑さである。

複雑さを批判するのは馬鹿馬鹿しいほど簡単だ。ルイス・キャロルの『鏡の国のアリス』で、アリスは、物語の空想のチェス盤を歩んでいたとき、赤のナイトに攻撃された。赤のナイトはアリスを白のポーンとまちがえたのだ。きわどいところで、アリスは赤のナイトと対等の位にある白のナイト――うまい具合に、発明家だった――に救われたのだが、白のナイトはこの新しい友だちに、雨が入るのを防ぐために底が開くようになった箱や、ウマの背中に現れたときに捕まえるためのネズミ取り、吸い取り紙でつくったデザート、封蠟、火薬を含めて、自分の最新の発明を熱心に見せようとした。

「いいかな」彼は一息ついてからつづけました。「あらゆることに備えておくのがよいのだ。それが、ウマの足首に輪がはめてある理由なのだ」
「でも、それはなんのためなの」と、アリスは好奇心一杯の声で尋ねました。
「サメに噛まれないための用心だ」と、ナイトは答えました。「私の発明なんだ」

白のナイトは、自分の複雑で空想的な発明によって不便をかこち、文字通りウマに乗ることができず、アリスの旅の伴をすることもできず、すぐに物語から姿を消してしまう。けれども、彼は、単純さの重要性を教える見せしめとして生きつづける。

キャロルがこの物語を書くずっと以前に、一四世紀のイギリスの修道士、オッカムのウィリアムが、現在では有名な節約の原理をつくったとき、単純さへの強い関心をすでに表明していた。それは、現象はつねに可能な限り最小の事実、オッカムが「実体（entity）」と呼んだものを用いて理解すべきだというものである。この理想——しばしばオッカムの剃刀と呼ばれる——は、正しくてかつ美しいと考えられる科学的説明に対して引き合いに出される。しかし、それは、発明家や技術者がつくる機械の類にも同じように適用できる。もっとも、技術者たちはすでに、自分たちのより実用的なKISS（Keep It Simple, Stupid、「ややこしくするな、馬鹿野郎」という意味）というモットーをもっている。

単純さという理想は、単なる美的な理想ないしは哲学的原理ではない。工学においては、それは経済的な動機ももっている。機械の部品を製造するのに金がかかる。部品の数が多ければより大きな費用がかかり、それはまっとうな製造業者なら誰でも避けたい見通しである。それに加えて、複雑な機械の組み立てはエラーを生じやすい。単純さは、きちんと働く機械を製作するのにも具合がいい[35]。

生物を理解したいと悪戦苦闘し、その複雑さに絶望してきた人なら誰でも、この単純さへの熱望に共感するだろう。生命は、多くの点で不必要に複雑なように思える。昆虫を一四の体節に分ける調節回路は数十の分子を含んでいるが[36]、科学者たちは、たった二つの分子が正しいやり方で相互作用するだけで、同じ目標を達成できることを、何年も前から知っている[37]。まるで私たちに意地悪をするかのように、無数の昆虫の種は、理解するのに何十年もかかるだけでなく、自尊心のある人間の技術者ならけっして考えつかないようなやり方で、その体を体節化している。そして、代謝の道路網が、余剰車線《レーン》、迂回ルート、使われない裏通りなどをふんだんに備えていることを思いだしてほしい。そうしたことすべては、同じ疑問を引き起こす。なぜ？　非情なほど効率的な自然がなぜそうした複雑さを駆逐しないのか？

その答えは「環境」――あるいは、むしろ「諸環境」――である。無駄に複雑な一揃いの遺伝子のように見えるものは、実際には、複数の環境で生き延びるための秘密なのである。

アミノ酸やDNAのヌクレオチドを含めて、六〇の不可欠バイオマス単位を生産するための炭素源が一つしかないような種類の貧栄養環境においては、大腸菌の代謝反応のほぼ四分の三は完全になしですませられる[38]。それらを停止させても、生命は持続される――頑強なのだ。

しかし、環境は変わる。もし唯一の炭素源が、グルコースからエタノールに変わっても、そうした「なしですませられる」反応がバイオマス製造工場を稼働させつづけることができる。大腸菌がバイオマスを合成できる八〇の炭素源のそれぞれは、いくつか専用の反応を必要とする。そして炭素は、不可欠な元素のうちの一つにしかすぎない――他の元素源を代謝するためには、さらに別の反応を必要とする。代謝反応の膨大なコレクションは、生物体が複数の環境で生き延びることを可能にする。生物学では、複雑さの増大は、環境変化に対する頑強さの増大を意味するのである。

重複遺伝子も頑強さを保証する

環境が変化していくという同じ理由で、重複遺伝子がしばしば生物体のゲノムに生き残る。重複遺伝子は、人類と同じように、生まれたときは平等だが、そのままの状態で長くとどまることはない。重複遺伝子は、そのＤＮＡと意味を変えるような突然変異を累積していき、一つの環境への特殊化の度合いを増す。ヒトの重複酵素のあるものは肝臓という化学的環境で分子の分解にもっともすぐれるが、他の酵素は脳において最大の働きをみせる。酵母のある重複タンパク質は、グルコースが豊富にあるときには、この栄養分を細胞内に取り込むことに最良であるが、重複遺伝子のもう一方のパートナーはグルコースが乏しいときに、それを漁《あさ》ることに特殊化している。多くの遺伝子を重複させるという余剰性《リダンダンシー》（冗長性）は、本物というよりはむしろ見かけだけのものだ。なぜなら、それは、変わりゆく環境に対する頑強さを保証しているからである。

技術者は単純さを称賛するのではあるが、技術の世界もやはりいくつか実例を提供してくれる。彼らも、変わりゆく環境に対応できるデザインをしなければならないのだ。川の流れに乗って旅をしたいと望むなら、単純な木の筏《いかだ》でうまくいくだろう。しかし川を渡りたいとか、筏を操りたいのなら、そこですでにもっと複雑なもの、つまり舵が必要になる。びしょ濡れになりたくなければ船体（胴）が必要になる。上流に向かって航行するにはオールか帆が必要である。もっとも単純な帆――すでに五〇〇〇年前にフェニキア人とエジプト人が建造していた横帆のような類の

——でも、風下に向かって航行するときはうまくいくが、風向きが変わったときには効率が悪くなり、風上に向かっての航行には役立たない。それをうまくやるためには、マストの前方にジブスル、後方にメインスルという二枚の帆をもつ縦帆装置が必要になる。次々と変わる環境——潮流、波、および風——を航行するには、複雑な技術が必要になる。

アブラムシに細胞内共生する細菌は多くの代謝を失った

少なくとも生物学では、逆も真である。時間が経つうちに、不変の環境は複雑さの減少という結果をもたらす。なぜなら、頑強さがより重要でなくなるからだ。実例を見つけるのに、遠くまで出かける必要はなく、手近の屋内にある観葉植物——あるいはより正確には、そこにすんでいる昆虫——を探すだけでいい。

アリマキとも呼ばれるアブラムシ（英語ではAphids, plant lice, blackflies, greenfliesなどと呼ばれる）は、農家や園芸家の宿敵である。ただし、四〇〇〇種以上いるアリマキ類のなかで農業的に有用な植物——郊外の家の観葉植物だけでなく、ワタや果樹や穀物も——の樹液を吸うのは、二、三百種しかいないが。アブラムシは、一八四〇年代のアイルランドのジャガイモ飢饉、一八五〇年代のフランスにおけるブドウの壊滅的被害などにかかわっていた。あらゆる寄生害虫のなかでももっとも破壊的なものである。しかし、少なくとも科学にとっては、アブラムシは貴重なものでもある[39]。アブラムシの体の奥深くには、頑強さと複雑さについて多くのことを教えてくれる、さらに小さな生物がすんでいるからだ。

アブラムシが樹液を吸うことは多くの人が知っているが、その樹液が非常に栄養の乏しい食べ物であることを知る人はほとんどいない。それは数種のアミノ酸を含めて不可欠な分子を欠いている。それを得るためにアブラムシは、体内にすむ大腸菌の近縁であるブフネラ・アフィディコラと呼ばれる細菌と協力しあうようになった。

ブフネラとアブラムシの同盟関係は両方の種に利益をもたらすので、内部共生とも呼ばれる。それは驚くほど密接な関係である。ブフネラは、アブラムシの体の上や近くでは生きることさえできない。この細菌は、アブラムシの細胞の内部で生きており、宿主に対して重要な便宜を提供している。つまり不可欠な食物分子、とくにアブラムシが自分でつくることができず、樹液にも含まれていないアミノ酸を産生するのである。ブフネラはアブラムシを生かしている小さな食物工場なのである。

この便宜の見返りとして、ブフネラも対価を受け取っている。アブラムシの細胞内で暮らすことによって、ブフネラは自分が必要とするすべての食物を提供できるだけの豊かさをもつ液汁のなかに漂っている。そして食べ物だけではない。アブラムシの細胞膜はブフネラに安全で快適なすみかを提供する。あらゆるところへブフネラを一緒に連れていくことで、アブラムシは熱、寒さ、雨、その他の環境的危険からブフネラを遮っているのだ。[40]ブフネラは、食い尽くされてしまった植物、隠れている捕食者、あるいはその他のいかなる脅威も気にする必要がない。家としてのアブラムシが生き延びるかぎり、この細菌は生育できる。暖かい海でおだやかに巻き付いてくる波と戯れてのんびりと時を過ごす休暇中の行楽客のように、ブフネラは、敵対的な世界から遮蔽されている。[41]

ブフネラの休暇は非常に長い時間つづいている。この宿主と細菌は一億年以上前にはじめて共生し、それ以来ずっと一緒に暮らしてきた。それだけの時間が経つうちに、どちらかの生物に顕著な変化が起きたと予測する人がいるかもしれない。それこそ、ブフネラの方に起こったことで、そうした変化は、頑強さと複雑さのあいだの関係について多くのことを明らかにしてくれる。

この関係を理解するには、ブフネラとその親戚である大腸菌とを比べるのが有益だ。大腸菌は代謝の柔軟な融通性という点では奇跡的で、何十もの異なる食物源で生き延びることができ、変化する化学的環境に対してきわめて頑強である。大腸菌の複雑な代謝ネットワークは、一〇〇〇以上の化学反応、変化に富む、不確かな世界で生き残るための技能・方策の一大コレクションをもっている。

ブフネラの祖先の代謝もかつては大腸菌の代謝と似ていた。しかし、現在ではもはやそうではない。いまやその代謝ネットワークがもつ代謝反応は、たった二六三である。アブラムシとの同盟関係が始まったのは、まだ恐竜が地上を闊歩していた時代で、それ以降、ブフネラは、大腸菌がいまだにもっている反応の四分の三近くを失ってしまった。DNAコピー・エラーの着実な流れが、そうした反応に必要な遺伝子を浸食し、その多くが、DNAに自然に起こる遺伝子欠失を通じて消えてしまった。ブフネラは、数百におよぶそうした欠失を生き延びてきたのである。[42]

ブフネラがそうした欠失のすべてを生き延び、大腸菌よりもはるかに単純になることができた理由を理解するのに特別な才能はいらない。数百の遺伝子と代謝反応がブフネラにおいて余計なものになってしまった。なぜなら、その世界は一億年以上にわたって静止したままだったからである。その宿主であるアブラムシがたえず変わりゆく環境の中で生存競争をしているあいだ、ブフネラは、たとえ単調だとはいえ安定した栄養のある食物供給源のなかに浸っているのである。単純で、変わることのない世界で生き延びるには、単純な代謝で十分にやっていけるのであり、複雑さは余計であるだけでなく、無駄でもある。

ブフネラは特別だが、無比のものではない。多くの微生物が、他の大きな生物の体の上や体内で生きている。あるものは宿主の役に立ち、あるものは宿主を搾取する。人間にかかわるよく知られた一例は、患者をベッドに縛りつけない「歩く肺炎［一般に症状が軽いので歩いて通院治療ができる場合が多いことからこう呼ばれる］」の原因である肺炎マイコプラズマ（*Mycoplasma pneumoniae*）である。この寄生微生物は人体から人体へ行き来し、食物供給源としてヒトの細胞に依存している。その代謝はブフネラよりも単純で、ヒトの細胞が提供する豊かな分子の食卓で生き延びるのに、たった一八九の反応しか必要としない。信じられないことに、代謝の普遍的な中核部分で、もっとも古くからあるクエン酸回路さえ投げ捨ててしまったのだ。さらにおまけに、その極端なミニマリズムは、細菌の細胞壁をつくる酵素を攻撃する抗生剤に抵抗する助けにもなる。肺炎マイコプラズマ菌はもはや細胞壁をつくらず、中身の分子がこぼれ出るのを防ぐために、ヒトの体から膜の分子を乗っ取ることさえする。[43]

単純さは、頑強さを失わせる

このような単純さの増大から導かれる結論は、それに対応する頑強さの減少である。単に突然変異への頑強さだけでなく、環境の変化に対する頑強さも減少する——この二つは連関しているのだ。酵素をコードしている遺伝子のノックアウトに対して頑強な代謝は、環境の変化に対しても頑強だろう。もし大腸菌が、単一の固定した環境——たとえば、グルコースが唯一の炭素源であるような——で生きることになれば、その複雑な代謝に含まれる化学反応の七〇％はなくとも、やっていける。[44] しかしブフネラでは、もはやそのような頑強さはない。二六三の反応のまるまる九〇％が不可欠なのである。[45] そのうちの一つを消去すれば、ブフネラを殺すことができる。

別の言い方をすれば、大腸菌の代謝の道路ネットワークは多数の代替ルートをもつが、ブフネラはちがう。それはむしろ出口のない一車線道路に似ている。それをどこかで道路封鎖すれば、バリケード——不可欠分子がもはやつくれなくなる場所——の後ろではすべての車は渋滞してしまうだろう。大腸菌は、代謝反応を消去するDNAの突然変異と環境の変化のどちらにも頑強である。ブフネラはどちらに対しても頑強でない。

大腸菌とブフネラは、広大な代謝の図書館に舞う二片のほこりにすぎず、それらに関して言えること——変化する環境でも生存可能な生物はより複雑で頑強である——は、普遍的ではないかもしれない。あまりにも数が多すぎるので、すべての代謝を調べることができないからだ。しかし、その多くをコンピューターで検証することができ、それにあたっては、世論調査員が、人間の集団についてやるのと同じようなやり方をする。すなわち、集団の性質を反映したランダム標本から、非常に大きな集団について知ろうとするのである。変化する環境に対するランダムな標本から推測（外挿）することによって、大腸菌とブフネラが異例なのか典型なのかを知ることができる。

この目的のために、私の研究室の研究者たちは、できるだけ少ない数の反応で、しかも生命を維持できる数百の代謝ネットワークをつくった。私たちはそのようなネットワークを、ミニマル代謝と呼んだ。それ以上少しでも小さくすると、生命を維持する能力は壊されてしまう。一つの環境でだけでなく、二つ、三つ、さらには、それぞれ使える栄養が異なるだけの数十の環境で生命を維持できるミニマル代謝をつくることができる。

そのようなミニマル代謝から得られる一つの教訓は、多くの環境で生きるには一般に複雑さを必要とするということである。ある一つの研究で私たちは、炭素と同じように不可欠な元素であるイオウ源の異なる環境を解析した。私たちはまず最初に、一種類のイオウ源だけで生命を維持できるミニマル代謝――二つ以上ある――を特定し、そうした代謝は二〇より少ない数の化学反応しか必要としないことを見いだした。しかし、五種類の異なるイオウ源で生命を維持するためには、一つの代謝はすでに二五の反応を必要とする。そして四〇の異なる環境で生存可能であるためには、その代謝は六〇以上の化学反応を必要とする。言い換えれば、ますます多くの環境で生命を維持する代謝は、ますます多くの反応を必要とする。それはより複雑である必要があるのだ[46]。

同じ代謝が、より頑強にもなる。つまり、そこからますます多くの反応を取り除くことができる一方で、どの一つの環境においても生存可能なままである[47]。一つの代謝がより多くの反応を含んでいればいるほど、どれか一つの環境ではなしでもやっていける反応の数が多くなる。そうした反応は、一つの環境では中立的だが、別の環境では不可欠なものになる。このように、大腸菌とブフネラは異例なものではなく、生命の複雑さと頑強さは環境変化にさらされるとともに増大するという、一般的原則の特殊事例なのである[48]。

この認識によって、包囲の輪が縮まりつつある。環境的変化は複雑さを必要とし、複雑さは頑強さを生じ、頑強さは遺伝子型ネットワークを生じ、それが生命の環境変化への対処を許すような類の新機軸を可能にし、それで複雑さが増すといったことが、たえず新機軸を増大させながら上昇していく螺旋をなしてつづく。この新機軸の核心にあるのは遺伝子型ネットワークの自己組織化する多次元的な織物であり、生命の目に見えるすばらしさの後ろに隠れてはいるが、そのすばらしさを生みだしているのである。それが生命の隠れたアーキテクチャなのである。

第七章　自然と人間の技術革新

自然が新種を生み出すイノベーションと、人間の技術革新は似ている。たとえばコンピューター言語の電子回路も、その組み合わせの図書館を考えられる。調べてみると、電子回路の図書館にも頑強な解決策のネットワークがあった。生命以外でも、同じ原理が働くのだ

ヤモール（YaMoR）——Yet another Modular Robotの頭文字をとった言葉——は、ヤスデの体節にちょっとばかり似た部品を蝶番《ちょうつがい》によって結合して組み立てた実験用ロボットで、直線状に配置してミミズのように蛇行させたり、あるいは一対の脚をつけて両生類のように這わせたり、あるいは昆虫のように歩かせることもできる。これらの体節は高性能《スマート》で、再構成可能なハードウェアを装備し、体節ごとに、人間の脳におけるのとちょっと似て、配線を組み直せるコンピューター・チップを一つ含んでいる。[1] 正しく組み立てられれば、そのようなロボットは、新しいスキルが必要になると、自分で配線を組み換えることで、仕事を覚えることができる。

世界有数の工科大学の一つであるスイスのエコール・ポリテクニーク・フェデラル・ドゥ・ローザンヌで建造されたヤモールは、世界中の工学研究室でつくられ目下発展中のモジュール型ロ

ボット・ファミリーの一員である。このファミリーは大きいが、そのメンバーどうしは体制《ボディ・プラン》が非常に異なっているため、あまり似たところがない。あるモジュール型ロボットはサイコロのような立方体であり、あるものは四面体の連鎖である。別のものは多数の球の集塊で、また別のものは回転する車輪の連なりである。ヤモールのようなモジュール型ロボットの体制を制限するのは、立体幾何学の制約しかないように思われる。

ヤモールがその第一歩を踏みだすより五億四〇〇〇万年以上前に、それよりさらに多様とさえいえる体制のファミリーが、カンブリア大爆発という名で知られる生物学的イノベーションの爆発において出現した。それは、現在の動物に使われているあらゆる体制だけでなく、古虫動物(Vetulicolia)と呼ばれる脚のない海生体節動物の門全体のように、絶滅してしまった数十種類の体制を生じた。ヤモール門は古虫動物門よりはるかに原始的だが、もし、自然のイノベーションを加速させるワープ飛行を人間の技術《テクノロジー》で実現できれば、最初のカンブリア大爆発は最後の大爆発ではなくなるかもしれない。(2)

自然の新機軸と技術革新のよく似た性質

この発想——遺伝子型ネットワークの類似物が技術革新を加速できるのではないか——は、以下に見るように、それほどこじつけともいえない。最初のヒントは、自然に見られる新機軸《イノベーション》と技術における技術革新《イノベーション》が多くの類似性を示すことである。

一つには試行錯誤《トライアル・アンド・エラー》がある。発明の天才の原形であるトマス・エジソンは、白熱電球の安定性のないフィラメントに関する最良の解決策としてタケに巡り会うまで、「六〇〇〇種類を超える植物の蔓やヒゲを試し、フィラメントにもっとも適した材料を世界中に探し求めた」(3)。彼の発言とされている数十の引用句の一つは、こう結んでいる。「私は失敗したのではない。うまくいかない一万通りの方法を見つけただけだ」。この引用句から、誰しも、試行錯誤——とくに誤り——が、技術革新にとっても生物学的な新機軸におけるのと同じように決定的に重要なことを思い起こす。

そして、それは現在においてもエジソンの時代より重要性が劣るわけではない。非常な成功をおさめたコンピューター・プログラミング言語であるフォートランは、原子の動きから銀河の動きまで、科学者が宇宙をシミュレートし理解するのに役立っているが、その共同開発者であるジョン・バッカスは、「つねに失敗を厭《いと》わないことが必要である。たくさんのアイデアを考え出さなければならず、それから、それがうまくいかないことを発見するためだけに一生懸命努力しなければならない。うまくいく一つを見つけるまで、何度でもずっとそうしつづける必要がある」と言った(4)。

確かに、進化における失敗がもたらす結果は、発明家が電球で失敗したときや科学者が理論を反証されたときの結果とは違う。自然がDNAをいじくることによってつくりだされた変異型のヘモグロビンをもつインドガンは生きた実験である(5)。もしその突然変異が、薄い空気から酸素を漁って取り込む能力を改善するのなら、たいへん結構。しかし、変異したグロビンがもはや酸素に結合できなければ、その鳥にとって悲しいことだ。その光は永遠に消えてしまうことになる。

科学・技術における失敗は、ふつうは肉体的な死を意味せず、アイデアも簡単に死滅するというわけでもない。世界的にもっとも有名な天文学者、宇宙物理学者の一人であるサー・フレッド・ホイルは、二〇〇一年に亡くなったときに、ビッグバン理論を否定していただけでなく、インフルエンザの流行は太陽活動が活発になって地球外のインフルエンザ・ウイルスが大気中に入るのを許すことによって起こるという信念を擁護してもいた。一九世紀のケルヴィン卿は、地球の年齢を一〇〇倍以上も過小評価するために熱力学の法則——と自らのキリスト教信仰——を利用した。[6] 科学・技術の歴史的戦場には、墓場まで誤った信念をもっていった才気ある魂があちこちに散らばっている。量子力学の父であるマックス・プランクは、「新しい科学的真理は、反対者を納得させ、その人々に光が見えるようにさせることによってではなく、むしろ反対者たちが最終的に死に、新しい真理になじんだ新しい世代が成長するがゆえに、勝利するのである」と述べた。科学も、自然と同じように、葬儀一回ごとに一歩前進するのである。[7]

破滅的な失敗を防ぐために自然が用いる解毒剤の一つが、技術的な発明家によっても偶然に取り入れられてきた。それは集団の力である。偉大な発明は、自然の図書館が単一の生物によって探索されることがないのと同じように、一人の天才の仕事ではない。人間の発明家は魂の奥底にあるものから想像もできないような世界を取り出す——浴槽のなかでのアルキメデスから特許局でのアインシュタインまで——のだという決まり文句に反して、技術革新は、生物学的な新機軸が閲覧者の軍団によって化学の図書館が探索されるときに使われるのと同じような種類のクラウドソーシングに依拠しているというのが、真相である。

一つのチームがフォートランを開発し、エジソンは電球、電話、電信の新しいデザインをつくり、テストするのに数十人の助手を使っていた。一九世紀の産業革命は、まったく新しい階級——趣味でやっている貴族的な科学者よりもはるかに数の多い高度な教育を受けた職人——の台頭によって可能になった。彼らは、仕事から金を得る必要があり、蒸気機関から自動織機までの相次ぐ発明を生みだした。[8] そして今日、新しい携帯電話から新薬やエネルギー担体まで、どんな新しいテクノロジーも、大勢の科学者と技術者、激しい競争、そして成功を見つけるまでの無数の失敗を必要とする。試行錯誤の重要性を考えると、それ以外のあり方がどうして可能か容易には理解しがたい。探索者が多ければ多いほど、より多くの解決策を探索することができ、それに応じて、成功の確率は大きくなる。

そして、技術的革新者たちの軍団が前進するとき、彼らは多数の前線で同時に前進している――これはまたしても自然と似ている。アメリカの社会学者ロバート・マートンは、「役割モデル」や「予言の自己成就」という言葉をつくった人物でもあるが、複数の起源をもつ発明――それらを彼は単純に「multiples（複数起源）」と呼んだ[9]――が普遍的に見られることについて詳述したことで、科学史においてよく記憶されている。

そのリストはほとんど際限がない。気体の熱と圧力の関係は、英語圏ではボイルの法則と呼ばれているが、フランス語圏ではマリオットの法則と呼ばれる。なぜなら同じ現象が、ロバート・ボイルとエドム・マリオットによって独立に導きだされたからである。ロバート・フルトン、ジュフロワ・ダバン侯爵、およびジェームズ・ラムジーはすべて最初の蒸気船の「発明者」である。温度計には少なくとも六つの異なる発明があり、微積分学はよく知られているように、アイザック・ニュートンとゴットフリート・ヴィルヘルム・ライプニッツによってほとんど同時に考案された[10]。イライシャ・グレイは、アレクサンダー・グラハム・ベルと同じ日に実用的な電話の特許を申請した（ただし、その後の先取権をめぐる法廷論争ではベルが勝訴した[11]）。

同じような問題には必ず複数の解決策がある

技術的な問題には複数の解決策がある――生物学的な問題と同じように――がゆえに、複数の起源が可能である。もっともよく証拠の揃っている生物学的な実例は、大気中から二酸化炭素を取り除く新機軸《イノベーション》で、生物学者からは炭素固定、工学者からは炭素除去と呼ばれている過程である。主要な生物学的炭素除去装置は植物が用いているもので、リブロース‐1、5‐ビスリン酸と呼ばれる糖に二酸化炭素を結合させる酵素である。この酵素はそのあと、この担体をさらに変形し、この二酸化炭素が最終的に植物の体の一部になるようにする。

これは、植物が生長し、私たちの燃やす化石燃料に炭素が入り込むやり方であるというだけではない。それは二酸化炭素が生命の循環にフィードバックされる方法でもある。しかし植物が炭素を固定する唯一の生物というわけではない。一部の微生物はそれをアセチルCoAという担体分子に結合させ、また別の微生物は、それを太古からのクエン酸回路の分子に合体させる。[12] 環境技術者たち――彼らは破滅的な気候変動を未然に防ぐために同じ問題を解決しようとしている――はすでに、モノエタノールアミンや水酸化ナトリウムのような分子を使って、いくつかのさらなる炭素除去技術を思いついている。

マートンの複数起源の例はほかにもたくさんある。自動車のエンジンは往復ピストンか偏心ローターを使うことができ、それを、ガソリン・エンジンの場合の点火プラグによってか、あるいはディーゼル・エンジンの場合の圧縮熱を通じての燃料燃焼によって始動させることができる。生物は柔軟な可塑性をもつ単一レンズか、あるいはハエの精密な複眼を使って光の波を感知することができる。[13] 北極および南極の魚の不凍タンパク質、異なる酵素から起源した透明なクリスタリン、およびきわめて多様な酸素に結合するグロビンはすべて、同じような問題に対する複数の解決策なのである。

技術革新と生物の新機軸の両方がもつもう一つの共通性は、古いものに新しい命を授けることである。技術革新の歴史は、実際にそうした例で満ちあふれている。スティーヴン・ジョンソンの言葉によれば、ヨハネス・グーテンベルクは、「人々を酔っぱらわせるために設計された機械」——スクリューを回してブドウの果汁を搾る圧搾機——を借用して、「マスコミュニケーションのための機械（印刷機）につくりかえた」のである。[14] 電子レンジは、もともとレーダーのために開発された技術——あるレーダー技師がポケットに入れてあったチョコレートが溶けたことから、レーダーの加熱力を発見した——で、食物に熱を加える（最初の商業用製品は「レーダーレンジ」と呼ばれた）。軽量の合成繊維ケブラー［開発したデュポン社の登録商標］はもともと、レーシング・タイヤの鋼の代替として開発されたが、防弾チョッキとヘルメットに取り入れられた。同じ原理は、「技術革新《イノベーション》」という標号にほとんど値しないような世俗的な考案でさえ働いている。二つの木挽き台の上にドアを置けば大きな机をつくることができる。長靴《ブーツ》は、ローテクのドアストッパーに使える。牛乳瓶運搬用の木箱ですばらしい書類整理棚がつくれる、等々である。[15] エジソンはうまいことを言っている。「発明するためには、すぐれた想像力とガラクタの山が必要である[16]」。

一九八二年に古生物学者スティーヴン・ジェイ・グールドとエリザベス・ヴルバは、この現象の生物学版を「外適応（exaptation）」と名づけた[17]（またしても、ダーウィンが最初にそのことに気づいていた——彼は『起原』の読者に「もともとは一つの目的のために構築された器官が、……大幅に異なる目的のための器官に転用されるかもしれない」ことを思い起こさせている[18]）。外適応の古典的な例は鳥の羽毛で、ケラチンと呼ばれる繊維状タンパク質から複雑に組み立てられたものであるが、このケラチンは爬虫類の鱗《うろこ》をつくっているのと同じタンパク質である。最初の羽毛はたぶん断熱あるいは防水にかかわっていた可能性が高く、ずっと後になってからはじめて、飛翔に転用——「外適応」——されることになったのだ[19]。

そのような外適応は、羽毛をつくるのを助ける調節因子を含めて、分子にも豊富に見られる。そうした調節因子の一つは、人体の指と脊索の成長を調節するだけでなく、鳥類で羽毛の形成に取り入れられてもいる「ソニック・ヘッジホッグ」――お祭しの通り、これはその名を冠するビデオ・ゲームの登場人物の名前からとられた――と呼ばれるタンパク質である。[20]同様に、いくつかの生物で脚を形づくるのに役立つ調節タンパク質が、他の生物の目玉模様に色をつくるのに転用され、代謝酵素がレンズのクリスタリンに転用された。

古いものを組み合わせて新しいものをつくる

そのような転用は、自然と技術のあいだの究極的な類似性、すなわち新機軸《イノベーション》は組み合わせの妙だということの特殊事例である。それは古いものどうしを組み合わせて新しいものをつくる。私たちは、組み合わせによる新機軸に、代謝で最初に出会った。そこでは、古い反応の新しい組み合わせが、ペンタクロロフェノールのような毒物をバイオマスを製造する燃料に変え、私たちの祖先が尿素を合成することによって体を解毒できるようにした。

それらは、タンパク質においては古いアミノ酸の新しい組み合わせであり、調節回路においては相互作用しあう調節因子の新しい組み合わせである。しかし、飛行術を変容させたジェット・エンジンのような技術革新も、まさに組み合わせによるものである。[21]その三つの主要な部分は、空気圧を増大させる圧縮機、空気と燃料を混合し、混合気体に点火する燃焼室、そして膨張する混合気体から推進力を生みだす回転タービンだ。六人の英国、ドイツ、ハンガリー、およびイタリアの技術者――複数起源の発明を思いだしてほしい――が二〇世紀にはじめてジェット・エンジンを建造したとき、これら三つの要素のどれ一つとして新しくはなかった。最古の圧縮機は二

○○○年以上前に鍛冶の炉を働かせるために使われた鞴《ふいご》で、それ以来ずっと工場の送風装置として使われつづけてきた。燃焼室は、蒸気機関車と内燃機関の両方にとって中心的なものであった。アルキメデスは紀元前三世紀にタービン式の揚水機を発明していたし、最初のガス・タービンは一八世紀の末に英国で特許が取得されていた。

組み合わせによるイノベーションとして、ジェット・エンジンには特有《ユニーク》なところはほとんどない。数十年前、経済学者のジョセフ・シュンペーターや社会学者S・カラム・ギルフィランなどの社会科学者は、古いものを組み合わせて新しいものをつくるのは、技術革新に不可欠であると主張した。W・ブライアン・アーサーはその著作『技術の本性』〔邦訳『テクノロジーとイノベーション――進化／生成の理論』〕において、さらに一歩進んで、すべての「テクノロジーはいずれにせよ、すでに存在する新しい組み合わせによって生まれるにちがいない[22]」とさえ言っている。

生物学においても、これまでの章ですでにお聞きおよびのごとく、同じことが言える。すなわち、ほとんど無限に近い図書館のなかを探索することによって発見された、すべての進化的な新機軸は組み合わせによるもので、あたかも新しい書物が、古い文字を組み合わせて新しい意味に変えるようなものである。

試行錯誤・集団・複数起源・組み合わせ。技術と自然のあいだに見られるこうした平行現象のすべてによって、技術者たちが自然のイノベーション能を模倣しようと試みるのは、なんら驚くことではない。私は単にバイオテクノロジーのことだけを言っているのではない。バイオテクノロジーの新機軸は、私の十年来の泥まみれのズボンを染み一つなくきれいにしてくれる洗濯用洗剤に含まれる酵素から、糖尿病に用いられる遺伝子工学製のインスリンや、食べた昆虫が死ぬような強力な細菌毒をつくるように遺伝的に組み換えられた作物まで、すでに多数ある。バイオテクノロジーは生物学的な材料を使うので、自然の図書館をすでに利用している。より大きな疑問は、人工的な材料——ヤモールの場合の、ガラス、プラスチック、シリコン——のうえに築かれる技術が、同じことができるかどうかである。

工学者たちは、進化が一つのアルゴリズム、機械で遂行できるような単純で定型的なレシピに従っていることに気づいたときに、この疑問の答えに向かって大きな一歩を踏み出した。[23] DNAを改変することによって、突然変異は新しい表現型をもつ生物をつくりだし、淘汰がそのうちの一部が生き残り繁殖することを許す。突然変異と淘汰。それを何度となく繰り返す。[24] 自分たちの自動機械を知っている技術者たち——コンピューター科学者——は、この洞察からまったく新しい研究分野を創出した。それは、進化的アルゴリズムのまわりを巡る分野で、そのアルゴリズムとは、本当に難しい現実世界の問題を解決するために、完全にコンピューターのなかだけで、なんらかの形の突然変異と淘汰を用いるレシピのことである。[25]

そうした問題の中でとりわけ有名でしかもむずかしいのは、巡回セールスマン問題と呼ばれるものである。これはアイルランド人数学者、ウィリアム・ローワン・ハミルトンが一九世紀半ばに定式化した数学的難問だ。基本は単純で、一人のセールスマンが遠隔地の潜在的な顧客を定期的に訪問しなければならない。顧客のそれぞれは異なる都市にすんでいる。セールスマンは陸路あるいは空路で長大な時間を費やす。自分の家族とできるだけ多くの時間を過ごすためには、彼は旅行時間をできる限り短く切り詰め、しかしすべての都市を訪ねたい。この問題は、できるかぎり迅速にかつ効率的に、彼に各都市を順に訪れさせ、旅の最後に家に戻るような旅行ルートを見つけることである。

この問題は、見かけ以上にはるかにむずかしい。片手ほどの数の都市であれば、誰でも最短のルートを設定することができる。しかし、都市の数が数十を超えるとたちまち、最適ルートを見つけるのが驚くほどむずかしくなる。巡回セールスマン問題は、コンピューター科学者たちが、「非決定性多項式時間困難（Non-deterministic Polynomial-time hard：NP困難）」と呼ぶものである。[26] それは想像可能なあらゆる難問のなかでももっとも手強いもののひとつだ。その理由は主として、新しい都市が付け加わるごとに、潜在的な答えの数が指数関数的に増大するからである。

この問題については、無数の論文が書かれている。なぜなら、販売部門にとってぴったりの問題だからである。コンピューター・チップの設計者たちも同じ問題に直面する。そうしたチップは、回線でつながれ、データを交換する何千から何百万というパーツを含んでいるからである。パーツ間の配線を短くできれば、エネルギーを節約し、計算速度を速くすることができるので、そのようなチップの設計者は多くの回路成分（「都市」）をつなぐ可能なかぎり最短のルートを見つける必要がある。商品を複数の百貨店に配送する運送業者も、フェデラルエクスプレス［略称フェデックス。国際宅配便で知られる米国の航空貨物輸送会社］も同様に、この問題を承知している。学区内の複数の子供を拾って乗せるスクールバスも知っている。マルハナバチでさえこの問題に直面する。採餌中のマルハナバチは、巣に戻るまでに何百もの花を訪問しなければならないかもしれず、余分な飛行をしてエネルギーを浪費することはできないからである。[27]

「都市」の数が数千までなら、「切除平面法（cutting plane）」や「分枝限定法（branch-and-bound）」といった一見単純そうな名前の洗練された数学的技法《テクニック》を使えば、この問題に対する完全な解答を計算することは可能である。そのような技法は、最大数百万の都市までなら、ほぼ完全な答えをだすことができる。しかし、生物進化が用いているような盲目的で、頭を使わないアルゴリズムでも、この問題に取り組むことができる。コンピューターに一つのまったく恣意的な答え――どれだけ悪い答えでも、ともかく答えであればいい――からスタートするように指示を与えることから始めるのである。

それから、コンピューターのプログラムは、その答えをランダムに突然変異させ、少数の都市（あるいは店、学校、あるいは花）の間のルートを変え、新しいルートが古いルートよりも短いかどうかをチェックする。もしそうであれば、プログラムはこの変異を選ぶ。次にまた新しい突然変異を試み、この突然変異がルートを短くするかどうかをチェックする。もし短くなければ、この突然変異は却下し、もとのルートに戻り、また新しい突然変異で始める。何世代も重ねると、この単純なアルゴリズムはしだいにより短いルートを産みだしていき、最終的には、たとえ完全ではなくとも、適切な答えにたどり着く。(28)

このような進化的アルゴリズムは、いくつかの驚くべき場所で実用化されてもいる。軍事作戦の立案者は、それを使って、敵国の領空を偵察する無人機の最適ルートを描く。(29)暗号作成者は極秘データを暗号化するのにこれを使う。ファンド・マネージャー（資金運用担当者）はこれを使って金融市場の動きを予測する。そして自動車技術者は、それを使い、燃料をエンジンに注入する時間と圧力を最適化することによって、エンジンの作動の仕方を変える。そして実際にそうしたアルゴリズムは燃費を改善するのである。

しないのは、エンジンの設計《デザイン》を一新することだけである。(30)

自然と技術は「規格」の有無という点では異なる

生物進化を模倣する進化的アルゴリズムは強力な道具であるが、まだなにか抜けていることがある。生物学的な新機軸にとってあれほど中心的な組み換えの領域がまだ欠けている。(31) 自然は組み換えにすぐれており、一つの単純な理由、すなわちそれが規格《スタンダード》だという理由で、はるかにすぐれている。

第二章で見たように、普遍的なエネルギー通貨であるATPや普遍的な遺伝暗号のような規格は、生命が共通の起源をもつことの証《サイン》しである。そのような規格がないことが、技術における組み換えをよりむずかしくしており、技術はしばしばその代わりとして創意工夫を用いる。飛行機の何トンもの金属を空中にもちあげるためには、圧縮機、燃焼室、およびタービンを組み合わせる多くの創意工夫を必要とする。同じことは、今日の自動車の燃焼機関《エンジン》にもあてはまる。エンジンの各パーツは、シリンダーにぴったりあうようにするために厳密な工作が必要なピストンやバルブのような独自のリンク装置を介してつながっている。

そして同じことは、産業革命期の重要な発明類についてもいえる。最初の実用的な蒸気機関は、一世紀のアレクサンドリアで最初に発明された蒸気の力で動く玩具と、一七世紀ドイツの真空ポンプを組み合わせていた。卓上万力は、大昔からある二つの単純な機械、レバーハンドルとネジを組み合わせたものである。最初の自転車は、車輪、梃子《レバー》、滑車の三つを合体させたものだった。こうした組み合わせによる技術革新には、創意工夫の才を必要とした。

それは、技術には規格が欠如しているということではない。そういう話ではまったくない。技術は、科学によって確立された普遍的な自然法則に依拠しているだけでなく、温度、量、あるいは電荷のようなものを定量的に測る規格化された方法にも依拠している。しかしほとんどの技術は、自然が古いものを結びつけて新しいものをつくれるようにしている類の規格が欠けている。自然は、人間の発明家のような創意工夫の才をまさしくもっていないがゆえに、そうした規格を必要とするのである。

タンパク質がおこなうさまざまな仕事のすべて――化学反応の触媒、分子の輸送、細胞の支持――は、一つのアミノ酸の窒素原子が隣りのアミノ酸の炭素原子と結合するペプチド結合と呼ばれる規格化された化学的結びつきを通じて、同じ方法でつながった構成要素の鎖から立ち現れる。各アミノ酸は異なった形状をもっているが、すべてが同じやり方で結びつくことができる。なぜなら、普遍的なインターフェース（接続面）をもっているからである。そして、すべての生物に用いられるこの規格こそが、私たちが知るような生物を可能にしてきたのである。それが自然に、新機軸を見つけ出すのに必要な天文学的な数の遺伝子型を寄せ集める――盲目的に、何の創意工夫もなく――ことを可能にしているのだ。

何の考えもなしに簡単に組み換えができるようにしている規格は、タンパク質にだけ存在するわけではない。ＲＮＡ鎖もそのパーツをつなぐのに、規格化された化学結合を使っている。それだけではなく、生命の情報保存の規格――ＤＮＡ――は、細菌が遺伝子を交換し、その遺伝子がコードする酵素類の新しい組み合わせから、新しい代謝をつくりだすことを可能にする。そして最後に、調節回路は、調節タンパク質がＤＮＡの特異的な短い文字列に結合できるという原理にもとづいて、規格化された方法を使って遺伝子を調節し、自然がそうした文字列を変えることによって古い調節因子を組み合わせて、無数の新しい回路に変えることを可能にしている。[32] もし私たちが、少ない数の異なる対象物を取り上げ、それらを結びつける規格化された方法を生みだし、それを考えられるかぎりのあらゆる立体配置（configuration）に組み換える――なんの考えもなしに――ことができれば、私たちのイノベーションの力は自然とまったく同じように計り知れないものになりうるだろう。

ルネサンス建築の様式に技術の規格化のヒントがあった

そのような規格化は、明らかに人間の技術が及ばないものではない。人間がレゴのブロックを使って奮闘するさまがそのヒントを与えてくれるだろう。ずっと古い人類の技術もヒントになる。一六世紀のヴェネチア人アンドレア・パラディオは、西洋の歴史においてもっとも大きな影響力を持つ建築家かもしれない。成功を収めた長い経歴を通じて、彼は、少なくとも一六棟のヴェネチアの裕福な家族がすむ都市の邸宅《パラッツォ》を構想し、三〇棟の田舎の大邸宅《ヴィラ》を建造し、いくつかの教会を設計した。[33] パラディオの建築物の平面図は同じではない。まるで違っている。無数の点で異なっている。彼の建築物は、大きさ、形状、方位、各部屋の配置において異なっている。

しかし、たとえ私たちには明確に指摘することが難しいとしても、それらは、一つの建築術上の真髄《エッセンス》を共有している。二〇年以上前に、歴史家のジョージ・ハーシーとコンピューターの専門家であるリチャード・フリードマンが、この要素、パラディオの平面図の背後にある秘密を探した。[34] こうした平面図の背後にもし規則があるなら、パラディオ風の平面図を好きなだけつくりだせるアルゴリズムを見つけることができるにちがいないと、彼らは考えた。

パラディオの様式の真髄を抽出するために、彼らは数十のパラディオのヴィラを分析した。各部屋はどの方向に向いているか、壁はどのように配置されているか、隣接する部屋の長さには特定の比率があるか、等々のことを分析したのである。そして彼らは成功した。彼らの作業は、新しいパラディオ風の平面図を生みだす一つのコンピューター・プログラムへと登りつめた。つくられた平面図は、多くの細部、大きさ、方向、および部屋の配置は異なってはいるが、その新しい設計は、はっきりパラディオ風の建築だと認めることができる。[35]

このプログラムの背後にあるアルゴリズムは建物の輪郭線から始まる。ふつうは長方形で、そこに水平または垂直の線が引かれる——建物を各部屋に分割する壁だ。そうした線が一本だと建物は二つの部屋に分かれる。二本の平行線であれば三つの部屋に分かれ、等々ということになる。各部屋は水平または垂直の線によってさらに分割することができ、そうしてできた部屋もさらに分割できる。その作業を、望みの大きさをもつ部屋だけができるまで続けていく。長方形を、その都度、水平または垂直の線で、その都度、一つないしそれ以上の壁で仕切ることによって、何回か分割することで、無限に多様な平面図《フロアー・プラン》を生みだすことができる。

パラディオの平面図の根底にある規則は、恣意的でもランダムでもない。複雑でもない。たとえば、一つの部屋を一本の線で二つに分けるとき、ふつうは真ん中か、あるいは片方が他方の二倍の長さになるように分割する。二本の平行線で分割するときには、ほとんどは、真ん中の部屋の長さが二倍になるような三部屋に仕切られる。こうした規則と他の二、三の規則を組み合わせることによって、ルネサンス建築のもっとも有名な様式をコンピューターで再現することができるのである。[36]

自然における通常の組み換えは、厳密にはそれと同じやり方では働かない。アミノ酸という小さな部品を組み合わせて新しいタンパク質がつくられるのに対して、パラディオ流の建物の輪郭は分割されることで平面図が生みだされる。しかし類似性の方がもっと重要である。どちらも少数の標準的な構成要素と、さらに少ない数の規則を使って、膨大な数の複雑な物体をつくる。そして、そうした類似性が産業革命以前のアーキテクチャにすでに存在しているとすれば、産業革命後の技術にも存在する——たぶん、価値を認められていない——確率はさらに高くなるはずだ。[37]

ヤモールのようなロボットの背後にある技術や、デジタル電子技術に見られるように、

現代コンピューターの基礎をなすブール関数

集積回路――ロボットを導くような類のコンピューター・チップ――上の無数のトランジスターのそれぞれは、実のところ、電気的なインパルスに応じる小さな電子的オン＝オフ・スイッチにほかならない。0と表示された方はスイッチをオフにし、1と表示された方はスイッチをオンにする。一体となって、これらトランジスター類はやってくるデータの流れを変容させ、やはり0と1だけを含む、おなじみのビット、すなわちコンピューターが読み取る単純な二文字アルファベットからの二進数字の流れとして放出する。

数学者は、この過程をもっと厳密に記述し、回路が関数の値を計算し、インプットを受け取り、アウトプットを計算するという言い方をする。[38] デジタル回路が計算する関数の種類は、英国の数学者で哲学者でもあったジョージ・ブールにちなんでブール関数と呼ばれる。ブールは、一八五四年の著作『論理と確率の数学的な理論の基礎となる思考法則の研究』でこれらの関数について書いている。ブールによる新しい数学の分野はとてつもなく大きな進展をもたらし、今日ブールの論理関数と呼ばれるものは、今でも、あらゆる現代コンピューターの核心である。

そうした関数でもっとも単純なものの一つはAND関数で、それは、たとえば、モーツアルトの『魔笛（Magic Flute）』のような特定の曲の楽譜の電子データベースを探そうとするときにはつねに必要なものである。検索エンジンは「モーツアルト」という単語を含む楽曲を探し、この単語を含むすべての楽曲について、イエスあるいはノー――1と0のビットでコードされた――で報告するだろう。「魔法（Magic）」という単語についても同じことをし、これら二つの部分的な問いのそれぞれについて可能な二つの答えを生じさせ、結果として可能な四つの組み合わせができる。

それを0と1の数字で表したものは、数学者がブールの論理関数を記述するのに使う真理値表(truth table)という形式で書くことができる。図20aに示したAND関数の真理値表では、この関数のインプット、部分的な答えに対する四通りの可能な組み合わせが、縦線の左側に、右側には可能な最終的な答え――アウトプット――が、やはり0と1でコードされている。四行のうちの一つが最終的な答えとしてイエスを含んでいればいいだけのことである――部分的な答えがどちらもイエスの場合にのみ、『魔笛』が見つかったという得点が与えられる。

もし、タイトルに「モーツアルト」あるいは「魔法」(あるいは両方)を含む楽曲を探したいのであれば、検索エンジンはもう一つ別のブール関数、OR関数を計算しなければならない。同じインプットの流れ――「モーツアルト」および「魔法」という単語をもつものすべて――であるが、規則が異なる。この場合には、少なくとも一つの部分的な答えがイエスであればアウトプットはイエスである(図20b)。その結果、OR関数は『魔笛』だけでなく、モーツアルトの六二六ある作品のすべて、[39] およびサンタナの「ブラック・マジック・ウーマン」やスティーヴィー・ワンダーの「イフ・イッツ・マジック」を初めとする数百の楽曲も報告するだろう。さらに単純なブール関数であるNOT関数(図20c)さえ、イエスとノーをひっくり返し、「モーツアルト」という単語を含まないすべての楽曲を見つけるのに役立てることができる。

あれこれのより風変わりなブールの論理関数――XOR、XNOR、NAND、NOR――はどれも、複雑な問いを、自然言語から、コンピューターの世界を支配する二進数の列に翻訳することを可能にする。そのうえ、二進数は、どんな一〇進数でもコードし、一〇進数とまったく同じように、足し算、引き算、掛け算、割り算ができる。もっとも精巧なコンピューターでさえ、

a)

モーツアルト？	魔法？	モーツアルト AND 魔法？
1	1	1（イエス）
1	0	0（ノー）
0	1	0（ノー）
0	0	0（ノー）

b)

モーツアルト？	魔法？	モーツアルト OR 魔法？
1	1	1（イエス）
1	0	1（イエス）
0	1	1（イエス）
0	0	0（ノー）

c)

モーツアルト？	NOT モーツアルト？
1	0（ノー）
0	1（イエス）

図20　真理値表

集積回路は、基本的な算術とAND関数のような単純なブールの論理関数以上のことは何もしていない。可能なあらゆるもののなかでもっとも単純なアルファベット――0と1――とブール論理をもって、デジタル・コンピューターは、画像を認識し、情報を暗号化し、音声メールを発送し、次の火曜日の天気を予測することができる。算数は、小学校で学んだよりもはるかに重要なのだということがわかる。

ブール関数についてもう一つの注目すべき事実は、もっとも複雑なブール関数でさえ、一つの関数のアウトプットを別の関数のインプットにするといった形で、単純な関数をつなげていけば計算できるということである。それは掛け算（3×4）が一連の足し算（4＋4＋4）として書けるのとちょっと似ている。それだけでなく、可能なブール関数の数は事実上無限にあるが、それぞれは、AND関数、OR関数、NOT関数だけをつなぎあわせていくことで計算できるのである。これはコンピューターにとって重要だ。なぜなら、集積回路では、トランジスターは、単純なブール関数を計算する論理演算素子で、論理ゲート（logic gates）と呼ばれているものに配線でつながれているからである。

図21は、チップの設計者が、単純なANDゲート、ORゲート、NOTゲートを表すのに使う記号を示している。各ゲートは、インプット・ビットを表す左側に一本ないし二本の線、アウトプット・ビットを表す右側に一本の線をもっている。図22では、二つの二進数を足すという可能なもっとも単純な算数演算をおこなわせるために数個のゲートが線によってつながれている――これだけですでに、六つの論理ゲートが必要で、各ゲートはそれぞれ複数のトランジスターをもつ[40]。もちろん、現代のチップは、六四桁の二進数よりもはるかに大きな数の足し算、引き算、掛け算、割り算をするので、数百万のゲートを必要とする[41]。

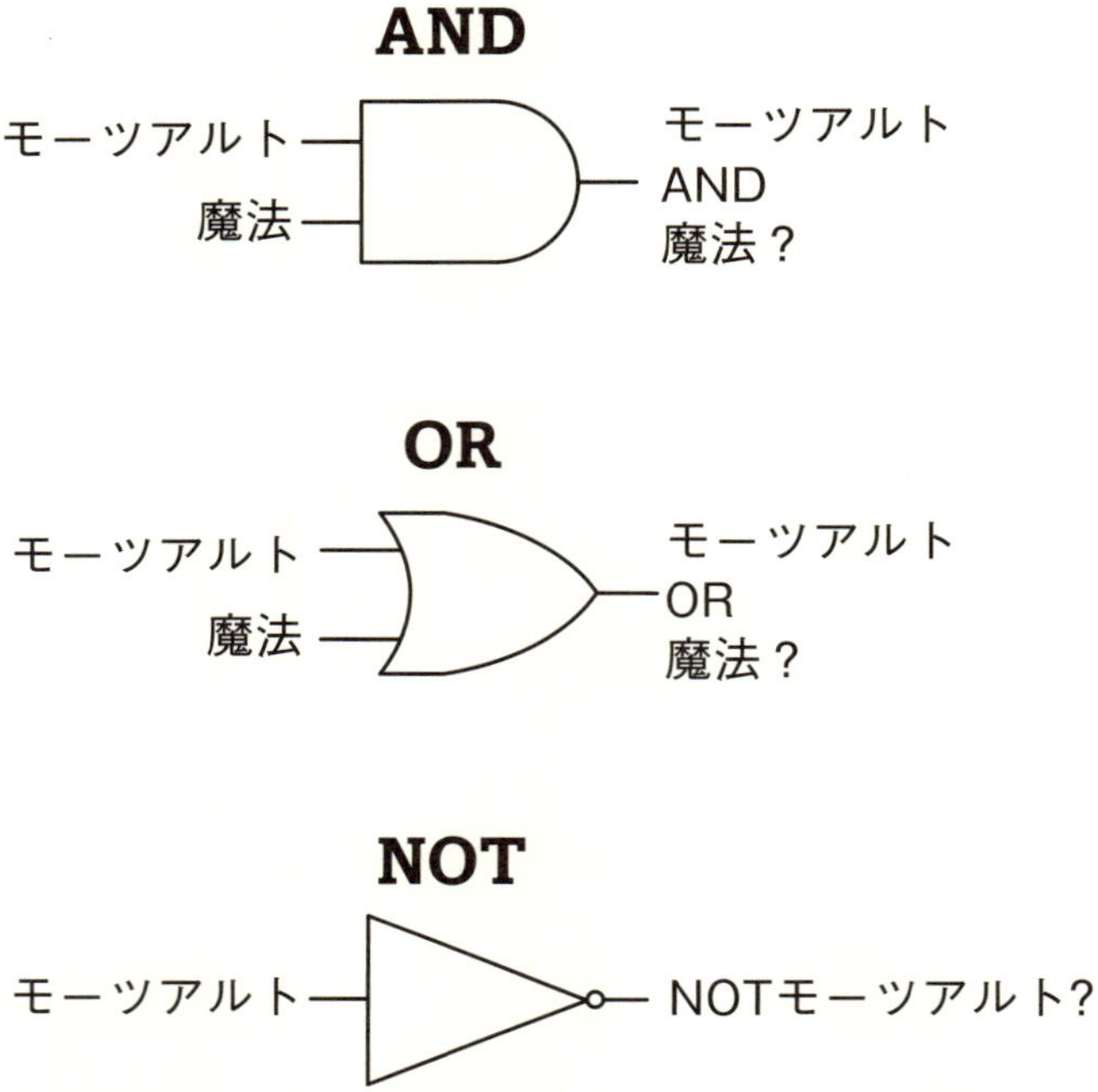

図21　論理ゲート

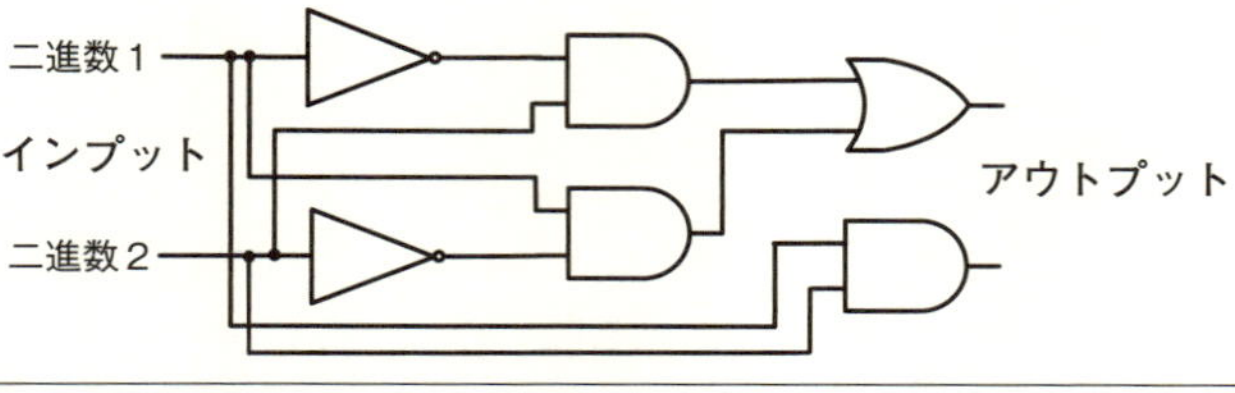

図22　二つの二進数を足す計算をする回路

ほとんどの集積回路は工場で配線が組み込まれているが、ヤモールのようなロボットは、プログラマブル・ハードウェア、いくつかの論理ゲートが、することを変えるように配線を組み換え——たとえば、ANDゲートをORゲートに変えることによって——、またそれらのゲート間の配線の仕方を変えることができるチップを装備している。プログラマブル・チップのなかには、チップが作動中に配線を変えることができるものさえある。[42] 一〇〇万以上の論理ゲートをもつそのようなチップは、ただの単純な玩具ではなく、最終的に機械が私たちと同じように学習する——自らのハードウェアの配線を変えることによって——のを助けることができ、単に世界を探索するだけでなく、そこにあるへこみやその他の落とし穴について学習する自動ロボットを産むことができる、強力で柔軟な計算機関《エンジン》である。[43]

デジタル回路の学習は進化と似ている

もしこれが、よく知っている話のように聞こえるなら、そのような学習は進化に似ているからで、進化は生物の遺伝子型を一度に一分子ずつ改変していく。プログラマブル回路の論理ゲートと配線は遺伝子型の相似であり、新しい計算を探索するための改変は、新しい表現型を探索するための遺伝子型の改変と相似である。進化と同じように、学習過程はたくさんの試行錯誤を必要とする。それは適切な行動を強化し、不適切な行動に罰を与える（しかし、進化のように厳しくではない。もしあなた——あるいは未来のロボット——のゴルフの成績がよくなければ、スタンス、グリップ、スウィングを改善する必要があるかもしれないが、死ぬ必要はない）。おまけに、そのような学習は古い知識を壊す必要がない。ゴルフを練習しながらでも、座り、歩き、走り、跳ぶことは、たとえ、そうした技能を司っている神経回路の配線が変えられたとしても、可能である。

進化との平行現象はまだここで終わるわけではない。論理ゲートをつないでいる配線は、タンパク質のペプチド結合と同じように柔軟性のある汎用性リンクである。なぜなら、どの一つのゲートのアウトプットも他のいかなるゲートへのインプットにもできるからだ(44)。タンパク質の場合と同じように、そのようなリンクは、たいした創意工夫の才がなくとも、築き、破壊し、改変し、天文学的に数多くの方法で配線できる電子回路を生みだすことができる(45)。

規格化された標準的なリンクと少数の論理ゲート。こうした原理はすでに、チェスで人間の名人を負かすことのできるチップをつくりだし、一〇〇万冊の異なる本のなかのたった一頁を見つけ、あるいは対象物を三次元で「印刷する」のに十分である。現実世界のプログラマブル回路の性能は、あまりにも強く自然の新機軸創発の能力を思い起こさせるので、一つの深い疑問を提示する。すなわち、デジタル回路の図書館全体——可能なすべてのやり方で論理ゲートを組み換えることを通じてつくることができる、膨大な回路のコレクション——は、生物学的な回路の図書館のように組織化されているのだろうか？　という問いである。その答えは、生物学的新機軸のワープ飛行を、技術革新による宇宙船に装備することができるかどうかについて教えてくれることだろう。

プログラマブル回路の図書館の地図づくりに挑む

カーシク・ラマンがその答えを提供した。カーシクはインドのトップクラスの大学の一つであるインド理科大学院の卒業生で、私の研究室へポスドク研究者としてやってきた。彼は身一つできたわけではなかった。科学への沸き立つような熱情と、失敗——進化におけるのと同様に科学においても避けることはできない――に対する粘り強い不屈の精神と、複雑なデータを分析する魔法使いのような才能を携えてきたのだ。私が、プログラマブル回路の図書館の地図づくりを打診したとき、彼はすぐに飛びついた。

商業的に入手できるプログラマブル・チップは一〇〇万以上のゲートをもつが、簡単な計算をしてみて、もっと小さな回路で研究するべきだという確信が得られた。たった一六の論理ゲートをもつ回路の図書館でも10^{46}――すでに想像を絶する大きな数である――の回路をもち、この数はゲートの数につれて指数関数的に増加し、わずか三六のゲートで10^{100}の回路になる。[46] このような巨大な数を相手にするときは、回路をハードウェアでつくるか、それともコンピューターで簡単に研究するかの決断をしなければならない。何百万という回路もコンピューター内では簡単に分析できる。[47]

一六ゲートの回路は原理的に10^{19}――一〇〇万の一〇兆倍――のブール関数を計算できるが、その図書館の回路がそれほど多くをコードできるかどうか私たちにはわかっていなかった。[48] ひょっとしたら、その回路は、足し算や掛け算のような少数の関数しか計算できないかもしれない。それを見極めるために、カーシクは、回路の図書館からできるだけ多くの冊数をたぐり寄せられるだけ十分に大きな網を投げた。彼はランダムな配線をもつ二〇〇万もの回路をつくり、それらが一五〇万以上の論理関数を計算できることを見つけたが、ＡＮＤ関数のようなおなじみの関数はわずかしかなかった。彼はごく一部分の回路をたぐり寄せただけだったが――まだ10^{40}の回路が残っていて、探索すべき回路はその10^{12}倍もあった――、彼が捉えた膨大な量の収穫は、単純な回路でさえ、非常に多くのブール関数を計算できることを教えてくれた。

この図書館は関数の数よりもはるかに多く――正確に言えば、10^{26}倍――の回路を擁しているのだから、多数の同義テキスト、同じ論理関数を計算する回路が存在するにちがいないことはわかったが、それらがどのような組織構造をもつのかはわからなかった。それを見極めるために、カーシクは、任意の一つの論理回路を計算する回路からスタートし、たとえば、一つのゲートのインプットともう一つのゲートのインプットをつなぎなおすことによって、その回路をその隣接者の一つに変えた。もしこの「突然変異した」回路がまだ同じ論理関数を計算できれば、カーシクはそれを残した。もしできなければ、また別の配線変えを試し、同じ機能をもつ回路が見つかるまで、同じことを繰り返す。その新しい回路から、彼はさらに一歩を進め、また、一歩と、回路の機能を保ったままで、一歩ずつ前進していった。カーシクは、それぞれ保存される必要のある、異なる関数を計算できる一〇〇〇以上の異なる回路から、このようなランダム・ウォークを開始した。

彼が発見した回路のネットワークは、これまでの章で述べた遺伝子型ネットワークよりも図書館のさらに遠いところまで達していた。ほとんどの回路について、そこから出発して、回路の論理関数を変えることなく、回路の図書館を端から端まで歩くことができた。二つの回路は、発現する論理回路を除いて、一個のゲートあるいは一本の配線さえ、まったく共有していなくとも、多数の小さな配線の変更を通じてつながりうる巨大な回路のネットワークの一部になれるのである。それだけでなく、私たちは、これが研究したあらゆる単一の関数についてあてはまることを発見した。それは、デジタル論理回路の根本的な性質なのである。[49] デジタル電子装置の図書館は生物学の図書館と似ているが、それ以上のものなのだ。

カーシクは次に、同じ関数を計算する異なる回路の近傍に向かい、そのすべての隣接者をつくり、それぞれが計算する論理関数をリストにした。彼は、そうした近傍は生物学におけるのと同じように多様であることを発見した。関数の八〇％以上は一つの回路の周りに見つかり、他の回路には見つからなかった[50]。これは、生物学におけるのと同じ理由で、いいニュースである。性能を変えることなく、回路の配線のつなぎ換えをしながら、いくらでも多くの論理回路を探索することができるわけだ。一つの回路の近傍は六〇ほどの新しい関数をもつ回路を含んでいるが、たった一〇回の配線換えのステップで、一〇〇の新しい関数にアクセスできるようになるし、一〇〇回の配線換えで四〇〇の新しい関数に手が届くようになり、一〇〇〇回の変化ではほとんど二〇〇〇の新しい関数にアクセスできるようになる[51]。

そして類似性はまだつづく。以前に私は、生物学的イノベーション能の多次元の織物、ほとんど想像もできないほど複雑で、濃密に織り込まれた遺伝子型ネットワークの薄織物について触れた。カーシクは、それに対応するものが、回路の図書館にもあることを見いだした。そこでは、どんな関数をもつ回路であっても、任意の回路から出発して、配線のごく小さな％を変えることによって到達することができる。生命のイノベーション能のそれとまさによく似た織物が、デジタル電子装置にも存在し、それによって、どんな仕事についてであれ最適な回路を求める捜索を加速することができるのである[52]。

人間の創造力の源も、同じネットワークの原理なのだろうか？

このように、回路のネットワークは、遺伝子型ネットワークが進化のワープ飛行であるのと同じ形で、プログラマブル・ハードウェアのワープ飛行になれるすべての要素をもっている。回路のネットワークは、未来世代のヤモールたちが、命取りになりかねない階段を避けるような単純な自己保存から、皿洗いや子供とボール遊びをするといった複雑なスキルのような、多くの新しいスキルを学習するのを助ける潜在的能力をもっている。この見通しにおいて、そのデジタル脳は、小さな一歩ずつ配線を組み換えて、多数の新しい行動を探索しながら、古い行動を失わないでいる——新しいものを探索しながら古いものを保存する——ことができる。(53)

私は、人間の脳が学習するのに同じような戦略を使っていたとしても、驚きはしないだろう。ヒトの脳がニューロン間のシナプス結合をたえず組み換えていることはすでにわかっているが、ひょっとしたら、私たちの脳は、生物が遺伝子型ネットワークを探索するのと同じやり方で、新しいシナプス結合を探索してもいるのかもしれない。もしそうなら、生物の新機軸を可能にしているのと同じ原理が、人間の創造力の原動力《エンジン》として働いていることがありうる。

残念ながら、この領域における私たちの無知は、いまだに手の施しようがない。人間の創造力の物質的な基盤については、なにもわかっていないも同然である。しかしながら、私たちの発見した類の創造力が、無償ではないことは、よくわかっている。なぜなら、カーシクは、その値札を発見したからだ。その代償はおなじみのものである。

複雑さ——論理ゲートの数——の異なる論理回路を分析したとき、カーシクは、もっとも単純な回路は、その機能を破壊することなしに、配線を組み換えられないことを発見した。そのような回路で一本の配線を変えると、回路の機能は破壊される。どのゲートもどの配線も重要である。そのような単純な回路はイノベーション能をもたない。なぜなら、そうした回路は新しい立体配置《コンフィギユレーション》や計算を探索することができないからである。配線組み換えのためにはもっと複雑な回路が必要になる。より複雑になればなるほど、配線の組み換えにより耐えられるようになる。

一見余計と思われるようなゲートや配線は、新しいデジタル関数の計算を助けるスペア部品のコレクション——エジソンの貴重なガラクタの山——に似ている。生物学におけるのとまったく同じように、イノベーション能は複雑さから生まれるのであり、複雑さは一見不必要に思えるが実際にはきわめて重要なのである。これはイノベーション可能な技術にとって、自然が与えてくれる教訓の一つである。もし、自然の新機軸のブラックボックスを開けたいと望むなら、オッカムの剃刀ではあまりにも切れ味が悪すぎる。水と油のように、単純さとイノベーション能は混ざり合わないのである。

　これは、強力なイノベーション能をもつ技術には単純さや優雅さが欠如していることを意味するわけではない。まったく正反対である。しかし、そういったものは、目に見える世界の下に隠れている。隠れている基本的な原理は、単純さそのもの、つまり限られた数の方法でつなぎ合わされた限られた数の構成要素《ブロック》から、世界全体をつくりだせるという単純さである。そのような構成要素と、それらをつなぐ規格化されたリンクから、自然は、生命を支えるタンパク質、調節回路、代謝の世界をつくりだし、それが単純なウイルスから複雑なヒトまでを生じさせ、最終的には、『イーリアス』からｉＰａｄに至るまでの人類の文化と技術を生みだしたのである。イノベーション能をもつ技術のこの単純さと優雅さは、目に見える世界の背後に隠されている。それはちょうど、私たちが自然の図書館のかすかな反映を、プラトンの洞窟の影のごとく、生命の系統樹のなかに見るのと同じである。

エピローグ

生命そのものより古い自然の創造力

隠された遺伝子のネットワークが新種を生む原理は、コンピューターで数学的にシミュレートして初めてわかった。こうした原理は、生命のみならず、重力による銀河の形成にもあてはまる。哲学的に言えば、自然がおのずから創造する力の源泉は、生命や時間より古い

一九七〇年の一〇月に、『サイエンティフィック・アメリカン』誌に、英国の数学者ジョン・コンウェイが考案したライフゲームと、博学のジョン・フォン・ノイマンが提案した自己増殖機械をつくるというアイデアの単純化についての記事が掲載された。この「ゲーム」は人間のプレーヤーを必要とせず、コンピューターの内部、二次元の碁盤格子をなすセル（細胞）の上だけで展開することができる。各セルは「オン」（生）あるいは「オフ」（死）のいずれかの状態をとる。コンウェイの格子の各セルには、八つの隣接者があり、きわめて単純な一連のルールによって状態が決定される。たとえば、隣接する生きたセルが一つかゼロであればオフにされる。ゲームの用語ではそれは「死ぬ」のである。生きた隣接セルが四から八のあいだでも同じ結果になる。しかし、そのセルが二つないし三つの「生きた」隣接セルをもつ場合には、オン=生になる。決定

的なルールは、三つの生きた隣接セルをもつ死んだセルは生き返るというものである。

それでおしまいなのだ。しかし、ゲームがスタートするときにどのセルがオンでどのセルがオフになっているかによって、出てくる結果はけっして単純どころではない。途方もなく複雑なパターンは、もっとたくさんの自分自身を産み落とす「自己増殖する」セルの集まりを含めて、予測がつかない多様かつ膨大な形態《フォーム》を出現させることができる。そして、このような単純な始まりから、ライフゲームは、けっして繰り返されることも終わることもない複雑なパターンの創出を無限につづけることができる。

生命そのもののように。

このゲームは生命のモデルというよりはむしろ比喩《メタファー》であるが、より幅広い人間の願望を反映している。生命とその多様性を数学とコンピューターの言語を介して理解したいという願望である。この願望は、ゲームよりはるかに古い歴史をもつ。『起原』出版の一七年後に、ダーウィンは自伝で、「私は、数学の偉大な主導原理というものを少なくとも理解できるところまで十分にやらなかったことをとても残念に思っている。というのも、そういう能力を備えた人々は、余分の感覚をもっているように思えるからである」(1)と述べている。

ダーウィンの死の四年前にサリー・ガードナーを撮影したゾープラクシスコープと同じように、ダーウィンの著作は一つの革命に点火したのだが、たとえ彼が、数学者であったとしても、生命の隠れたアーキテクチャについては知らないままであっただろう――それが存在することさえ知り得なかっただろう。自然の巨大な図書館を照らし出すためには、この革命の炎は、ダーウィン説以上の燃料を必要とした。

生物学と数学はまず最初に、完全に撚りあわされることを必要としたが、それにはもう一世紀を要することになった。それは、シューアル・ライトとR・A・フィッシャーの数学で始まった。これが伝統的なダーウィン主義とメンデル遺伝学のあいだの断絶に橋渡しをし、自然淘汰がどれほど迅速に新機軸をひろめることができるかを初めて正確に予測できるようにした総合説を導くことになった。

システム生物学が、生命の複雑な行動と表現型を生みだすために分子どうしがどのように協調しているかを教えてくれるまでに、もう半世紀が流れた。この教えを通じて、細胞がライフゲームの単純な要素よりもはるかに複雑であることが示された。私たちの脳の神経ネットワークと少しばかり似た働きをする調節回路を介して、細胞は、自らの分子を調節し、自らの生存を助けるよう巧妙な計算をおこなっている。そしてこうした回路は、デジタル・コンピューターとは非常に異なってはいるのだが——一つには、細胞は有機分子からひとりで自分を組み立てる——、生物学の物質的な世界と、数学およびコンピューターの概念的な世界のあいだの深い一体性、コンウェイとダーウィンがほとんど推測できなかった一体性についての、ヒントを与えてくれる。

システム生物学の数学的な見方は、自然の図書館にある遺伝子型テキストのたじろぐほど複雑な表現型の意味を解読することをも許してくれる。それこそ、イノベーション能の理解にとって決定的なものである。それは私たちを遺伝子型ネットワークの特定に導き、遺伝子型ネットワークこそ、私たちが知っているような生命をつくりだした、さまざまな種類の新機軸《イノベーション》——代謝、調節、および高分子における——の共通の起源であることを把握することへと導いた。遺伝子型ネットワークが、そのまさしく端緒から単細胞生物へ、細菌と真核細胞の祖先から何十億世代の時間をかけて、原始的なミミズ状の動物、魚類、両生類、哺乳類、およびはるばる人類にまで、生命を推進させてきたのである。

それだけではなく、生物現象を扱う数学は、こうした図書館が単純な原理、拡散物質を巨大な銀河にまとめあげるのを助ける重力のように単純な原理によって、自己組織化していることをわからせてくれる。この原理――生物は、変化していく世界のなかで生き延びるのを助ける複雑さの結果として、頑強であるということ――が、こうした広大な図書館の入り組んだ組織構造を生みだしたのである。

こうした図書館とそのテキストは、解剖学者が切り分け、私たちが素手で触ることができる筋肉、神経、結合組織とは根本的に異なっている。顕微鏡を通して見ることができる細胞小器官やX線結晶回折で明らかにされるDNAの構造とさえ似ていない。それらは概念、数学的な概念であって、心の眼をもってしか見ることができないものである。

これは、それらが私たちの想像力のなかにしかないことを意味するのだろうか？　それを私たちは発見したのかそれとも発明したのだろうか？

生命そのもの、あるいは時間よりも古い、自然の図書館という原理

知識――とりわけ数学的な知識――がつくりだされるものか、それとも発見されるものなのかという問いは、二五〇〇年以上昔から、少なくともピュタゴラス以来、間違いなくプラトン以降の哲学者たちの頭を占めてきた。プラトンは、私たちに見える世界は、高次の、時間を超越した実在の光が人間のすんでいる洞窟の壁に投じた、かすかな影にすぎないとみなしていた。

プラトン主義者たちは、私たちが、高次の実在からやってくる真実を、発見するのだと仮定した。それらは、月の裏面のように、たとえ見る人間が誰もいなくとも存在するのだという。オーストリアのルートヴィッヒ・ウィトゲンシュタインのような他の哲学者は、数学的な真理は発明

されると主張した——ウィトゲンシュタインの言葉では、「数学者は発明家であって、発見者ではない」[2]。

プラトン主義はこの論争において優位に立ってきた。とはいいながら、プラトン自身はその最良の論拠を知らなかった。それは、数学の定理と物理学的実在性のあいだの驚くべき一致であり、しばしばガリレオ・ガリレイに帰せられる格言、「数学は神が宇宙のことを書いた言語である」（どんな素朴な創造論者をも考え直させる言葉）という格言に要約されるものである。ハンガリー生まれのノーベル賞受賞の物理学者であるユージン・ウィグナーは、それを「自然科学における数学の理不尽な有効性[3]」と呼んだ。

実際、理不尽である。ニュートンの法則がリンゴの落下速度よりもはるかに多くのこと、惑星の回転から銀河の形成までのような多様な現象を予測できる理由はまったくわかっていない。だが、予測できるのだ。そして、あまりにも時空を隔てられて、私たちが直接体験することがけっしてないような現象を説明できる他の無数の数学法則も、そうなのである。数学と実在のあいだのつながりは、実際に、あまりにも緊密なので、スウェーデンの理論物理学者マックス・テグマークは、宇宙全体が数学なのだと主張する[4]。

しかし、数学の「理不尽な有効性」は、自然の図書館と遺伝子型ネットワークの実在性を信じる唯一の理由ではない。もう一つの理由は、二一世紀の技術が私たちに、こうした図書館への無制限のアクセスを許すようになったことである。そうすることによって、それは、発見か発明かという論争——一〇〇〇年のあいだ息が詰まりそうになるほど難解だった——を、数学の言葉に似た言葉に焦点を合わせるという伝統的なやり方から、実験科学を取り込む方向へ転換させることができる。その理由は、いまや私たちは、自然の図書館の個々の本を読めることである。たとえば、タンパク質の図書館のどの本――少なくともアミノ酸配列であれば何でも――も作成することができ、生化学の機器を使ってその化学的意味を研究することができる。そうした本の多くは、私たちよりずっと以前に他の生物によって発見されていて、それらの分子的な意味は、不凍タンパク質、クリスタリン、ホックス調節因子が立証しているように、私たちを大いに驚かせるものである。自然の図書館が私たちを驚かせ――私たちが発明したどんなものよりも強く――つづけるだろうという予測は、まずはずれることがないだろう。

私たちが自然の図書館の研究を始めるとき、生命のイノベーション能あるいは技術のイノベーション能をただ調べているだけではない。私たちは、あらゆる哲学のなかで、もっとも息長く魅力的な主題の一つに新しい光を投げかけているのである。そして、私たちは、生命の創造力が、生命よりも古く、ひょっとしたら、時間よりさえも古い源泉からくみ上げられていることを学ぶのである。

謝辞

何人かの重要な共同研究者については、本文中で触れたが、それ以外に、大学院生からポスドク研究者やいくつもの大学の教職にある同僚まで、無数の方々から恩恵を受けている。とくに私は、研究室の研究仲間、なかでも、アディチャ・バーヴ、シニサ・ブラトーリック、ジョシュア・パイン、ホセ・アギラ＝ロドリゲス、キャスリーン・スプラウフスクとの議論に大いなる感謝を捧げたい。表面的には本書とは関係のない多くの会話で、彼らは、知らないうちに、ここで示したような材料についての私の思考を研ぎ澄ましてくれた。また、私がサンタフェ研究所にいた数年間に出会った数多くの同僚や客員研究者たちにも感謝したい。そこは新しいアイデアと刺激の湧きでる泉であったことを思い起こさせる。この本の初期の草稿を読み意見を寄せてくれたジェリー・サブロフとダグ・アーウィンに特別の感謝を述べたい。初期の草稿を読んでくれただけでなく、多数の有益な編集上のコメントを寄せてくれたコーマック・マッカーシーにもお世話になった（彼が公言している句読点に対する嫌悪にならって、この本ではセミコロンを使っていない）。チューリッヒ大学の私の学部の同僚たちには、このようなプロジェクトが成功できるような種類の研究環境をつくるのに助力していただいたことに感謝の意を呈しておくべきだろう。

ビル・ローゼンは、よき編集者がイモムシをチョウに変えうることを教えてくれた。彼の導きは、このプロジェクトのあらゆる段階で役に立った。彼は卓抜な仕事をしてくれ、私は彼に十分な感謝を述べつくせない。彼と私の著作権代理人のリサ・アダムズも、出版業界の気の抜けない荒海を私が航海するのを助けてくれた。リサは、あらゆる契約上の問題を処理してくれた。さらに、私は、編集上の支援に関して、カレント（ペンギン・グループ）のニキ・パパドプロスのお世話にもなった。彼女の鋭いコメントと疑問は、原稿を大幅に改善する助けとなった。彼女とその助手のケリー・ペレスとナタリエ・ホルバチェフスキーも、夥《おびただ》しい疑問点を迅速かつ忍耐強く処理してくれた。最後に、なんといっても、著作過程のジェットコースターが急降下しつづけているときに慈悲深い寛容を示してくれた私の家族に感謝しなければならない。

原注

プロローグ　その偶然は起こりうるのか？

(1) こうした過程が地球の歴史のほとんどを通じて現在と同じ速度で進行したと仮定するのが、斉一論と呼ばれる地質学の原理である。
(2) Zimmer (2001), 60を参照。
(3) Burchfield (1974) を参照。関連の文章は、ダーウィンの主著『種の起原』(On the Origin of Species by Means of Natural Selection) の第六版のchapter 10, page 338に見られる。Darwin (1872) を参照。ダーウィンはこの本の英語版を六版出版したが、それぞれ前の版と違いがある。私がこの注で引用するのは、A・L・バート (New York) によって復刻されている第六版からのページ数であるが、通常は初版、すなわちDarwin (1859) が引用される。
(4) Burchfield (1990), 164を参照。この頻繁に引用される逸話は、ケルヴィンの間違いの真の理由を曖昧にしている（そのことは、ここでの私の論点にとって重要ではない）。真の理由は、England, Molnar, and Richter (2007) で論じられているように、地球の内部で熱伝導率が均一であるとした彼の仮定だった。
(5) Sibley (2001) を参照。
(6) Schwab (2012), 188および Tucker (2000) を参照。
(7) Goldsmith (2006) を参照。
(8) ヒトの爪と鳥の爪はそれぞれ別のケラチンのサブファミリーに属するタンパク質、すなわち、それぞれαケラチンとβケラチンでできている。βケラチンの起源については、Greenwold and Sawyer (2011) を参照。
(9) Kappé et al. (2010) を参照。
(10) Shimeld et al. (2005) および Feuda et al. (2012) を参照。脊椎動物そのものは、五億年前より以前のカンブリア大爆発の際に出現していたが、脊椎動物がもつタンパク質のいくつかは、もっと古いかもしれない。

(11) その数は10^{90}より大きくはないと推定されている。これより保守的で、より小さな推定については、"Observable universe," Wikipedia, http://en.wikipedia.org/wiki/Observable_universe を参照。

(12) 一年は三六五日あり、もし宇宙の年齢が2×10^{10}年のオーダーであれば、毎日宝くじに大当たりしたとしても、7.3×10^{12}にしかならず、必要とされる数字に比べて、馬鹿馬鹿しいほど小さい。

第一章　最適者の到来

(1) 二〇世紀中期における生物学史についての確かな資料にもとづく綿密な記述はMayr (1982) である。私はこの本から広汎に引用するつもりである。

(2) Mayr (1982), 362を参照。

(3) 前掲書、390。

(4) 前掲書、351。

(5) 前掲書、363。

(6) 前掲書、259。

(7) Whitehead (1978), 39を参照。

(8) 本質主義者のこの種概念は、原型的種概念とも呼ばれる。Futuyma (1998), 448を参照。

(9) 新種を生みだせるようなうまくいく交雑は稀ではなく、とりわけ植物ではよく見られる。Futuyma (1998) を参照。細菌は人間のように、有性生殖をしないので、生物学的種概念は適用されない。にもかかわらず、遺伝子の水平伝播と呼ばれる過程を通じて、遺伝物質をしばしば交換し、したがって、高等生物の種に比べて、より可塑性をもっている。Bushman (2002) を参照。

(10) Mayr (1982), 304を参照。

(11) エウポドフィスそのものは、最近になって発見されたものであることを注記しておく。Houssaye et al. (2011) を参照。

(12) Gilbert (2003) を参照。ダーウィン自身は、蔓脚類についての広汎な研究を通してこの分野に貢献した。

(13) Mayr (1982), 439を参照。

(14) ほぼ同時に同じような説を提唱した同時代のアルフレッド・ラッセル・ウォレスを別にすれば、自然淘汰の概念を根本的に適用し、その重要性について多数の証拠を集めたという点で、ダーウィンは比類のない人物である。自然淘汰の概念はダーウィン説よりずっと前から存在したが、その当時、淘汰（selection）はふつう劣った種類（form）を消去するのに役立つもので、既存の生物の種類を漸進的に改良する助けになるとは考えられていなかった。Mayr (1982), 488-500を参照。

(15) Darwin (1872), chapter 1, page 12を参照。

(16) Mayr (1982), 710を参照。

(17) メンデルの法則は、Griffiths et al. (2004) などの生物学の教科書に要約されている。メンデル形質のなかには、二つの純系の両親からできた子が両親の中間型を示すものもある。遺伝子の粒子的な性質は、第二代においても現れることができ、その場合、一部の個体は親の表現型を表す。

(18) Mendel (1866) を参照。

(19) Kottler (1979), Corcos and Monaghan (1985), Mayr (1982), 728のほかSchwartz (1999), chapter 7を参照。

(20) Johannsen (1913) を参照。パンゲンという用語は、眼、毛、爪を含めて体のあらゆる部分が、遺伝に寄与するという大昔の考え方を表す言葉、パンゲン説（pangenesis）に由来する。パンゲン説に従えば、たとえば、茶色の眼をした両親は茶色の眼をした子供をもつ傾向がある。なぜなら、男と女が子作りにおいて交換する物質が何であれ、眼もそれに寄与するからである。ダーウィンもパンゲン説を信じていた。Mayr (1982), 693を参照。現在ではパンゲン説がまちがっていることがわかっている。体のあらゆる部分ではなく、卵母細胞のような生殖細胞のみが次世代の遺伝物質に寄与する。

(21) Mayr (1982), 783を参照。

(22) この言葉はふつうド・フリースに帰されており、私はその伝統に従った。それはde Vries (1905), 825の結びの言葉にある。けれども、ド・フリースはこの言葉を最初に言ったのは自分だとは主張しておらず、むしろ、なんの説明もなしにそれをアーサー・ハリスに帰している。ハリスは、ほとんど注目されていない記事で、この言葉を使っているが、そこでは出典を示さずにそれが引用だと宣言している。Harris (1904) を参照。この言葉は、周期的に文献中に再浮上する。たとえば、Fontana and Buss (1994) による研究論文の表題におけるように。

(23) ヨハンセン自身は、遺伝子がなんらかの物理的な実在性をもつと受け取られないようにきわめて用心していた。Johannsen (1913), 143-46を参照。

(24) そのような個別的・粒子的な遺伝に対立する考えは、混合遺伝ないし融合遺伝とも呼ばれる。
(25) ダーウィンは、粒子的な遺伝について知っていたが、それがきわめて重要だとは考えなかった。Mayr (1982), 543を参照。
(26) マクロ突然変異は植物の方が動物の場合より頻繁に見られるのかもしれない。Theissen (2006) を参照。
(27) Goldschmidt (1940), 391を参照。突然変異主義者の視点では、そのような突然変異は進化にとって自然淘汰よりも重要だった。Mayr (1982), 540-50を参照。
(28) オオシモフリエダシャクの物語は、人間の一生の時間内で観察された「進行中の進化」の例として、もっとも古く、もっとも数多く引用されているものの一つである。Kettlewell (1973) だけでなくCook et al. (2012) も参照。ホールデンは、そのような急速な遺伝的変化でさえ、それほど強い淘汰を必要としないことを示した。Haldane (1924) を参照。
(29) この評価は、形質についてとくによく研究されている部類である人間の病気に根ざしている。人類のおよそ一%が単一の遺伝子の突然変異によって引き起こされるメンデル遺伝病に罹っているが、全人口のはるかに大きなパーセンテージを占める人々が、高血圧や糖尿病のような、複数の影響力の弱い遺伝子の突然変異と結びついた病気に罹っている。Benfey and Protopapas (2005) を参照。
(30) 倍数体化のように、跳躍が通則《ルール》であることを実証するような例外もある。これは、ある生物体の遺伝物質全体が倍加するもので、大きな表現型の変化を引き起こすことができる。多くの作物は倍数体である。
(31) Huxley (1942) を参照。
(32) この引用文それ自体が、Einstein (1934) の原文を単純化したものである。
(33) Mayr (1982), 400を参照。
(34) Morgan (1932), 177を参照。不思議なことに、モーガンは遺伝学者になる前は発生学者だった。より幅広い議論については、Gilbert (2003) を参照。
(35) 集団遺伝学と量的遺伝学は徐々により洗練されたものになってきており、複数の遺伝子が一つの表現型に非線形的な方法で寄与することを認めるようになっている。また、多変量表現型、単一のスカラー量で書くことができず、ベクトルで表現される表現型も研究されている。しかし、こうした表現法でも、タンパク質の折りたたまれ方のような、表現型の真の複雑さを取り込むことはできていない。それは原子の協調と、構成するアミノ酸の分子的挙動によって表すのが最善である。この表現型の形成は、その

(36) 遺伝子型、つまりアミノ酸鎖によって完全に決定されるが、にもかかわらず、あまりにも複雑なために、遺伝子型の情報から計算することがいまだにできない。

(37) 酵素（enzyme）という用語そのものは、すでに一八七七年にドイツ人生理学者ヴィルヘルム・キューネによってつくられていた。

(38) Stryer (1995) を参照。

(39) Desmond and Moore (1994) を参照。「最適者の生存」という表現が初めて使われたのは第五版で、哲学者ハーバート・スペンサーによる造語。

(40) Mayr (1982), chapter 19を参照。

(41) Avery, MacLeod, and McCarty (1944) を参照。

(42) Watson and Crick (1953) を参照。

(43) この業績で、マックス・ペルーツとジョン・ケンドリューは一九六二年度のノーベル化学賞を共同受賞した。

(44) Benfey and Protopapas (2005) を参照。遺伝的変異を調べる非常に初期の技術はまだＤＮＡを直接に解読することができなかったが、電気泳動における変異タンパク質の可動性の違いといった、それに代わる遺伝的変異の指標を用いていた。たとえば、Lewontin and Hubby (1966) を参照。

(45) Kreitman (1983) および Ogueta et al. (2010) を参照。

(46) Eng, Luczak, and Wall (2007) を参照。そのような反応を示す人は、アルコールをより効率的に代謝してアセトアルデヒドに変えるが、それが有害な副作用を引き起こす。

(47) 相容れない世界観を導く「パラダイムシフト」という概念は、歴史家トマス・クーンによって不朽のものとなった。Kuhn (1962) を参照。

(48) Nikaido et al. (2011) を参照。

(49) 英語のアルファベットとＤＮＡの分子のアルファベットのあいだの違いのいくつかのうちの一つは、文字数が異なり、そのため一文字当たりの情報量が異なることである。

公的・私的の両プロジェクトからの最初の下書き版塩基配列は、一個人のではなく複数の個人からのＤＮＡに基づいたものだった。私的プロジェクトの方では、ＤＮＡの一部はプロジェクト・リーダー個人のものだった。Venter (2003) を参照。

(50) 彼が言及している病気は、糖尿病のように、複数の遺伝子の突然変異によって引き起こされる（そして食餌内容のような環境要因によって影響を受ける）、いわゆる複合病で、単一の遺伝子の突然変異によって引き起こされるメンデル遺伝病と対比されるものである。

(51) 遺伝子の調節に役立つタンパク質とＤＮＡの相互作用のような、他の分子的相互作用も、第五章で指摘するように、シグナル伝達において重要である。

(52) 生化学的なシステムについてのそのような数学的記述法は、生物学者が酵素と、それが化学反応を触媒できる速度について初めて記述して以来、何十年間も存在した。Fell (1996) を参照。けれども、二〇世紀の最後の一〇年間に、分子生物学は、そのような記述法を、システム生物学と呼ばれる新しく流行しつつある生物学の一分科における生化学的システムを理解する上で不可欠なものとして受け入れた。

(53) インスリンのシグナル伝達の数学的モデルについては、Sedaghat, Sherman, and Quon (2002) を参照。また、インスリン抵抗性の背後にあるメカニズムに関するいくつかの仮説については、Draznin (2006) を参照。Sanghera and Blackett (2012) は、２型糖尿病の遺伝的複雑性のいくつかについて論じている。

(54) ダーウィン以後の多くの科学者が強力に主張しているように。たとえば、Dawkins (1997) を参照。

(55) 私の知る限りでは、遺伝子型＝表現型地図という用語は、スペインの発生生物学者ペレ・アルベルヒによる造語で、彼は、あまりにも複雑すぎて分子的な詳細まで地図を描くことが不可能な顕微鏡レベルの表現型を研究した。Alberch (1991) を参照。けれども、そうした地図の背後にある考え方は、総合説の創設者の一人であるシューアル・ライトや発生学者コンラッド・ハル・ウォディントンなど、多くの人々の著作のなかに見いだすことができる。Waddington (1959) を参照。

(56) Mayr (1982), 304を参照。

第二章　生命はいかにして始まったか？

（1）Pasteur (1864) を参照。
（2）Horowitz (1956) を参照。
（3）前掲書。
（4）パストゥールは、そうした微生物が空気中のほこりから生育培地に混入できることに気づいていた。

(5) Pasteur (1864) を参照。
(6) Cropper (2001), 259を参照。
(7) Sleep (2010) を参照。
(8) Sleep (2010) および Delsemme (1998) を参照。
(9) Schopf et al. (2002) のほかBrasier et al. (2006) も参照。
(10) Mojzsis et al. (1996) だけでなく、Lepland et al. (2005) も参照。
(11) Oparin (1952) および Haldane (1929) を参照。
(12) ダーウィンの一八七一年二月一日付けの友人J・D・フッカー宛の手紙は、ダーウィン書簡プロジェクトの手紙七四七一番（http://www.darwinproject.ac.uk/entry-7471）として見ることができる。歴史的な正確さという関心から、ドイツ人化学者のフリードリヒ・ヴェーラーが、尿素という有機物質が無機材料からつくれることを初めて証明したという事実を述べておく。
(13) Miller (1953) を参照。
(14) Miller (1998) を参照。
(15) 隕石の成分の再分析については、Schmitt-Kopplin et al. (2010) を参照。この隕石の衝突は、国際隕石学会（http://www.lpi.usra.edu/meteor/metbull.php?code=16875）によって詳しく報告されている。Bryson (2003) も参照。
(16) Sephton (2001) および Radetsky (1998) を参照。
(17) Delsemme (1998) を参照。
(18) 前掲書。
(19) Deamer (1998) を参照。
(20) Delsemme (1998) を参照。
(21) Watson and Crick (1953) を参照。
(22) ロナルド・ブレーカーが一九九四年に実証したように、DNAでさえ、一部の化学反応を触媒することができる。しかしながら、これまでのところ、DNA触媒は実験室のなかでしか存在しない。
(23) 精巧な空間的構造に折りたたまれうることが一つの理由となって、RNAが触媒ではないかという仮説は出されていたが、その証明は Guerrier-Takada et al. (1983) および Kruger et al. (1982) によって与えられた。

(24) リボソームにアミノ酸を積み込むトランスファーＲＮＡのような、ＲＮＡがもつ他の役割も知られていたが、触媒に匹敵するほど重要な役割はなかった。

(25) ＲＮＡワールドという概念は、Gilbert (1986) に由来する。

(26) Cech (2000) を参照。

(27) 正確を期すれば、この分子は、それ自身ではなく、テンプレートを複製するのであり、この過程をスタートさせるためには、少なくとも二種類の分子が必要である。

(28) Johnston et al. (2001) のほかZaher and Unrau (2007) および Cheng and Unrau (2010) を参照。

(29) Eigen (1971) を参照。

(30) Szostak (2012) のほかEigen (1971) および Kun, Santos, and Szathmáry (2005) も参照。これは実際には経験則でしかない。求められる正確さは、ＲＮＡレプリカーゼの忠実でないコピーがどれほど粗悪なものであるかなど、他の要因にも依存する。

(31) Johnston et al. (2001) を参照。

(32) Drake et al. (1998) を参照。

(33) Kelman and O'Donnell (1995) を参照。先駆体はデオキシＡＴＰのような分子だが、それを新しく合成されたＤＮＡに取り込むにはエネルギーが必要で、それは、先駆体の二つのリン酸残基を切り離すことによって得られる。

(34) この計算は、一八九分子のレプリカーゼに基づいている。これは、Johnston et al. (2001) によって発見されたポリメラーゼと同じ長さで、構成要素のヌクレオチドの一モル当たり平均三四〇グラムという重さと同じくらいである。もう一分子を複製するのにレプリカーゼ一分子が必要なことを計算に入れてある。これがレプリカーゼ集団の倍加速度を減少させるだろう。一つの重合反応の一秒当たりの重合速度は、Ekland, Szostak, and Bartel (1995) で論じられているいわゆるクラスＩリガーゼからとられているが、たとえこの速度が何桁かのオーダーで遅くなったとしても、栄養源の指数関数的な増大が必要になるだろう。

(35) Szostak (2012) を参照。

(36) Miller (1998) を参照。

(37) Martin et al. (2008) および Braakman and Smith (2013) も参照。もっとも先見の明のある初期の考え方の一つは、またしてもJ・B・S・ホールデンによって提供されている。Haldane (1929) を参照。

(38) Stryer (1995) を参照。とりわけ高い加速率をもつ酵素には、アルカリホスファターゼやウレアーゼが含まれる。多機能酵素と称される一部の酵素は、複数の反応を触媒することができるが、ふつう、そのうちの一つの反応をとくに効率的に触媒できる。Stryer (1995) を参照。

(39) Wächtershäuser (1992), Wächtershäuser (1990), Morowitz et al. (2000), Copley, Smith, and Morowitz (2007), Bada and Lazcano (2002), Yčas (1955) および Martin et al. (2008) を参照。

(40) Delsemme (1998) を参照。

(41) Corliss et al. (1979) を参照。

(42) 温泉や間欠泉は陸上にある熱水噴出孔である。

(43) より正確にいえば、それらは、光エネルギーを使う光独立栄養生物——主として植物——とはちがって、無機分子をエネルギー源として使う化学独立栄養生物である。ヒトのような生物は、他の生物がつくった有機分子を食べて生きる従属栄養生物である。

(44) Martin et al. (2008) を参照。

(45) Beatty et al. (2005) を参照。

(46) Wikipedia, Hydrothermal vent (http://en.wikipedia.org/wiki/Hydrothermal_vent), 4.1. "The deep hot biosphere." [日本語版ウィキペディア「熱水噴出孔」4熱水噴出孔まわりの生物社会]

(47) Kashefi and Lovley (2003) を参照。

(48) Holm and Andersson (1998) のほかMartin et al. (2008) も参照。

(49) Budin and Szostak (2010) のほかKelley et al. (2005) も参照。

(50) Smil (2000) を参照。こうした種類の金属は長い間、工業化学者にとって価値ある触媒として役立ってきた。たとえば、世界の人口の三分の一の生活を支えているハーバー＝ボッシュ法は、毎年五億トンのアンモニア肥料を生産するのに鉄を触媒として使っている。Holm and Andersson (1998) のほか、Hsu-Kim et al. (2008) も参照。

(51) クエン酸回路はトリカルボン酸回路または、ドイツ生まれのノーベル賞受賞の生化学者、ハンス・アドルフ・クレブスにちなんで、クレブス回路とも呼ばれる。代謝の起源としての可能性があるものという

(52) このテーマに関する異説については、Braakman and Smith (2013) を参照。

(53) Morowitz et al. (2000) のほかBraakman and Smith (2013) も参照。

(54) Stryer (1995) のほかSmith and Morowitz (2004) も参照。

(55) 私が最初に説明したものは、原始的な還元的クエン酸回路であり、こちらは他の分子の先駆体を合成するのに、還元された無機物からのエネルギーと、二酸化炭素からの炭素を使う。これに対して、従属栄養生物（ヒトのような）の酸化的クエン酸回路は、エネルギー――究極的にはＡＴＰ――と生合成のための構成要素の両方をつくるのに、有機分子からエネルギーを抽出し、同時に老廃物として呼気で排出する二酸化炭素をつくる。

(56) Hügler et al. (2007) のほかSmith and Morowitz (2004) も参照。

(57) Zhang and Martin (2006) および Cody et al. (2000) を参照。

(58) 自己触媒ネットワークを理論的に扱ったものとして、Eigen and Schuster (1979) およびKauffman (1986) がある。親から子へ、ある代謝の状態が遺伝的に受け継がれうる方法を理解するのは簡単だが、そのような遺伝が非常に忠実である可能性は小さい。たとえば、同じ親から生まれた子のあいだで、代謝物質と触媒の濃度が確率的変動にさらされるからである。核酸は、明らかに、忠実な遺伝のよりすぐれた手段を提供する。

(59) Williams et al. (2011), Huang and Ferris (2006), Ferris et al. (1996) および Holm (1992) を参照。

(60) Budin and Szostak (2010) を参照。

(61) Deamer (1998) を参照。

(62) Budin, Bruckner, and Szostak (2009) を参照。

(63) 奇妙なことに、パストゥールは自然発生説に死を告げる鐘を鳴らしたが、発酵には生命力が必要だとまだ信じていた。発酵については、のちにブフナーが、生命のない酵素だけが必要なことを証明した。

(64) 私がここで引用した数字は、大腸菌 (*E. coli*) のようなよく研究された細胞でのものである。Neidhardt (1996) および Feist et al. (2007) を参照。バイオマスの化学的組成およびその構築要素は生物間で異なっているが、通常はタンパク質、ＲＮＡ、ＤＮＡがバイオマスの大多数を構成しているといった、いくつかの重要な原理はおおまかに当てはまる。私たち人類の代謝はそれよりはるかに複雑である。二〇〇〇以上の反応と二〇〇〇以上の小さな分子をもっている。大腸菌のネットワークについての最新の知見はFeist et al. (2007) に、ヒトのネットワークについてはDuarte et al. (2007) に要約されている。どちらの知見も将来的により充実していくことは疑いない。

(65) より正確には、私たちの腸内の微生物がビオチン（ビタミンB複合体）をつくる。

(66) Wolfenden and Yuan (2008) を参照。スクラーゼは、他の酵素と同じように、細胞内を漂っているわけではなく、腸の細胞の膜にくっついていることを注意しておきたい。

(67) いくつかの反応は、二つ以上の酵素によって触媒され、いくつかの酵素は、二つ以上の反応を触媒する。

(68) 厳密に言えば、スクラーゼは、二つの同じポリペプチドから構成されている。Sim et al. (2010) を参照。

(69) これは代謝酵素にも当てはまる。ほかの酵素、とくに他の分子にリン酸を付加するタンパク質キナーゼも存在する。これは大きな分子である。

(70) Tanenbaum (1988), 254を参照。

(71) 厳密に言えば、ＧＴＰやデオキシＣＴＰのような、エネルギー備蓄にも使える類縁分子はいくつか存在するが、その化学的構造はＡＴＰに非常によく似ており、エネルギー備蓄に同じ種類の化学結合を使っている。

(72) 多数の異なった種類の脂質があり、生物間でも膜は脂質の内容で異なってはいるが、膜分子が、親水性と疎水性の両方をもつという原理は変わらない。

(73) いくつかの生物は、遺伝暗号に微細な変異を示す。Knight, Freeland, and Landweber (2001) を参照。しかし、そうした変異体は、現存のすべての生物のもっとも新しい共通祖先より後に出現したものである可能性がきわめて高い。

(74) ＡＴＰの代替候補の一つは非常に密接な関連をもつＧＴＰで、ＤＮＡの代替候補の一つはＰＮＡ（ペプチド核酸）である。Nelson, Levy, and Miller (2000) を参照。Wagner (2005b) のChapter 3 は、遺伝子暗号に関するいくつかの関連文献について論評している。代替候補のどれか一つはよりすぐれているかもしれないが、それはここでの論点を外れる。たとえ自然淘汰が他のものの消滅を引き起こしたのだとしても、現行規格は、私たちが単一の祖先に由来したものであることを物語っている。

(1) この喩え《アナロジー》は、アルゼンチンの作家ホルヘ・ルイス・ボルヘスの有名な短編小説『バベルの図書館』（スペイン語原題："La biblioteca de Babel"，英訳版はBorges (1962)）から着想を得た。けれども、この短編小説の背後にある考え方は、ボルヘス以前からある［たとえば、クルト・ラスヴィッツの『万能図書館』］。このアイデアは、ウンベルト・エーコやダニエル・デネットなど、他の多くの著作家によって使われている。

(2) BioCycデータベースはhttp://biocyc.org/で見られるし、Caspi et al. (2012) に記述されている。京都遺伝子ゲノム百科事典については、Ogata et al. (1999) を参照。さらにもう一つの関連データベースが、Chang et al. (2009) に記述されている。

(3) McCarthy, Claude, and Copley (1997), Ederer et al. (1997), Nohynek et al. (1996), Copley (2000) およびCopley et al. (2012) を参照。

(4) Copley (2000) を参照。

(5) Rehmann and Daugulis (2008) を参照。

(6) van der Meer et al. (1998) および van der Meer (1995) を参照。

(7) Dantas et al. (2008) を参照。

(8) Takiguchi et al. (1989) を参照。

(9) Mommsen and Walsh (1989) および Wright, Felskie, and Anderson (1995) を参照。

(10) 植物自身も、バイオマスをつくるために自分がつくりだした酸素の一部を呼吸する。

(11) 好塩菌はこれ以外の適応ももっている。Postgate (1994) を参照。

(12) Steppuhn et al. (2004) を参照。

(13) Bennick (2002) を参照。

(14) McMahon, White, and Sayre (1995) を参照。

(15) その理由は、このように互いに類似したゲノム、ことに高等生物においては、ふつう、非常によく似た代謝を指定《コード》することにもなるので、大きく異なった酵素のセットは含まれていないからである。

(16) Shrestha et al. (2011) を参照。これらの動物は、この酵素を不活性化する突然変異をもっている。

(17) Redfield (1993) および Dubnau (1999) を参照。

(18) 一部のウイルスの遺伝物質はRNAで、DNAではないが、そのライフサイクルにはふつうDNA中間期が含まれ、そこに同じような原理が適用される。

(19) 余計なDNAは、複製された遺伝子あるいは染色体が繁殖の過程で分離する必要があるときにも、問題を引き起こすことがある。

(20) Bushman (2002), Loreto, Carareto, and Capy (2008) および Bergthorsson et al. (2003) を参照。

(21) 人種とのたとえ話は割り引いて聞かなければならない。細菌は多くの動植物のように有性生殖をしない。種の概念は細菌類については明確に定義できないし、人種のようなさらに厳密さに欠けるカテゴリーにも同じことが当てはまる。

(22) Lawrence and Ochman (1998), Blattner et al. (1997), Ochman and Jones (2000) および Pál, Papp, and Lercher (2005) を参照。

(23) Lawrence and Ochman (1998) を参照。

(24) いくつかの関連文献としては、Smillie et al. (2011) のほかOchman, Lerat, and Daubin (2005) および Ma and Zeng (2004) を参照。

(25) 実際のパーセンテージには変異があり、細菌で大きく、多細胞生物では小さい。

(26) Blattner et al. (1997) および Feist et al. (2007) を参照。これには、細胞間の情報伝達に関与している酵素のように、代謝に関係ない化学反応を触媒している酵素も含まれているかもしれない。

(27) この単純な記述には多くの技術的な複雑さが隠されている。たとえば、同じような遺伝子でも、時には異なる反応を触媒する酵素を指定《コード》することができるし、その逆もある。さらに、ある酵素は二つ以上の反応を触媒することができ、ある反応は複数の酵素によって触媒され、またある酵素は一つではなく複数の遺伝子の産物である場合がある。したがって、実際のところ、一つのゲノム内の代謝に注釈を加えるには、単純にコンピューターで遺伝子を比較する以上の作業が含まれる。Feist et al. (2009) を参照。

(28) この距離の概念は、対応する二つのビット文字列間のハミング距離とは違う。ハミング距離は二つの文字列で異なっている数あるいはビットの比率を示すものである。具体的には、それは両方の代謝で欠如している反応はすべて考慮に入れない。ほとんどの既知の代謝は、既知の反応宇宙の反応の総数のうちのごくわずかな比率の反応からだけ構成されている。Ogata et al. (1999) を参照。けれども、二つの代謝のすべての反応でたとえ異なっていたとしてさえも、両方の代謝に欠如している反応がまだ多数あるだろう。この理由から、そして私が、一つのネットワークに特異的な反応の比率に焦点を合わせるがゆえに、共有する反応の比率であるDの方が、ハミング距離よりも適切な距離の尺度なのである。

(29) そのような二つの株のDNAが一〇〇万ヌクレオチド以上異なっているかもしれないことに気づけば、この結果もそれほど驚くべきものではない。

(30) 私はこの分析を、非常に類似した種が大きな比率を占めるのを避けるために、各属から一種ずつの細菌についておこなった。Wagner (2009a) を参照。

(31) 多くの色彩は色素によって引き起こされるが、そのほかに、チョウの翅の色のように微細な表面の構造が反射光の干渉を生じることで玉虫色に見えるものもある。カメレオンの体色のように、構造色と色素に基づく色の両方が色の表現型にかかわっている場合もある。

(32) 私が述べた手順は使えるものではあるが、生存可能性を計算するもっとも効率的な方法ではないことが明らかになる。実践的には、流速均衡解析（flux balance analysis）と呼ばれるアプローチがもっとも有効である。これは線形計画法と呼ばれる計算手法に依拠するものである。その概要については、Price, Reed, and Palsson (2004) を参照。このような計算は単なる生存可能性以上のことを判定できる。これらはまた、一つの代謝がどれくらい速く働くか——どれほど迅速にバイオマス分子を産生できるか——も教えてくれる。言い換えると、ある生物体が世に打って出て、増殖できるか、それともかろうじて命にしがみついているだけかも教えてくれる。

(33) そのうえさらに、流速均衡解析は、異なる増殖条件と環境下における増殖速度と栄養取り込み速度を正確に予測することもできる。Feist et al. (2007), Segre, Vitkup, and Church (2002), Edwards, Ibarra, and Palsson (2001) およびNeidhardt (1996) を参照。予測と実験が食い違っている場合には、二つの主要な原因が働いている。一つは代謝についての情報の欠損である。二つめは、調節上の制約が関係していて、ゲノムに特定の酵素が触媒する反応のための遺伝子は存在するが、その遺伝子が適切に調節されていないためにその酵素が生産されない場合である。こうした種類の制約は、実験室での進化実験においてさえ速やかに克服され、したがって、代謝的なイノベーションにとって深刻な障害にはならない。Fong and Palsson (2004), Fong et al. (2006), Förster et al. (2003), Segre et al. (2002) およびEdwards and Palsson (2000) を参照。

(34) 特筆すべき例外は内部共生者、つまり他の生物の体内で生きていて、宿主が提供する不変の環境から利益を得ている生物である。何百万年もつづいてきた長期にわたる内部共生の一例は、アブラムシの内部共生者であるブフネラ属の細菌である。Moran, McCutcheon, and Nakabachi (2008) ならびに第六章を参照。

(35) Feist et al. (2007) を参照。

(36) 可能なあらゆる燃料で生存可能な（仮説上の）代謝は、確かに一つの表現型をもっているが、それはもはや燃料のイノベーションを体験することができない。可能な新機軸の数は表現型の数よりも絶対に小さいからである。

(37) 多次元の空間を探検する古典的な著作にAbbott (2002) がある。より現代風の探検はStewart (2001) に見ることができる。

(38) 数学の言葉では、私たちの三次元空間と代謝の図書館——代謝遺伝子型の空間——は、どちらも距離空間である。なぜなら、どちらにも距離の概念が存在するからである。Searcöid (2007) を参照。数学者は非計量空間も研究するが、まさに距離の概念を欠いているがゆえに、その性質は直感的な理解がより困難である。

(39) （4×10^9［年］）×（365［日/年］）×（8.64×10^4［秒/日］）×（5×10^{30}）＝6.3×10^{47}通りの組み合わせ。

(40) 国民一人当たりの科学論文被引用回数といった、科学の生産性を測る従来の尺度によっても、おそらく世界のリーダーである。Cole and Phelan (1999) を参照。参考までに言えば、スイスは、国民一人当たりで米国よりも多くのノーベル賞受賞者を輩出している。"List of countries by Nobel laureates per capita," Wikipedia, http://en.wikipedia.org/wiki/List_of_countries_by_Nobel_laureates_per_capita.

(41) より正確には、それは、この糖に貯えられた炭素原子とエネルギーから、これらの分子すべての炭素骨格を合成する能力である。

(42) 他の研究者たちは、別の疑問、すなわち一つの代謝のなかのすべての反応が不可欠なものかどうかという疑問に焦点を絞り、そうでないことを見いだし、同じ結論が導かれることになった。Edwards and Palsson (2000) のほかFong and Palsson (2004) も参照。

(43) この研究は、アリジット・サマルおよびオリヴァー・マーチンとの共同でなされた。Samal et al. (2010) を参照。

(44) ここで論じた仕事は、Rodrigues and Wagner (2009) のほかSamal et al. (2010) および Rodrigues and

Wagner (2011) にも要約されている。

(45) Rodrigues and Wagner (2009) を参照。

(46) ここで注意しておきたいのは、私たちは、異なる数の反応からなる生存可能なネットワークからスタートし、この反応の数をランダム・ウォークのあいだずっと、ほぼ一定に保ちつづけたということである。したがって、そのような歩き《ウォーク》は代謝の図書館の超立方体を薄く切った「切片《スライス》」を探索したことになる。

(47) Rodrigues and Wagner (2009) を参照。

第四章　タンパク質の多様な進化

(1) Fletcher, Hew, and Davies (2001) には、魚類における不凍タンパク質の概要が示されている。

(2) いくつかの酵素は複数の反応を触媒でき、そのため、しばしば「多機能性（promiscuous）」と呼ばれることがある。O'Brien and Herschlag (1999) を参照。逆に、いくつかの反応は、複数の酵素によって触媒される。

(3) Zhao et al. (2001) を参照。シャルコー・マリー・トゥース病は、他の遺伝子の突然変異によっても引き起こされる。

(4) アミノ酸の電荷などの他の要因も問題になるが、私の言っていることの大部分はそれらの要因にも当てはまるので、「形状」をこのままにしておく。相補的な形状をもつ分子どうしの結合は、水素結合におけるような、分子間の特異的な相互作用と誘引力にかかわっている。Branden and Tooze (1999) を参照。

(5) 一本のアミノ酸鎖を表す、より厳密な専門用語はポリペプチドである。一つのタンパク質は一つないし複数のポリペプチドから構成できる。

(6) ここで私がタンパク質の折りたたまれ方を記述するのに使っている単語は擬人的だが、この過程は純粋に物理的なものだ。磁場のなかで鉄粉がどのようにして整列するのかというのと同様で、ただそれよりはずっと複雑なだけである。というのも、アミノ酸の対立する誘因力と排斥力による複数の相互作用が働いているからである。

(7) より正確には、タンパク質の構造のこうした要素はαヘリックスとβシートと呼ばれる。ひだ状のβシートは、アミノ酸鎖のなかでかならずしも隣接していない二つの部分から形成される。これらの部分は

(8)

βストランドとも呼ばれる。この図では、矢印のところで終わっているほぼまっすぐなリボンに対応する。Branden and Tooze (1999) をも参照。

ここに見えているのは実際にはN末端ドメインとも呼ばれる領域で、アミノ酸の一本の鎖全体の約半分にすぎない。スクラーゼの分子全体は、二本のアミノ酸の鎖の複合体である。Sim et al. (2010) を参照。

タンパク質の大きさは、熱振動に対する安定性、標的分子に対する特異性、高速度の触媒、およびその活性を調節する能力などを提供するようである。触媒能のあるペプチドは、より複雑な酵素のような性質を

(9)

もたない。Tanaka, Fuller, and Barbas (2005) を参照。

この揺れ動きが、酵素の多機能性、すなわち一部の酵素が複数の化学反応を触媒できるという現象の基盤でもある。振動する形状のなかには、主たる標的以外の分子に結合し、それらの分子の反応を助けることができるものがある。そうしたものは、その副業が非常に巧みだというわけではないかもしれないが、この別の反応の進行速度を速めるだけの腕はある。たとえば、O'Brien and Herschlag (1999) を参照。生命の歴史の初期における酵素の進化では、一部の酵素はおそらく高度に多機能的だったはずだ。それらの酵素は、複数の反応を、それぞれ低い速度で触媒し、やがて後に、効率よく触媒できる現在の生命を維持するのに必要とする特殊化していくようになった。Kacser and Beeby (1984) を参照。現在の生命は、多機能性が、新しい触媒能力をもつ酵素がそもそもいかにして生じたかを理解する必要性を消滅させるわけではない。

(10)(11)(12) Szegezdi et al (2006) を参照。

(13)(14) Darwin (1859) の結びの一節から。

多様な不凍タンパク質の進化を調査したものとしてはCheng (1998) を参照。こうしたタンパク質の祖先としては、酵素類ならびに細胞接着の促進などの多様な役割をもつレクチンなどが含まれる。Cheng (1998) を参照。

問題の種は、ギスカジカ属（Myoxocephalus）のカジカである。Cheng (1998) は、起源が異ならないかもしれない。Fletcher et al. (2001) を参照。同じ生物内に見られる異なる不凍タンパク質は、起源が異ならないかもしれない。

(15)

凍結を防ぐ能力は突然にではなく、徐々に生じたのかもしれない。その場合、一部のアミノ酸の変化が凍結を防ぐ能力をわずかずつ増大させ、最終的に、現在の不凍タンパク質が形成されたことになる。

314

(16) 問題の反応はHisA および TrpFという酵素によって触媒される。Wierenga (2001) を参照。

(17) この大腸菌の酵素は、L-リブロース-5-リン酸 4-エピメラーゼと呼ばれている。突然変異したあと、これはアルドラーゼになる。O'Brien and Herschlag (1999) を参照。

(18) そのヘモグロビンには、他のいくつかの変化も起こっているが、このプロリンからアラニンへの置換は特別に重要である。Liang et al. (2001) のほか、Liu et al. (2001) および Golding and Dean (1998) も参照。いくつかの付加的なメカニズムが、高い標高における飛行への適応を促進している。Liu et al. (2001) のほか、Monge and León-velarde (1991) も参照。

(19) オプシンをコードしている遺伝子の遺伝子重複もかかわっている。Golding and Dean (1998) には、これやその他の適応についての説がある。

(20) この現象は、「赤の女王効果」とも呼ばれる。これはアメリカ人生物学者リー・ヴァン・ヴァーレンによる造語。

(21) こうしたタンパク質は無から生じるわけではない。それらはいわゆるＡＢＣ輸送体が改変されたものである。ＡＢＣ輸送体は、細菌からヒトに至るまでの生物において、あらゆる種類の分子を細胞の内外に輸送するタンパク質の、非常に大きくかつ広汎な分類群（クラス）である。Putman, van Veen, and Konings (2000) のほか、Gottesman et al. (1995) も参照。改変は、輸送体のアミノ酸配列あるいは、たとえばゲノム内でコードしている遺伝子の数を変えることによって、タンパク質の量そのものに影響を与えることができる。Mrozikiewicz et al. (2007) のほかStein, Walther, and Wunderlich (1994) も参照。薬剤耐性の急速な伝播については、Tomasz (1997) およびLe Hello et al. (2013) を参照。

(22) こうした変化はタンパク質の表現型のレベルでは劇的ではないが、全体としての生物体の（生理学的な）表現型にとっては劇的であると言うことができる。したがって、一つの変化が新機軸を構成するかどうかは、表現型の研究対象として選んだ生物体のレベルに依存する。

(23) 厳密に言えば、この遺伝子型は、そのタンパク質をコードしているＤＮＡの塩基配列のことだが、私のここでの目的にとって両者は同等である。なぜならＤＮＡの一本鎖が特異的にアミノ酸鎖を指定するからである。

(24) これを書いている時点では、実験家たちが七万種類以上のタンパク質の折りたたまれ方《フォールド》を決定しており、実験的に決定された別の似たようなアミノ酸鎖の折りたたまれ方から、コンピューターを使って一つのアミノ酸鎖の折りたたまれ方を推測する方法によって、数百万種類以上のアミノ酸鎖の形状を推定することができる。タンパク質の折りたたまれ方と機能に関する情報の、中枢的な公的貯蔵場所がProtein Data Bank (http://www.wwpdb.org) である。

(25) Maynard-Smith (1970) を参照。

(26) 多くのタンパク質は、複数のポリペプチドの複合体である。そうした複合体はどんな単一のポリペプチドより数倍は大きい。

(27) より正確には、この空間は拡張超立方体と呼ばれる。Reidys, Stadler, and Schuster (1997) を参照。この超立方体の各頂点から、それがもつ隣接者の数だけ多くの方向に歩んでいくことができる。たとえば、一〇〇個のアミノ酸をもつタンパク質については、一九〇〇の隣接者をもつので、一九〇〇の方向が存在する。

(28) 配列の空間には多様な距離の尺度が存在する。そのうちのいくつかは、一部のアミノ酸が化学的性質において他のアミノ酸よりも似ていることを考慮に入れている。遺伝子型ネットワークがどれほど遠くまで到達できるかは、使われる距離の尺度によって、多少とも変わるだろう。

(29) 「意味」という言葉の意味についての基本的な記号論的概念ならびに曖昧さについては、Eco (1977) および Putnam (1975) を参照。

(30) 折りたたみ可能なタンパク質の比率の推計は、〇・〇一％から一〇％までの幅がある。Keefe and Szostak (2001) のほかにFinkelstein (1994) および Davidson and Sauer (1994) も参照。ここの節の目的のために、意味のあるタンパク質と折りたたみ可能なタンパク質を等価なものとした。なぜなら、ほとんどのタンパク質の機能は折りたたまれることを必要とするからである。ただし、一部の構造のないタンパク質が有益な機能を果たしているかもしれないという警告はしておく。

(31) 私はここで「仕事（work）」を物理的な意味で使っている。

(32) Keefe and Szostak (2001) を参照。

(33) このような休眠に入ることができるバクテリオファージは溶原性と呼ばれる。ウイルスのＤＮＡは宿主ゲノムの一部となり、宿主が深刻なストレスを体験すると、その時点でウイルスのＤＮＡは自らの遺伝子を発現しはじめ、ウイルス粒子がつくられる。Ptashne (1992) を参照。

(34) Reidhaar-Olson and Sauer (1990) および Taylor et al. (2001) を参照。与えられた機能を引き受けている

アミノ酸配列の総数がたとえ大きかったとしても、それが占めている配列空間はほとんどなきに等しいほど小さいことに注意。

(35) それらの解決策は、アミノ酸配列が異なっているかもしれないが、たとえば、反応の触媒を許すような特別なアミノ酸の特定の空間的配置といったほかの共通性をもっているかもしれない。

(36) ヒトのゲノムは二つ以上のグロビンをコードしている。ヘモグロビンのタンパク質自体は、四本のグロビン・ポリペプチドからつくられており、二本はいわゆるα鎖、二本はβ鎖である。α鎖とβ鎖は異なる遺伝子によってコードされている。ヒトのゲノムにあるその他のグロビン遺伝子には、主として子宮内での発生中に発現されるものがあり、もう一つ［ミオグロビン］は筋肉中で酸素と結合するのに重要である。

(37) これはヒトの一世代当たりの推定突然変異率で、ＤＮＡの複製一回あたりではなく、そちらはもっと小さくなる。たとえば、Nachmann and Crowell (2000) を参照。

(38) ヘモグロビンに関連した病気はよく研究されていて、異常ヘモグロビン症と呼ばれる。鎌状赤血球症はその一つである。これらの病気のすべてがＤＮＡの一文字の変更によって生じるわけではない。ＤＮＡの欠失やその他の遺伝的変化によっても引き起こされる。一つの遺伝子のＤＮＡ文字配列における突然変異のなかには、その遺伝子が指定《コード》するアミノ酸配列にまったく何の影響も与えないものもある。なぜなら、第一章で簡単に説明したように、いくつかのヌクレオチドの組み合わせが同じアミノ酸を指定するという形で、遺伝暗号には冗長性があるからである。

(39) ヘモグロビンのβ鎖からの断片。

(40) ヒトの世代時間を二五年と仮定している。

(41) 私がここに示したもっとも新しい共通祖先までの年数はおおまかなものである。こうした推計は一定の誤差なしにはできないからである。たとえば、Hedges and Kumar (2004) だけでなく、Hedges and Kumar (2003) も参照。

(42) 植物と動物ほどに異なった生物からのグロビンでさえ、独立に発明されたものではなく、共通祖先に由来するものである。Hardison (1996) を参照。

(43) 同じ問題に対する異なった解決策というのが何を指すのかという、微妙な哲学的問題がある。化学者は、アミノ酸配列は異なっているが同じ反応メカニズムをもって小さな分子を分解する二つの分子が、同じような解決策だと主張するかもしれないが、異なる反応メカニズムをもつ二つの分子は異なる解決策である。けれども、進化的な観点からすれば、同じ機能を果たすすべての遺伝子型を、同じ問題に対する同じような解決策とみなすのは理に適っている。なぜなら、それらの表現型のそれぞれは、原理的に、他の同じような遺伝子型から独立に発見されたものだからである。

(44) Kapp et al. (1995) および Goodman et al. (1988) を参照。今日に至るまで、タンパク質は共通祖先からますます遠くへと分岐しつづけている。

(45) ここで私は、窒素固定におけるグロビンの役割を強調しているが、グロビンは植物内における酸素の流通に役立つこともできる。Hardison (1996) を参照。

(46) Rizzi et al. (1994) を参照。

(47) Wierenga (2001) を参照。この折りたたまれ方をもつタンパク質は実際に異なる機能をもちうるが、この折りたたまれ方をもち、同じ機能をもつタンパク質でさえ、きわめて多様なものでありうる。ＴＩＭバレルは生命の歴史において、独立に何度も出現したのかもしれない。

(48) この議論は、代謝の図書館の探索についての第三章での論議とよく似ている。生命の起源以来、毎秒10^{30}の数倍の生物体が新しいタンパク質を探索しつづけたとしても、すべてのタンパク質のなきに等しいほどの小さな部分しか得られないだろう。もしこの計算が数桁のオーダーで外れていたとしても、たいした違いにはならないだろう。

(49) 遺伝子重複や表現型可変性のような、別の要因もタンパク質における新機軸を助長することができる。そうした要因の概要についてはWagner (2011) を参照。

(50) 彼が分析したタンパク質のペアのほとんどは遺伝子型空間内で遠く離れていたが、それぞれ独立に発祥したのではなく、共通の祖先タンパク質から起源したことを否定するほど遠く離れてはいなかった。

(51) Ferrada and Wagner (2010) を参照。

ＲＮＡは細胞内で、ＲＮＡ干渉と呼ばれる過程を通じての遺伝子調節のような、他の機能もおこなえる。そこでは、ＲＮＡはタンパク質に比べて一つの有利さをもちうる。なぜなら、塩基相補性の原理のおかげで、遺伝子から転写されたメッセンジャーＲＮＡの一部などは、他の核酸に、きわめて特異的に結合できるからである。それ以外のＲＮＡの機能のなかで、タンパク質輸送における役割はとりわけ注目に値する。タンパク質輸送にはシグナル認識分子、すなわちタンパク質が小胞体と呼ばれる細胞の一部に入るのを助けるＲＮＡ＝タンパク質複合体がかかわっている。

(52) リボソームにおけるタンパク質合成の鍵となる反応を触媒するリボソーマルＲＮＡのような、いくつかの非常によく研究されている分子の折りたたまれ方はわかっている。

(53) マンフレート・アイゲンとともに、シュスターは、お互いの生産活動を触媒できる異質なＲＮＡの集団がいかにして、彼らがハイパーサイクルと呼んだ自己維持的なシステムを形成しうるかを理論的に示した。Eigen and Schuster (1979) を参照。

(54) これらのことは、Hofacker et al. (1994) を初めとするいくつかの刊行物に記述されている。

(55) 二次構造で形成できる塩基対はＡ‐Ｕ、Ｃ‐ＧとＧ‐Ｕである（ＲＮＡはＤＮＡのチミンの代わりにウラシルを含んでおり、これをＵと略記する）。タンパク質とＲＮＡのヘリックスの違いの一つは、タンパク質のヘリックスは隣接するアミノ酸の鎖によって形成されるのに対して、ＲＮＡのヘリックスは、一般に同じ分子の隣接していない部分によって形成されることである。多くのＲＮＡ分子は、安定した三次構造を形成するために金属イオンとの相互作用も必要とする。

(56) Schuster et al. (1994) に報告されているように、ＲＮＡの二次構造の数Ｓは配列の長さＬに比例して変化し、$S = \alpha \, (L^{-1.5}) \, (1.85)^{L}$ となる。

(57) シュスターの研究グループからの初期の重要な論文はSchuster et al. (1994) で、後のより広汎な研究はSchuster (2006) に要約されている。二次構造にのみもとづいてはいるが、この研究は今日に至るまで、遺伝子型空間のもっとも包括的な特性描写を提供するものである。歴史的な注として、遺伝子型ネットワークが存在する可能性の証拠を提示した最初の研究は、シュスターより前にあり、タンパク質の折りたたまれ方の単純なモデルを用いていた。Lipman and Wilbur (1991) だけでなく、Lau and Dill (1989) も参照。ＲＮＡの二次構造モデルと同じように、そうしたモデルは、タンパク質の機能の進化については、ほとんど何も語ってくれず、構造の進化についてより多くを語っている。シュスターのグループは、遺伝子型ネットワークに対して「中立的ネットワーク」という用語をつくった。「中立性（neutrality）」という言葉はひろく使われてはいるが、ほとんどの分子進化の研究者には特別な意味をもっている。すなわち、それは適応度にいかなる形でも影響を与えない変化を意味するのである。遺伝子型ネットワーク上で、隣接する遺伝子型との区別を生じるような種類の変化は、私がWagner (2011) で論じたように、かならずしもそういう性質のものではない。したがって、この用語は控え目に使うのが最善で、ここでは、私はそういう理由でまったく使わない。

(58) こうした考察は、典型的な形状について述べている。一つだけのRNA配列で形成される形状があるかもしれないが、そうした形状を盲目的な進化的探索で探し出すのは非常に困難だろう。RNA配列の空間の広大な圧倒的領域は、多くの配列によって形成される構造で満たされている。そのうえさらに、生物学的に重要な多数のRNA分子も、Jörg, Martin, and Wagner (2008) で私たちが示すことができたように、多くの配列によって形成されている。

(59) Schultes and Bartel (2000).

(60) 正確に言えば、こうした歩みにおいて、彼らはRNAの二次構造を保存するために、一度に二つの残基を変えた。そういった変化を、一つのヌクレオチドが二次構造を乱し、もう一つのヌクレオチドがそれを回復するという過程の組み合わせだと考えることができる。一方が他方の埋め合わせをするという突然変異の対は、自然界で非常に頻繁に起こっており、したがって、自然に進化をとげているRNAでも——おそらく同時にではないだろうが——実際に起こる。Kern and Kondrashov (2004) を参照。これらの研究者が、自分たちの営為が成功するだろうと薄々感じていたのも当然である。彼らは、出発点となった二つの酵素の中間で、両方の活性をもつ配列を設計することにどうにか成功していたからである。

(61) 彼らの研究は、出発点となったフューザーとスプリッターの中間の配列が、両方の反応を触媒できることをも示した。Schultes and Bartel (2000) を参照。そのようなRNA分子の表現型可塑性あるいは融通(多機能)性がイノベーションをさらに助長する。なぜなら、それは二つの遺伝子型ネットワーク間の移行をさらに容易にするからである。Wagner (2011), chapter 13を参照。

(62) 遺伝子において情報をコピーするRNAポリメラーゼは、DNA依存性RNAポリメラーゼである(DNAテンプレートを用いる)。RNAを複製するRNAポリメラーゼは、RNA依存性RNAポリメラーゼである。

(63) それは、アゾアルカス属の細菌中のイソロイシンを運ぶトランスファーRNAのいわゆるグループ・イントロンである。Tanner and Cech (1996) のほか、Reinhold-Hurek and Shub (1992) も参照。

(64) この第二の過程のもっともよく知られている方式には、DNAではなくRNAが関与する。それはスプライシングと呼ばれ、真核生物がメッセンジャーRNAの一部を削除し、残りをつなぎあわせて、一本のポリペプチドをコードするひとつながりの連続的なRNAをつくるときに起こる。

(65) Hayden, Ferrada, and Wagner (2011) を参照。簡潔にするため、この実験のいくつかの側面に関する説明を単純化した。実験の設計方法のために、分子の数は、実験のさまざまな段階で、一億（淘汰後）から一兆（10^{12}）までのあいだを揺れ動いた。また、各世代の間、各分子は、一回ではなく複数回複製したかもしれない。

この実験の第一部の重要な側面の一つは、酵素の活性は改善も劣化もしなかったことである。集団は遺伝子型空間を、表現型を変えることなく、ひろがっていっただけなのである。この集団は、遺伝学者が隠蔽変異（cryptic variation）と呼ぶものを示していた。これは、通常は表現型レベルで検出できないが、新しい環境のもとで見えるようになることがある変異で、私たちの実験では、ＲＮＡ酵素の化学的な標的分子の変化がかかわっていた。言い換えれば、もし私たちの実験が表現型変異を生みだしていて、この変異が進化過程に投入されたのであれば、なにも驚きはしないだろうが――それは標準的なダーウィン主義的見方である――、隠蔽変異が進化的な適応を助けることができるという事実は、はるかに驚きであり、遺伝子型ネットワークという枠組みでもっともうまく説明できる。

実験の第二部における新しい基質も、最初の酵素でも変換することができるが、速度ははるかに遅い。言い換えれば、この実験は、実験室における進化のあいだに増大する二つの集団におけるリボザイムの平均的な反応速度がどれほどであるかに焦点を絞ったものである。最初の集団では、第二の集団よりも最大で八倍も速度が上昇した。

(66) Keats (1994) を参照。

(67) Dawkins (1998) も参照。そこで著者は、解明された虹においても、驚きと畏怖が存在しうることを指摘している。

第五章　新たな体をつくる遺伝子回路

(1) Swallow (2003) のほか、Bersaglieri et al. (2004) および Tishkoff et al. (2007) を参照。

(2) Lewin (1997) など、どんな遺伝学の教科書にも、彼らの巧妙な実験の秘訣が記述されている。

(3) 数種類のポリメラーゼが存在する。ここで私が論じているのは、ＤＮＡ依存性ＲＮＡポリメラーゼである。

(4) 厳密に言えば、RNAの塩基配列は、遺伝子DNAの一本と相補的で、もう一本と同一である。なぜなら、DNAは二本鎖の分子だから。

(5) βガラクトシダーゼは、大きな糖を分解してβガラクトースという糖をつくる酵素である。ラクトースもそうした糖の一つなので、ラクターゼも一種のβガラクトシダーゼである。歴史的な理由で、大腸菌のβガラクトシダーゼをコードしている遺伝子はlacZ遺伝子と呼ばれる。Lewin (1997), chapter 12を参照。

(6) より厳密には、完全な単語は、TGTGTGGAATTGTGAGCGGATAACAATTTCACACAで、調節因子はこの塩基配列のすべての文字と特異的な接触をするわけではない。Lewin (1997), chapter 12も参照。この単語は回文と非常によく似ていて、一方のDNAを一方向から読んだときと、反対側のDNA鎖を逆向きに読んでいったときに同じ文字列になるDNA語である。

(7) たとえば、最大で一万五〇〇〇種類の基本的なタンパク質の形状、すなわちドメインが存在するかもしれない。Levitt (2009) を参照。

(8) 調節の詳細は、ここで私が述べたのよりもずっと複雑である。たとえば、調節因子（*lac*リプレッサーと呼ばれる）は、実際には四本のポリペプチドの複合体である。そして、これは一つの遺伝子ではなく、いわゆる*lac*オペロンの隣接する三つの遺伝子の発現を調節する。しかしこうした詳細のすべては、調節の原理を変えさせるものではない。Lewin (1997), chapter 12を参照。

(9) Russell (2002), chapter 16を参照。もう一つのコスト要因は、無用なタンパク質の合成はリボソーム――RNAからタンパク質を翻訳する分子の大きな複合体――を動けなくし、他の必要なタンパク質の合成に使えなくなってしまうことである。

(10) Dekel and Alon (2005) を参照。

(11) 活性化因子とポリメラーゼの相互作用は直接的である必要はない。たとえば、活性化因子のDNAへの結合がDNAの構造を変えて二重らせんを開き、それによってポリメラーゼの転写開始を容易にするのかもしれない。にもかかわらず、相補性の原理は、転写活性化においても重要である。

(12) 赤血球のような、少数のタイプの細胞は例外で、赤血球はゲノムをすべて捨ててしまう。

(13) Poole et al. (2001) のほか、Piatigorsky (1998) とMorano (1999) も参照。

(14) 私が指しているのは、ヒトのCOL2A1遺伝子によってコードされるタイプⅡのコラーゲンである。皮膚や毛髪のような他の組織は、異なった遺伝子によってつくられる別のタイプのコラーゲンを含んでいる。モーター・タンパク質については、ミオシンのことを指している。ミオシンは、ヒト・ゲノムにある緊密な類縁をもつ遺伝子の大ファミリーによってコードされている。異なる組織ごとにこのファミリーの異なるメンバーを発現する。それらのすべてが筋肉の収縮に働いているわけではない。たとえば、分子を細胞内に運ぶものもある。

(15) いくつかの新しい細胞タイプの進化においては、複数種類の新機軸がかかわっているかもしれない。その理由は、たとえば、いくつかの新しい細胞タイプは、既存のタンパク質と新しいタンパク質の両方の新しい調節が必要だからである。

(16) ニワトリのδ1クリスタリン遺伝子のPax6による調節、ならびにPax6それ自体の調節については、Gilbert (2010), 42-43を参照。Pax6 はPaired box 6の略語で、さまざまな異なる生物のPax6 タンパク質に同じようにある一二〇個のアミノ酸からなるタンパク質の構造要素を指す。

(17) ここでも簡潔のために単純化してある。たとえば、ポリメラーゼ自体は一つのタンパク質ではなく、一〇以上のタンパク質の複合体であり、そのうちのいくつかは転写調節因子と相互作用することができるが、ほかのものはできない。それぞれの転写調節因子も二つ以上のタンパク質から構成されていることがあり、同じ遺伝子の近くにあるどれかの調節因子のために、二つ以上の——時には多数の——結合部位《サイト》をもっているかもしれない。DNAに結合する調節因子のなかには単独で作用するものもあるが、他の調節因子は、転写を調節するために、他のタンパク質との物理的な相互作用を必要とする。

(18) Pax6と眼の病気と、個体発生におけるその役割については、Hingorani, Hanson, and van Heyningen (2012) のほかTzoulaki, White, and Hanson (2005) およびAshery-Padan et al. (2000) も参照。アイレスおよびショウジョウバエの眼の発生とPax6 の関係については、Gehring and Ikeo (1999) を参照。

(19) 配線図は、回路の遺伝子型を一瞥で把握することができるようにするための抽象である。それを、DNAのなかでコードされる回路遺伝子の相互作用を非常に詳しく記述する数式で補足するのは簡単だが、そのような数式はあまり魅力的に見えない。

(20) 遺伝子発現パターンのなかには、平衡に達することなく、周期的に変動するものがあるかもしれない。そういったものは、昼夜の活動周期を調節する概日時計のような、周期的な行動を維持するうえで重要なものになりうる。

(21) ノーベル賞は、クリスティアーネ・ニュスライン＝フォルハルト、エドワード・ルイス、エリック・ヴィーシャウスに対して与えられた。Lewis (1978) および Nüsslein-Volhard and Wieschaus (1980) を参照。

(22) 個体発生は、すべての昆虫で同じやり方で体を仕上げるわけではない。たとえばショウジョウバエでは、すべての体節は初期の胚で定められるが、バッタ類では、後部の体節は個体発生のあいだに後部の増殖帯で形成される。このように、どれか一つの種は、他の限定されたグループの種についてだけモデルの役割を果たすことができる。

(23) 厳密に言えば、ハエの初期胚では、分裂するのは細胞ではなく、核で、そのために、シグナル物質をよりたやすく分散させることができる。そしてここには、さらなる単純化がある。一部のＲＮＡ分子の拡散と輸送は、細胞骨格要素によって実現されている。ハンチバック調節因子のような一部のＲＮＡ分子は、ビコイドのような濃度勾配を示さず、胚全体に一様に分布される。ハンチバックの翻訳は、後極に集中して存在するもう一つの調節因子ナノスによって抑制され、これがハンチバックの濃度勾配に貢献する。そのうえ、これらの分子はすべて調節因子であるが、そのすべてが転写調節因子ではない。たとえばナノスは、ＲＮＡの翻訳に影響を与える。

(24) Carroll, Grenier, and Weatherbee (2001) を参照。

(25) この段階で、核は細胞膜によって隔てられるようになり、調節因子はもはや胚のなかを自由に拡散していくことができなくなり、細胞は、細胞膜を乗り越えることができるようなやり方で情報交換《コミュニケーション》しあう必要がある。

(26) 実際の出来事の経緯はまたしても、より複雑である。ホルモンが結合したうえで、いわゆる熱ショックタンパク質がそれから受容体を引き離すことになり、受容体は細胞核の内部に輸送され、二量体化する。つまり、二つのタンパク質の複合体を形成するのである。

(27) もし、調節因子の遺伝子が突然変異を被れば、これが起こるかもしれない。Reinitz, Mjolsness, and Sharp (1995) のほか、Jäger et al. (2004) および Mjolsness, Sharp, and Reinitz (1991) を参照。

ここで私は、四肢形成の一つの側面に焦点を絞る。それはすなわち、四肢がいかにして前後軸に沿って構造化される――一つの構造の体に近い部分から、体から遠ざかる部分に向かって伸びる――のかという問題である。これ以外にも、いかにして四肢は頭尾軸のどこから生えるべきかを「知る」のか、いかにして背腹軸に沿ってパターン化されるのかといった、いくつかのよく研究されている問いがある。

(28) Carroll et al. (2001) を参照。

(29) Lewis (1978) を参照。さらに Gilbert (1997), chapter 14も。

Cohn and Tickle (1999) を参照。胸部への帰属性をもつ領域の拡大は、ヘビ類が多数の（胸）椎骨をもつ理由の説明のごく一部でしかない。もう一つの説明は、体節化の時計——体節と椎骨の数を決めるもう一つの調節回路によって駆動される——から得られる。Gomez and Pourquié (2009) を参照。

(30) Davis, Dahn, and Shubin (2007) のほか、Sordino, van der Hoeven, and Duboule (1995) も参照。

(31) Zakany and Duboule (2007) を参照。ホックス遺伝子とヒトの四肢形成異常については、Goodman (2002) を参照。ホックス遺伝子が関与している先天性異常が、この例のように明快なことはまれである。なぜなら、いくつかのホックス遺伝子に部分的冗長性が含まれているからである。

(32) 目玉模様（眼状紋）の適応的役割については、Stevens, Stubbins, and Hardman (2008) のほか、Stevens, Hardman, and Stubbins (2008) およびStevens (2005) を参照。ディスタレスの名は、この遺伝子が、ハエの脚の最遠（distal-most）部、つまり体からもっとも遠い部分を消去することに由来する。Panganiban and Rubenstein (2002) のほかDong, Dicks, and Panganiban (2002) および Carroll et al. (2001) を参照。

(33) Brakefield et al. (1996) および Keys et al. (1999) を参照。

(34) Kenrick (2001) のほかBeerling, Osborne, and Chaloner (2001) および Gottschlich and Smith (1982) を参照。すべての植物が複葉をもつわけではない。なぜなら、葉の切り分けには代償がともなうからである。すなわち、表面積が大きいことは水分喪失が大きくなることを意味し、乾燥気候のもとでは不利になるからである。

(35) Bharathan et al. (2002) を参照。

(36) Hay and Tsiantis (2006) および Bharathan et al. (2002) を参照。厳密に言えば、ノックス（KNOX）は、KNOTTED1-like homeoboxの略号で、単なる一つの調節因子ではなく、さまざまな異なる植物で同様の調節因子として作用するタンパク質のファミリーである。複葉は、この回路の一つないしそれ以上の遺伝子の付加的な変化を通じて誕生したのではないかということも記しておきたい。ただし、そうしたものがいくつあろうとも、複葉の起源における調節的変化の重要性を減じることはない。

(37) Babu et al. (2004) を参照。

(38) ペア（A、B）と（B、A）は区別する必要があることに注意。なぜなら、遺伝子Aは、遺伝子Bが遺伝子Aを調節するのとは違ったやり方で、遺伝子Bを調節することができるからである。加えて、この手順は、遺伝子が自分自身を調節できる可能性を許すことになり、実際にそういう事態は頻繁に起こっている。

(39) ホックス遺伝子の数は、脊索動物と脊椎動物のあいだでさえ異なる。たとえば、基本的な脊索動物であるナメクジウオは一〇のホックス遺伝子しかもたないのに対して、一部の魚類は四〇以上のホックス遺伝子をもつが、これは過去におけるゲノム全体の重複の結果である。Amores et al. (1998) およびGarcia-Fernàndez and Holland (1994) を参照。

(40) 本章で私が要約した研究の多くは、Ciliberti, Martin, and Wagner (2007a) ならびにCiliberti, Martin, and Wagner (2007b) およびMartin and Wagner (2008) に見られる。本章のメッセージは、調節的な相互作用の力がたえず変化したとしても、維持される。

(41) 代謝の遺伝子型空間においては、超立方体の各頂点は、代謝の遺伝子型を表す二進文字列に対応する。調節回路の複雑さは、調節が活性化、抑制、欠如のいずれかでしかないようなもっとも単純な場合でも、関連する文字列がもはや二進数ではなく三進数——それぞれの数字を三つの値だと仮定できる——だということにある。結果としてできる超立方体は幾何学的に、いっそう直感的に把握しがたいものであり、時に拡張超立方体と呼ばれる。たとえば、Reidys (1997) を参照。

(42) 一つの回路の図書館ではなく、それぞれが異なる数の遺伝子をもち、したがって異なる次元をもつ多数の図書館が存在すると主張する人がいるかもしれない。けれども、低次元の空間は高次元の空間に内包されていると見なすことがつねにできる。これこそ私が本書で、しばしば単数形で図書館という概念を使う理由である。

(43) 人間の言語の文脈の外にある意味について語るのは、こじつけに過ぎるように思われるかもしれない。しかし、第四章で触れたように、意味論の分野では、そのようにする長い伝統がある。意味論についての簡略な入門書として、Eco (1977) を参照。生物における異なった種類の意味の探求については、Wagner (2009b), chapter 2を参照。

(44) 複葉のような多くの新機軸の進化が、一回の大きな跳躍によってではなく漸進的に起こったことに気づくのは重要である。もし葉の切り込みの増大が利益をもたらすのであれば、「弱く」切り込みの入った葉は単葉よりもすぐれており、強く切り込みの入った葉は、弱く切り込みの入った葉よりも優っている。その結果、葉の切り込みを仲介する発現コードは、強く切り込みの入った完全な複葉が形成されるまで、小さな一歩ずつを重ねて、徐々に変化していったのだろう。そのような漸進的変化は、眼のような非常に複雑な器官の形成にも起こっていたのだろう——不完全な眼をもつことはふつう、盲目よりはいい。Gerhart and Kirschner (1997), chapter 5および Land and Fernald (1992) を参照。

(45) こうした事実のすべては、新しい発現コードが、ここで私が述べたようなものとして組織化された回路の図書館ではるかに簡単に見つかる、という考察の価値を減じるものではない。私は、進化の漸進性という考えを強調しているわけではなく、古い発現コードと新しい発現コードのあいだで黒か白かの区別を使うのは、関連する概念をより明確に例証するという理由だけからである。

(46) これに関連する研究については、Espinosa-Soto, Padilla-Longoria, and Alvarez-Buylla (2004) のほかAlbert and Othmer (2003) および Jäger et al. (2004) を参照。これらの研究者は、胚の空間的な組織構造について、ここで私が記述したのよりもはるかに詳細にモデル化している。というのも、彼らは一つの回路だけに焦点を絞っているからである。このレベルの詳細は、もし多数の回路を探索する必要があるのなら、現在のコンピューター技術では、Cotterell and Sharpe (2010) におけるような特別に単純な回路でないかぎり、手が出ないだろう。

(47) たとえば、ヒトの四肢の、背腹軸と前後軸という二つの異なるタイプの回路パターン。Carroll et al. (2001), chapter 3を参照。ここで私は簡潔のために、空間的な考慮には触れないままにした。なぜなら、私の論じる主たる原理に影響を与えないからである。

(48) 調節ＤＮＡが転写調節因子そのものよりも迅速に変化する証拠については、Tirosh et al. (2009) のほかWittkopp, Haerum, and Clark (2008) および Wittkopp, Haerum, and Clark (2004) を参照。回路の有害な変化のすべてが、その個体にとってただちに致命的であるとはかぎらない。有害なＤＮＡ変化の圧倒的大多数は個体にとって些細な影響しかもたず、その致死性は、進化的な時間尺度でのみ、つまり、その変異をもっている個体の系譜が消滅したときにやっと判明する。

Stone and Wray (2001) に示されているように。そのような調節ＤＮＡに起こる変化は、かならずしも、個体のＤＮＡのヌクレオチド文字の変化だけではない。ＤＮＡの短い区画の欠失や重複も起こる。転写調節因子のＤＮＡとの結合部位におけるいくつかの変化は、調節に何の影響も与えないことがあると注記しておく。なぜなら、一つの調節因子は、冗長性のある複数の異なる結合部位を介して調節していることがあるからである。

(49) この可能性はそれほどこじつけではない。ただし、均衡を維持する遺伝子発現パターンより多くの回路は存在するのだが。図書館内のほとんどの回路は、安定した均衡を維持する遺伝子発現表現型に到達せず、周期的に変動する回路である。たとえば、Ciliberti et al. (2007b) を参照。

(50) より正確には、パリ近郊のビュール＝シュル＝イヴェットにある高等科学研究所 (IHÉS) のことを指している。

(51) 歴史的な注記として、数理生物学は、長い伝統をもつ生物学の一分野で、そのなかには同じような問題を解決することを目標にしているものもある。Murray (1989) を参照。システム生物学という概念でさえ、新しいというにはほど遠い。Bertalanffy (1968) を参照。けれども生物学の主流、ことに細胞生物学や分子生物学がこうした考え方の重要性を認識したのは、ごく最近、一九九〇年代の末になってからである。

(52) よく知られている気体についての統計学的な記述が理想気体の法則で、これは分子量のわかっている気体の圧力と体積と温度を関連づけるものである。

(53) 私たちの図書館探索は、ポスドク研究者のステファノ・シリベルティによって大いに助けられた。

(54) 同じ表現型をもつ隣接者の正確な数は、回路の大きさと実際の表現型に依存する。こうした性質が同じである二つの回路でさえ、同じ表現型をもつ隣接者の数は異なっていることがある。Ciliberti et al. (2007a) および Ciliberti et al. (2007b) を参照。ここおよび後でも、私はつねに回路の典型的な特徴を論じている。例外はあるだろうが、図書館のほとんどの回路が例外ではなく規則に従うものであることを考えれば、それらがイノベーション能に及ぼす全体的な影響は小さい。

(55) Wagner (2011), figure 3.3を参照。異なる表現型は、それに結びついた異なった数の回路を実際にもつが、この数は、回路が最小数の遺伝子をもっているかぎりは、表現型にかかわらず非常に大きなものである。異なる遺伝子型ネットワークのあいだの大きさに見られる変異は、ここで説明するにはあまりにも専門的なイノベーション能の存在を暗示している。しかし、Wagner (2008) を参照。

(56) Ciliberti et al. (2007a)。

(57) Isalan et al. (2008) を参照。遺伝子発現の表現型が、これらの回路では変化しているかもしれないが、この実験が示しているのは、回路は機能をつづけ、生命を支えているということである。

(58) Martchenko et al. (2007) を参照。

(59) Tanay, Regev, and Shamir (2005) を参照。

(60) 簡潔のために、物語は、新しい表現型が古い表現型に取って代わるだろうという暗黙の想定をしている。この想定は必ずしも必要ない。同じ発生調節回路が、異なる化学的シグナルに応じて、発生中の胚の異なる部域で、異なる遺伝子発現パターンをつくりだすことはできる。ある与えられた発現パターンが体の一つの部分を構築するうえでよく確立された役割をもつが、第二の化学的シグナルに応じてつくられる、まだ発見されていない新しい発現パターンは、新しい体制《ボディ・プラン》の構築を助けることができると、想定してみてほしい。最初の発現パターンの遺伝子型ネットワークを通じて浮動する一つの集団は、第二の化学的シグナルが体のどこで生じようと、それに応じて、多数の異なる表現型を探索することができるだろう。このように、回路が複数のシグナルと複数の発現コードをもっている場合でさえ、私が記述したような回路空間の組織構造は、新機軸《イノベーション》を可能にするのである。

第六章　隠された根本原理とは

(1) 引用については、Waddington (1942) を、さらに Waddington (1953) および Waddington (1959) も参照。

(2) 初期の総説については、Tautz (1992) を参照。有益な参考文献を含む後のいくつかの研究については Wagner (1999) および Wagner (2005a) を参照。

(3) そのような遺伝子の発現は、たとえば、ＲＮＡやアミノ酸の構成要素をつくるという点で、エネルギー・コストがかかる。

(4) Goffeau et al. (1996) を参照。

(5) 生物学者は長年にわたって、突然変異の影響を観察してきており、ゲノムにランダムな突然変異を導入することもできるようになっていたが、二〇世紀末まで、標的を絞り込んだ特別なやり方で突然変異を仕組むことはできなかった。

(6) たとえば出芽酵母（ビール酵母とも呼ばれる）における大規模なノックアウト研究については、Giaever et al. (2002) および Winzeler et al. (1999) を参照。そのような突然変異体で見つかる欠陥でもっとも重要なものは繁殖速度が遅くなることである。なぜならそれはただちに自然から懲らしめを受けるからだが、これが唯一の欠陥ではない。それ以外の欠陥としては、接合あるいは胞子形成の効率の悪化、ストレスの強い化学的環境で生き残る確率の低下がある。私は、Wagner (2011) および Wagner (2005b) で、ノックアウト実験の解釈における適応度ならびに環境変異のさまざまな側面について論じた。

(7) そして、単なる遺伝子削除だけでなく、遺伝子発現を抑制するさまざまな操作に対してもそうである。そうした操作の一つは、RNA干渉と呼ばれる自然の過程を利用するもので、これは特定の遺伝子がRNAに転写されるのをブロックすることができる。線虫（*Caenorhabditis elegans*）における関連研究については、Kamath et al. (2003) を参照。

(8) Lander et al. (2001) を参照。

(9) 重複は、一つの遺伝子だけでなく、染色体全体、あるいはゲノム全体にも作用しうる。また、時には、重複の産物が完全に同一ではない二つの遺伝子になる。しかし、こうした注意事項のどれ一つとして、ここで私が論じている原理に影響を与えるものではない。

(10) 一つの興味深い疑問は、生物における余剰（冗長性）が、究極的に、突然変異に対する防衛を提供するがゆえに存在するのかどうかである。関連研究については、Wagner (1999) を参照。

(11) 失われた化学反応が代謝にどのような影響を与えるかの解析はふつう、私がここで概説したよりも定量的である。典型的な方法の一つは、細胞集団の細胞分裂速度を測るか、いわゆるバイオマス成長流量を計算するかである。そのような解析においては、不可欠な遺伝子と不可欠でない遺伝子とのあいだに絶対的な区別は存在せず、ノックアウトされたときに、ある遺伝子は他の遺伝子よりも「都市交通」をより減速させるというような具合である。一般的に、バイオマス成長流量をゼロにまで減少させる反応の数は小さい。野生状態では、多くの微生物は、生まれついた生息環境のなかで非常にゆっくりと成長し、分裂する。そのような微生物は、栄養源が枯渇したときにうまく生き延びられるといった、別の有利さをもっていたかもしれない。このことは、進化で成功するのは、急速な成長と分裂を支援するような代謝だけではないことを意味している。

(12) 冗長性とこういった種類の「いたるところに見られる頑強さ」の区別についての議論は、Wagner (2005a) を参照。

(13) さまざまな生物におけるこれらのリゾチームは、同じ遺伝子型をもっていない。むしろ逆に、きわめて多様性に富み、またしても、非常に異なった遺伝子型によって同じような分子表現型をつくることができるという原理が反映されている。

(14) 実験的な研究は、グルコースを唯一の炭素源としたときの生存可能性といった、代謝表現型の一つの側面だけに焦点を絞ることが多いが、コンピューターを用いた研究は、代謝表現型のほかの側面でも、同じ程度に頑強であることを示している。

(15) Kun et al. (2005) を参照。

(16) ここまで頑強さについて語ったすべての事柄は、遺伝子型の頑強さに関連したものであることを注記しておく。表現型の頑強さについても同じように定義することができる。この概念は本書では重要な役割を果たさないが、頑強さとイノベーション能の関係を研究するときには重要なものになりうる。たとえば、Wagner (2008) を参照。

(17) この発言を証明するのに必要な数学の分野はグラフ理論で、とくに拡張超立方体グラフについての理論である。その奥義の一端を垣間見るには、Reidys et al. (1997) を参照。もう少しとっつきやすい解説としては、Wagner (2011), chapter 6を参照。

(18) Darwin (1872), chapter 6, page 170を参照。同じ章で、彼は小さな有益な改善を保存する淘汰の力に対する信念を表明している。

(19) Land and Nilsson (2002) を参照。屈折は、光の波が一つの媒質から別の媒質に入るとき、速度の変化によって引き起こされる進行方向の変化である。

(20) この高濃度発現を許すような種類の調節的変化は、クリスタリンごとに変異がある。多くのクリスタリンは遺伝子重複を経験しているが、重複していないクリスタリンも存在する。乳酸脱水素酵素と同一であるε-クリスタリンやα-エノラーゼと同一であるτ-クリスタリンがこれに含まれる。Piatigorsky and Wistow (1989) のほか、Tomarev and Piatigorsky (1996) およびPiatigorsky (1998) を参照。そのような非重複型のクリスタリンでは、調節ＤＮＡ領域の変化は、レンズにおける強化された遺伝子発現を許す。アルコール脱水素酵素に関係したクリスタリンについては Jörnvall et al. (1993) を参照。ほかの転用の例についてはTrue and Carroll (2002) および Keys et al. (1999) を参照。

(21) クリスタリンの異例に長い半減期については、Lynnerup et al. (2008) を参照。

(22) Graw (2009) を参照。

(23) 視覚の進化に関する有益な情報源はEldredge and Eldredge (2008)。

(24) Gould (1993) および Gould and Lewontin (1979) を参照。

(25) Burr and Andrew (1992) に引用されているように。

(26) この引用ならびに電子技術の簡略な歴史については、Stewart (2012), chapter 11を参照。ＫＤＫＡラジオ放送局については、http://pittsburgh.cbslocal.com/station/newsradio-1020-kdka/ を参照。

(27) この節で引用した数字は、分子の二次構造の解析を指しているが、それはコンピューターで予測可能なだけでなく、リボザイムの機能にとって不可欠なものである。いくつかの理由で、この分子の近傍にある二次構造の数は一二九よりも小さくなりうる。もっとも重要な理由は、数個の隣接者が同一の形状をもちうることである。

(28) この表現型をもつ膨大な数のＲＮＡ分子をどのようにして計算するかは、Jörg et al. (2008) に記述されている。

(29) 一般的な原則は次のようなものである。すなわち、もし集団のすべての個体が遺伝子型空間の一つの場所から新しい表現型を探索するように限定されているのであれば、よりすぐれた表現型を発見できる確率はかすかだ。それはもし遺伝子型ネットワークの存在によって許されるように、多数の異なる近傍を探索することができる場合に比べれば、比較にならないほど、かすかである。

(30) より正確には、私はここで、二つの恣意的に選んだ遺伝子型ネットワークのあいだの典型的な距離のことを言っているのであり、特定の遺伝子型ネットワークと恣意的に選んだ新しい表現型のあいだの距離を言っているのではない。さらに、このような発現はつねに典型的な場合を指していることを注記しておきたい。もっと厳密に言えば、これは数学者があるシステムが非常に大きなサイズになるときに「確率1で［ほとんど確実に］」と言うのに当てはまる。関連する数学のいくつかについては、Reidys et al. (1997) を参照。

私が論じた性質が適用できない表現型は確かに存在するが、それらは典型的な表現型――大きな遺伝子型ネットワークを持つ表現型――によって定義される規則《ルール》の例外である。そして、生物学的に重要な表現型は典型的な表現型である。この主題に問いかける研究プロジェクトにおいて、私たちは生物学的に重要な八〇ほどの異なるＲＮＡ表現型についての遺伝子型ネットワークの大きさを計算した。その大きさは、ランダムな表現型の大きさよりも小さくはなく、むしろそれより大きかった。Jörg et al.

(2008) を参照。後から考えてみると、これは予測通りである。なぜなら、大きな遺伝子型に結びついた表現型は、他の表現型よりも遺伝子型空間において見つけやすいからである。

(31) この容積は、回路のなかの遺伝子の数に依存するが、私がここで例として用いた、二〇より少ない遺伝子をもつ回路についてさえ、その容積はちっぽけなものである。回路の図書館の、これやその他の性質についての、より詳細な解析については、Ciliberti et al. (2007b) を参照。一般に、回路の面積と球の体積は、それぞれ πr^2 および $(4/3)\pi r^3$ として計算され、r は半径で $\pi \approx 3.14$ である。高次元においても、類似の表現が存在するが、もっと複雑である。たとえば、五次元の球体の体積は $8\pi^2 r^5/15$ で与えられる。本文で私が論じた数はこうした公式から計算したもので、もし、問題の正方形および立方体の一辺の長さが一であるとすれば、r の値は 0.15になる。

(32) これらが統計的な言明であるという私の以前の注記がここでもうまく適用される。すなわち、これは典型的な結果《アウトカム》であり、例外もありうるのである。

(33) 0.75という値がすでに、二次元でのありうる「体積」比率の最大値に近いことを注記しておく。なぜなら、「体積」一の正方形のなかに内接させうる最大の円は半径が1／2で、円は正方形の面積の0.785を占めるからである。

(34) RNAの二次構造にかかわる関連の考察は、Schuster et al. (1994) を参照。RNAの三次構造とその機能については、同じことが当てはまるかどうか不明である。けれども、三次構造にとって二次構造は必要条件なので、これらの考察を三次構造に外挿することは可能かもしれない。

それに対して、タンパク質は、大きな遺伝子型距離に対して通常はもっと保護されていて、したがって、一つの遺伝子型の小さな近傍内で、可能なすべてのタンパク質の折りたたまれ方を見つけるのは不可能かもしれないことがうかがえる。けれども、この言い方は、タンパク質の主要な二次構造要素の配置として定義される折りたたまれ方には適用される。そしてもっと多くの微細な変化が新しい機能へと導くことができる。たとえば、同じ二次構造要素の配置をもついくつかのタンパク質が、複数の異なる酵素の機能を進化させている。タンパク質機能のイノベーション能は、かなりの発見がまだ待ち構えている領域である。

(35) 単純な装置が、部品の数が少ないという理由で部品の故障に対してより頑強なのか、それとも、より複雑な装置が、一つの部品の重要性が小さいために、どんな形のものも機能を保存する多数の隣接者をもつという理由でより頑強なのかどうかは、その技術の細部と装置のデザインに依存するかもしれない。

(36) Lawrence (1992) を参照。

(37) 体節化された体のようなパターンをつくるのに有益な原理については、Gierer and Meinhard (1972) を参照。この原理は多くのシステムで実現されているが、パターン形成に含まれる途方もなく複雑なシグナル回路によって、しばしば正体が偽装されている。昆虫の体節化ネットワークの複雑さについては、Akam (1989) のほかに、Jäger et al. (2004) および von Dassow et al. (2000) を参照。これに関連する環境は、ハエの体のすぐ外の世界以上のものから成り、体内のたえず変動している分子の濃度をも含むことも注記しておく。パターン形成の複雑さの少なくとも一部は、こうした種類の変動から発生を保護するために存在する。たとえば、Lopes et al. (2008) および Ochoa-Espinosa et al. (2009) を参照。

(38) 異なった環境における実験的解析については、Samal et al. (2010) のほか、Gerdes et al. (2003) を参照。

(39) ある種のアリにとっても価値がある。そうしたアリは、アブラムシが体から出す蜜を吸い、見返りに保護を提供する。

(40) この内部共生者はとりわけ熱に弱いことが判明しており、したがってアブラムシがすむことのできる生息環境の範囲は限られる。Ohtaka and Ishikawa (1991) を参照。

(41) 多くの内部共生者に当てはまる、それほど寛容ではない喩えは囚人になぞらえるものである。ブフネラはもはや自力では生きられず、宿主が提供するものに全面的に依存している。

(42) ブフネラのゲノム縮減の過程については、Moran, McLaughlin, and Sorek (2009) のほか、Moran and Mira (2001), Tamas et al. (2002), および van Ham et al. (2003) を参照。

(43) Yus et al. (2009) および Razin, Yogev, and Naot (1998) を参照。

(44) Samal et al. (2010) を参照。

(45) Thomas et al. (2009) を参照。

(46) Rodrigues and Wagner (2011) を参照。複雑さを定義する方法はたくさんあるが、私の目的にとっては、単純な定義——一つの代謝に含まれる反応の数、あるいはより一般的には、一つのシステムの部品《パーツ》の数——で十分である。

(47) Samal et al. (2010) および Rodrigues and Wagner (2011) を参照。

(48) 生物体の複雑さのうち、体の大きさやそのゲノムの組織化といった側面は、影響があまりにも弱いために、少なくとも小さな集団においては、自然淘汰が消去できないような有害な変化によって増大させられることがあるかもしれない。たとえば、Lynch (2007) を参照。

第七章　自然と人間の技術革新

(1) Sproewitz et al. (2008) および Moeckel et al. (2006) を参照。

(2) ここでは私は、技術（technology）について、二者択一的で相補的な二つの定義を用いる。これは Arthur (2009), 27に従うものだ。第一の定義では、技術は人間の目的を達成する手段である。第二の定義では、技術は実践方法と部品（コンポーネント）の組み合わせである。いずれの意味においても、バイオテクノロジー（生物工学）あるいはデジタル電子工学は技術である。

(3) Alfred (2009) に引用されている。

(4) Lohr (2007) に引用されている。

(5) 二〇世紀の初めからこの方、突然変異はタンパク質の機能を改善あるいは修復するかどうかという点に関して、盲目的あるいは「ランダム」であるという考え方に、ときおり、異論が唱えられてきた。しかし、もっとも注意深く証拠を揃えた異論でさえ、時間の検証には耐えず、最終的にはデータによって退けられた。Cairns, Overbaugh, and Miller (1988) のほかFoster (2000) および Hall (1998) を参照。私たちの知る限りでは、自然に遺伝的変化の影響を予見する力はない。そのような変化が、生物の短期的、長期的未来においてさまざまに枝分かれしていくことを考えれば、それほど驚くことではない。私たち人間の認識能力をもってしても、タンパク質、細胞、生物体から生態系や金融市場に至るまでの複雑なシステムにおける介入の影響を予測することにかけての非力さは悪名高い。

(6) Burchfield (1990), 43を参照。ケルヴィン卿は一八九七年に、地球の年齢が二〇〇〇万年あたりであろうと結論を下した。

(7) この発言は、ときにマックス・プランクに帰せられるが、信憑性はないかもしれない。

(8) Rosen (2010) を参照。

(9) Merton (1936) および Merton (1968), 477を参照。

(10) Ogburn and Thomas (1922) を参照。

(11) マートンは単独の発明者に焦点を合わせる歴史的な偏向を「マタイ効果」と呼んだ。これは、「だれであっても、持っている人は更に与えられて豊かになる」を思い出させる、マタイによる福音書［第二五章二九節］の一節に由来する。これは統計学者スティーヴン・スティグラーが提唱した「スティグラーの法則」と関係がある。彼は、「科学的な発見に第一発見者の名がつけられることはない」と書いた。そのあとスティグラーは、自己言及的なジョークで、スティグラーの法則の「本当の」発見者はマートンだと認めている。Gieryn (1980), 147-57を参照。

(12) 自然の解決策については、Rothschild (2008) で論じられている。そのうちのあるものは、好気的な大気のような特定の環境下では、より優れているかもしれず、そのことが、今日まで複数の炭素固定の解決策が存続している理由を説明するのに役立つ。

(13) 自然界における複数の独立した新機軸の多くの例については、Vermeij (2006) を参照。生命はいくつかの新機軸を二度以上発見してきたのだが、その他の新機軸は一回だけしか発見されなかったものでもあるにもかかわらず、それらをコードしている遺伝子型が後に見分けもつかないほどに分岐してしまったのかもしれない。一部のシステム、たとえば、現代の遺伝子型が極度に多様化しているタンパク質では、複数の独立起源と、起源は一回でその後に多様化が起きた場合を区別することは困難である。

(14) Johnson (2010), 153を参照。

(15) これらの例や、組み合わせによる新機軸ならびに既存の物体や技術の再利用であるその他の多数の例は、Kelley and Littman (2001) および Arthur (2009) で見つけることができる。

(16) Arkin (1998) に引用されている。

(17) Gould and Vrba (1982) を参照。グールドとヴルバは、もともとの機能と異なる機能を授けるような変化および、最初に出現したときには何の効用ももたなかった変化に対して、この言葉を使った。

(18) Darwin (1872), chapter 6, page 175を参照。ダーウィンが念頭に置いていた実例は、魚のうきぶくろ（鰾）から陸上動物の肺への変容だった。

(19) Sumida and Brochu (2000) を参照。

(20) これや、他の実例はTrue and Carroll (2002) に論じられており、彼らは、古い部品の再利用を転用（co-option）と呼ぶ。ソニック・ヘッジホッグは転写調節因子ではなく、細胞間のシグナリングにかかわる分子であることを注記しておく。ソニック・ヘッジホッグの命名については、Riddle et al. (1993) を参照。

(21) より正確には、私がここで指しているのは、内燃空気取り込み式ターボファン・エンジンである。

(22) Arthur (2009), 19を参照。この本は、ジェット・エンジンのことを多少詳しく論じてもいる。

(23) 私の知る限りでは、このアイデアを工学的応用のために発展させた最初の人間の一人は、ドイツ人のインゴ・レッヒェンベルクだった。Rechenberg (1973) を参照。彼は、突然変異は、進化的アルゴリズムがそれを改善することができるためには、システムの挙動ないし性能に与える影響が大きくなりすぎない必要があることを指摘した。

(24) この突然変異と淘汰のアルゴリズムは、実際は確率的なアルゴリズムで、そこでは個体はまぐれ当たりによって、時に生き残ることができる。そのような確率性は、生物進化において重要な遺伝的浮動と呼ばれる過程を生じる。たとえば、Hartl and Clark (2007) を参照。

(25) 進化的アルゴリズムには多数の変種がある。二つのとくに際立ったものは、遺伝的プログラミングと遺伝的アルゴリズムである。Koza (1992) およびMitchell (1998) を参照。

(26) ふつうＮＰ困難と呼ばれることが多い。Moore and Mertens (2011) を参照。

(27) マルハナバチがこの問題をどう解決するのかを示唆する一つの解析が、Lihoreau, Chittka, and Raine (2010) に与えられている。

(28) 数百万の都市を含む巡回セールスマン問題の事例を数%の最適性の範囲内で解決できる、伝統的（非進化的）なアルゴリズムとは対照的に、進化的アルゴリズムは、それほどよく研究されていない問題、あるいは数学的に明確に提示されていない問題に対して、適切な（完全ではないにしても）答えを提供できる汎用アルゴリズムである。

(29) Dong and Vagners (2004) を参照。

(30) エンジン設計についての一例は、Senecal, Montgomery, and Reitz (2000) を参照。進化的アルゴリズムが直面する原理的な問題の一つは、最適化されるべき将来の正しい「遺伝子型」の代表を見つけ、うまく機能する突然変異あるいは組み換え「オペレーター」——遺伝子型を改変する手順《ルーチン》——を見つけることである。しかし、そのようなアルゴリズムがエンジンを根本的に変えなかった理由は、もっと深いところ、規格化された連係《リンケージ》を通じてたやすく組み換えを許さない技術のなかにあるのかもしれない。そのような連係をもつ技術にとっては、突然変異を選別し、組み換えるオペレーターを見つけるのもたやすい

⑶1) かもしれない。
これは、進化的アルゴリズムが組み換えを使わないという意味ではない。まったくそうではない。しかし、ふつう組み換えているのは、一つの問題に対する答えになる候補を表す抜粋（ビット列）であり、タンパク質におけるアミノ酸のような、答えそのものの要素を組み換えているのではない。より一般的には、ここで私は、「組み換え」という単語を、遺伝学の標準的な定義――DNA分子の交換――によって規定されるものよりも広い意味で使っていることを注記しておく。このより一般的な使い方は、DNAに適用できるが、遺伝子型の他のどんな概念にも適用され、組み合わせによる人間の技術革新にさえ適用できる。この意味で、タンパク質の一つないし数個のアミノ酸の変化でさえ、アミノ酸の組み換えに等しいものとなる。

⑶2) より簡潔に言えば、新しい回路は調節因子間の相互作用、他の回路にすでに存在していたかもしれない相互作用の新しい組み合わせから構成される。

⑶3) http://www.palladiomuseum.org/veneto/にあるウェブサイト Centro Internazionale di Studi di Architettura Andrea Palladio (CISA) を参照。

⑶4) 彼らの研究はHersey and Freedman (1992) に記述されている。

⑶5) 一つのアルゴリズムは二つ以上の結果、二つ以上の平面図をつくることができる。なぜなら、アルゴリズムの個々の指示は、「一つの部屋を、二つ、三つ、または四つの部屋に等確率で分割せよ」といった確率的な成分を含みうるからである。そのような確率的なアルゴリズムはコンピューター科学ではひろく見られる。

⑶6) 部屋を分けるその他の規則には、建物が中心軸のまわりに全体として左右対称になるよう、壁はできるかぎり一直線になるよう、また一つの部屋の縦あるいは横が建物の全長と同じにはならないようにするといったものが含まれる。

⑶7) パラディオから一世紀以上を経て、スウェーデンの発明家で実業家でもあるクリストファー・プールへムが、Strandh (1988) で記述されているような、機械のための「機械用アルファベット」を発明した。このアルファベットの文字は、レバー（levers）、くさび（wedges）、ネジ（screws）、およびウィンチ（winches）のような機械部品である。プールへムは、こうした機械部品を組み合わせることを通じて、考えられるどんな機械装置でも建造できると信じていた。彼はこのアルファベットを教育用に使うつも

りだったが、この言語で書かれた機械の模型がいくつか建造されている。このアルファベットの背後にある考えは、革新可能な技術の学徒にとって重要であるが、機械の部品間の連係が規格化されていないことを指摘しておく価値がある。

同じような文脈で、サンチェスとマホーニィは、自動車、航空機、家電製品、およびその他多くの工業製品は、限られた数の「モジュール」部品を組み合わせることによって多様な製品を製造していることを指摘している。Sanchez and Mahoney (1996) を参照。しかし、ここでもまた、これらのモジュールのあいだの連係はしばしば規格化されておらず、注文生産で、独自のものである。これは、多くの技術の「設計空間」を生物の遺伝子型ネットワークと比べたとき、重要な欠点であり、大きな相違点である。

(38) 設計空間という概念については、Stankiewicz (2000) を参照。

(39) 数学的にさらに厳密に言うと、関数fは一組の順序対 (a,b) によって記述することができ、ここで、aはすべての許容される関数引数（インプット）を定義する定義域（ドメイン）と呼ばれる一セットのメンバーであり、bはその関数が取りうるアウトプット値のセットのメンバーである。b = f (a) というのが一つの書き方。デジタル論理回路は、ビット列の関数を計算し、その答えはやはりビット列である。

(40) 実際にはさらに多くが報告されるだろう。ケッヘル番号目録の第六版は、#626、ニ短調レクイエムで終わっているが、ハ長調教会ソナタ (#317a) や変ロ長調カンタータ (#317b) など、変奏をもつ無数の作品も含まれている。

(41) NOT関数やNOR関数のような一部の関数は、一個のトランジスターで実行可能である。図22に示されている上のアウトプット・ビットは下の有意二進数字と対応している。それはいわゆるXOR（排他か否か）関数によって計算される。下のアウトプット・ビットは、AND関数の結果である有意度の高い「キャリー」ビットである。

(42) 集積回路は、多重変換装置（マルチプレクサー）、デマルチプレクサー、レジスターのような、いくつかのより複雑な、派生的論理構築素材も含んでいるが、これらはすべてブールの論理関数に基づいている。Balch (2003) も参照。

(43) そのような装置は、再構成可能ハードウェアやプログラマブル論理装置といった別の名前でも呼ばれる。概要は、Balch (2003) を参照。そのような装置にはいくつかの部類がある。ここで私が論じている研究は、FPGA（field-programmable gate arrays：現場でプログラム可能なゲート・アレイの略）という特別な部類のものを念頭においておこなわれた。他の多くの集積回路と同じように、そのようなアレイはＡＮＤゲートやＯＲゲートだけでなく、それぞれが全加算器を含んでいるかもしれない論理ブロック、ランダム・アクセス・メモリーに真理値表を貯えたいくつかのルックアップテーブル、その他といった、単なるゲート以上のものを多数含んでいる。

しかし原理は依然として同じである。つまり単純な計算ユニットをネットワークでつなぐことによって複雑な計算をおこなうのだ。そのような装置のプログラミングは、より伝統的なソフトウェア・プログラミングとは違っている。前に私が、音楽データベースを探すために記述したような探索プログラムは、ふつうのハードウェア・チップで実行されるのに対して、プログラマブル・チップでは、プログラムはチップそのものの配線を変えることができる。それは、与えられた計算課題を、包括的なハードウェア・チップ上でソフトウェアを走らせるよりも迅速におこなえる一片のハードウェアをつくりだせるところまで到達する。FPGA の限界としては、アプリケーションに特化した集積回路よりも遅く、費用もかかることが含まれる。Balch (2003), 250も参照。

(43) 機械学習はよく確立された研究分野で、最近関心を集めているのは、プログラマブル・ハードウェアではなく、コンピューターが複雑なデータから統計的な情報を抽出することを可能にする方法（しばしばソフトウェアで実行される）である。

(44) またしても、ここで私は「wires（配線）」という単語を文字通りの意味——柔軟な糸状の金属——ではなく、比喩的に使っている。それは集積回路の不可欠な部品である。

(45) タンパク質との違いは、アミノ酸が直線状の列を形成するのに対して、回路のゲートは、二次元の配置をとることである。

(46) 一つの回路が計算できる関数の数はゲートの数だけに依存するのではなく、インプット・ビットとアウトプット・ビットの数にも依存する。

(47) それはまた、回路内の可能なすべての配線の変化を探索するような、理想化された状態の研究も許してくれる。ただし、そうした変化のいくつかは、商業的なFPGAのアーキテクチャでは禁じられるかもしれない。私たちは、ＯＲ、ＡＮＤ、ＸＯＲ、ＮＡＮＤおよびＮＯＲゲートを収容できるような回路を検討してみた。なぜなら、これらはもっとも一般的に使われている二インプットの論理ゲートだからである。それぞれのインプットは、一六のゲート・アレイの最初の列にあるインプット・ゲートのどれとも回線をつなぐことができる。それぞれのアウトプットは回路のアウトプット・ビットのどれともつなぐことができる。各ゲートは、ゲートのインプットがアレイのなかで左側にあるゲートからのみ来るように、フィードフォワード方式で内部の配線がなされている。そのようなフィードフォワード接続は、周期的挙動のような複雑な変動《ダイナミクス》を避ける上で重要である。私が論じた数のいくつかを含めて、この研究についてのもっと詳細は、Raman and Wagner (2011) に見られる。

(48) 私たちが研究した回路は、四つのインプット・ビットと四つのアウトプット・ビットをもっており、この性質をもつ可能なブール関数は1.8×10^{19}個存在する。

(49) 私が、二つとして同じゲートがないというとき、その意味は、二つの回路の同じ位置にあるゲートは異なるブール関数を計算しているということである。そのようなランダム・ウォークで、私たちが到達しうる最大距離は、一つの論理関数の頻度、すなわちその論理関数が計算している回路の数にのみ依存する。きわめてよく似た、非常に少数の回路によってコードされたブール論理関数が存在するかもしれないが、そういったものを、広大な回路空間で見つけるのは非常に難しいだろう。先行研究は、中立的な変化が、進化的アルゴリズムのおこなうことにとって重要になりうることを認識していた。たとえば、Banzhaf and Leier (2006) のほか、Brameier and Banzhaf (2003), Miller and Thomson (2000) および Yu and Miller (2006) を参照。しかしながら、私の知る限り、誰も、遺伝子型ネットワークとその近傍の多様性が、立体配置《コンフィギュレーション》空間（一つないし少数のブール論理関数に限定されない）の包括的な特徴であることを、体系的に、そしてハードウェアで実行できるシステムで、実証していない。

(50) このことは、そうした関数は、それが出現する近傍にあるフォーカル回路とは異なる特別な回路の近傍には、見つかりそうにないことを意味する（しかし、遺伝子型空間の別の回路の近傍には出現するかもしれない）。

(51) 一〇〇〇回の配線換えは多いように思えるかもしれないが、プログラマブル・ハードウェアは光速で配線換えができることを忘れないでほしい。商業的なFPGAの配置換え時間についてのいくつかの有益な情報は、Schuck, Haetzer, and Becker (2009) に与えられている。

(52) これは、いつものように、それをコードしている回路が盲目的な探索で見つけることができるだけ十分な頻度をもつ表現型（関数）に当てはまる。回路の図書館のこの性質は重要である。なぜなら、それは一つの関数から別の関数に変えるのに必要なアレイの配置換えの量（したがって時間）を最小限にでき

(53) るからである。
私の以前に述べた表現型の概念と関数の小さな違いは、どの一つの回路、どの一つの配線パターンも、それがコードするブール論理関数へのインプットに依存して、二つ以上の（コンピューター上の）挙動を見せることができるという点である。回路の図書館を探索する一つの回路を眺めることができる。それは回路のネットワークに沿って歩きながら、古い、最適な計算を保存する一方で、新しい、まだ最適にはなっていない計算を改良していく。ネットワークのなかではどちらの計算も変化しないが、新しい計算を改良する回路を求めて、このネットワークの近傍を探索しているのである。

エピローグ　生命そのものより古い自然の創造力

(1) Darwin (1969), 58を参照。
(2) Wittgenstein (1983), 99 にあるproposition 168を参照。
(3) Wigner (1960) を参照。
(4) Tegmark (2008) を参照。懐疑論者は、数学と現実世界の一致は、人類の歴史がつくった人工物にすぎない――可能なすべての数学の巨大な空間があり、われわれは実際に物理的な世界を記述しているこの空間から、そうした定理（原理）だけを「スライス」してきたのだ――と主張するだろう。しかし、その主張は、この空間がいったい何であり、なぜそもそも有用な数学が存在するのかという問いを提起する。

参考文献

Abbott, E. A. *The Annotated Flatland: A Romance of Many Dimensions*. New York: Perseus, 2002.［邦訳『フラットランド――多次元の冒険』（冨永星訳、日経BP社）］

Akam, M. "Drosophila Development: Making Stripes Inelegantly." *Nature* 341 (1989): 282-83.

Alberch, P. "From Genes to Phenotype: Dynamical Systems and Evolvability." *Genetica* 84 (1991): 5-11.

Albert, R., and H. G. Othmer. "The Topology of the Regulatory Interactions Predicts the Expression Pattern of the Segment Polarity Genes in *Drosophila melanogaster*." *Journal of Theoretical Biology* 223 (2003): 1-18.

Alfred, R. "Oct. 21, 1879: Edison Gets the Bright Light Right." *Wired*, October 21, 2009.

Amores, A., et al. "Zebrafish Hox Clusters and Vertebrate Genome Evolution." *Science* 282 (1998): 1711-14.

Arkin, R. C. *Behavior-Based Robotics*. Cambridge, MA: MIT Press, 1998.

Arthur, W. B. *The Nature of Technology: What It Is and How It Evolves*. New York:Free Press, 2009.［邦訳『テクノロジーとイノベーション――進化／生成の理論』（有賀裕二監修、日暮雅通訳、みすず書房）］

Ashery-Padan, R., et al. "Pax6 Activity in the Lens Primordium Is Required for Lens Formation and for Correct Placement of a Single Retina in the Eye." *Genes and Development* 14 (2000): 2701-11.

Avery, O. T., C. M. MacLeod, and M. McCarty. "Studies on the Chemical Nature of the Substance Inducing Transformation of Pneumococcal Types: Induction of Transformation by a Desoxyribonucleic Acid Fraction Isolated from Pneumococcus Type III." *Journal of Experimental Medicine* 79 (1944): 137-58.

Babu, M. M., et al. "Structure and Evolution of Transcriptional Regulatory Networks." *Current Opinion in Structural Biology* 14 (2004): 283-91.

Bada, J. L., and A. Lazcano. "Origin of Life—Some Like It Hot, but Not the First Biomolecules." *Science* 296 (2002): 1982-83.

Balch, M. *Complete Digital Design*. New York: McGraw-Hill, 2003.

Banzhaf, W., and A. Leier. "Evolution on Neutral Networks in Genetic Programming." In *Genetic Programming Theory and Practice III*, edited by T. Yu, R. Riolo, and B. Worzel, 207-21. New York: Springer, 2006.

Beatty, J. T., et al. "An Obligately Photosynthetic Bacterial Anaerobe from a Deep-Sea Hydrothermal Vent." *Proceedings of the National Academy of Sciences of the United States of America* 102 (2005): 9306-10.

Beerling, D. J., C. P. Osborne, and W. G. Chaloner. "Evolution of Leaf-Form in Land Plants Linked to Atmospheric CO_2 Decline in the Late Palaeozoic Era." *Nature* 410 (2001): 352-54.

Benfey, P., and A. Protopapas. *Genomics*. Upper Saddle River, NJ: Prentice Hall, 2005.

Bennick, A. "Interaction of Plant Polyphenols with Salivary Proteins." *Critical Reviews in Oral Biology and Medicine* 13 (2002): 184-96.

Bergthorsson, U., et al. "Widespread Horizontal Transfer of Mitochondrial Genes in Flowering Plants." *Nature* 424 (2003): 197-201.

Bersaglieri, T., et al. "Genetic Signatures of Strong Recent Positive Selection at the Lactase Gene." *American Journal of Human Genetics* 74 (2004): 1111-20.

Bertalanffy, L. v. *General System Theory: Foundations, Development, Applications*. New York: George

Braziller, 1968. [邦訳『一般システム理論——その基礎・発展・応用』(長野敬・太田邦昌訳、みすず書房)]

Bharathan, G., et al. "Homologies in Leaf Form Inferred from KNOXI Gene Expression during Development." *Science* 296 (2002): 1858-60.

Blattner, F. R., et al. "The Complete Genome Sequence of *Escherichia coli* K-12." *Science* 277 (1997): 1453-62.

Borges, J. L. *Fictions*. London: Calder, 1962. [邦訳『伝奇集』(鼓直訳、岩波文庫)]

Braakman, R., and E. Smith. "The Compositional and Evolutionary Logic of Metabolism." *Physical Biology* 10 (2013): 1-61.

Brakefield, P. M., et al. "Development, Plasticity and Evolution of Butterfly Eyespot Patterns." *Nature* 384 (1996): 236-42.

Brameier, M., and W. Banzhaf. "Neutral Variations Cause Bloat in Linear GP." In *Genetic Programming (EuroGP 2003)*, edited by C. Ryan et al., 286-96. Colchester, England, 2003.

Branden, C., and J. Tooze. *Introduction to Protein Structure*. New York: Garland, 1999. [邦訳『タンパク質の構造入門』(勝部幸輝ほか訳、ニュートンプレス)]

Brasier, M., et al. "A Fresh Look at the Fossil Evidence for Early Archaean Cellular Life." *Philosophical Transactions of the Royal Society B: Biological Sciences* 361 (2006): 887-902.

Bryson, B. *A Short History of Nearly Everything*. London: Random House, 2003. [邦訳『人類が知っていることすべての短い歴史(上下)』(楡井浩一訳、新潮文庫)]

Budin, I., R. J. Bruckner, and J. W. Szostak. "Formation of Protocell-Like Vesicles in a Thermal Diffusion Column." *Journal of the American Chemical Society* 131 (2009): 9628-29.

Budin, I., and J. W. Szostak. "Expanding Roles for Diverse Physical Phenomena during the Origin of Life." *Annual Review of Biophysics* 39 (2010): 245-63.

Burchfield, J. *Lord Kelvin and the Age of the Earth*. Chicago: University of Chicago Press, 1990.

———. "Darwin and the Dilemma of Geological Time. *Isis* 65 (1974): 300-21.

Burr, S. A., and G. E. Andrew. *The Unreasonable Effectiveness of Number Theory*. Washington, DC: American Mathematical Society, 1992.

Bushman, F. *Lateral DNA Transfer: Mechanisms and Consequences*. Cold Spring Harbor, NY: Cold Spring Harbor Laboratory Press, 2002.

Cairns, J., J. Overbaugh, and S. Miller. "The Origin of Mutants." *Nature* 335 (1988): 142-45.

Carroll, S. B., J. K. Grenier, and S. D. Weatherbee. *From DNA to Diversity: Molecular Genetics and the Evolution of Animal Design*. Malden, MA: Blackwell, 2001. [邦訳『DNAから解き明かされる形づくりと進化の不思議』(上野直人訳、羊土社)]

Caspi, R., et al. "The MetaCyc Database of Metabolic Pathways and Enzymes and the BioCyc Collection of Pathway/Genome Databases." *Nucleic Acids Research* 40 (2012): D742-D753.

Cech, T. R. "Structural Biology—The Ribosome Is a Ribozyme." *Science* 289 (2000): 878-79.

Chang, A., et al. "BRENDA, AMENDA and FRENDA the Enzyme Information System: New Content and Tools in 2009." *Nucleic Acids Research* 37 (2009): D588-D592.

Cheng, C. C.-H. "Evolution of the Diverse Antifreeze Proteins." *Current Opinion in Genetics and Development* 8 (1998): 715-20.

Cheng, L. K. L., and P. J. Unrau. "Closing the Circle: Replicating RNA with RNA." *Cold Spring Harbor Perspectives in Biology* 2 (2010).

Ciliberti, S., O. C. Martin, and A. Wagner. "Circuit Topology and the Evolution of Robustness in

Complex Regulatory Gene Networks." *PLoS Computational Biology* 3 (2007a): e15.

———. "Innovation and Robustness in Complex Regulatory Gene Networks." *Proceedings of the National Academy of Sciences of the United States of America* 104 (2007b): 13591-96.

Cody, G. D., et al. "Primordial Carbonylated Iron-Sulfur Compounds and the Synthesis of Pyruvate." *Science* 289 (2000): 1337-40.

Cohn, M. J., and C. Tickle. "Developmental Basis of Limblessness and Axial Patterning in Snakes." *Nature* 399 (1999): 474-79.

Cole, S., and T. J. Phelan. "The Scientific Productivity of Nations." *Minerva* 37 (1999): 1-23.

Cook, L. M., et al. "Selective Bird Predation on the Peppered Moth: The Last Experiment of Michael Majerus." *Biology Letters* 8 (2012): 609-12.

Copley, S. D. "Evolution of a Metabolic Pathway for Degradation of a Toxic Xenobiotic: The Patchwork Approach." *Trends in Biochemical Sciences* 25 (2000): 261-65.

Copley, S. D., et al. "The Whole Genome Sequence of *Sphingobium chlorophenolicum L-1*: Insights into the Evolution of the Pentachlorophenol Degradation Pathway." *Genome Biology and Evolution* 4 (2012): 184-98.

Copley, S. D., E. Smith, and H. J. Morowitz. "The Origin of the RNA World: Co-evolution of Genes and Metabolism." *Bioorganic Chemistry* 35 (2007): 430-43.

Corcos, A., and F. Monaghan. "Role of de Vries in the Recovery of Mendel's Work.1. Was de Vries Really an Independent Discoverer of Mendel?" *Journal of Heredity* 76 (1985): 187-90.

Corliss, J. B., et al. "Submarine Thermal Springs on the Galápagos Rift." *Science* 203 (1979): 1073-83.

Cotterell, J., and J. Sharpe. "An Atlas of Gene Regulatory Networks Reveals Multiple Three-Gene Mechanisms for Interpreting Morphogen Gradients." *Molecular Systems Biology* 6 (2010): 425.

Cropper, W. H. *Great Physicists*. New York: Oxford University Press, 2001.［邦訳『物理学天才列伝（上下）』（水谷淳訳、講談社ブルーバックス）］

Dantas, G., et al. "Bacteria Subsisting on Antibiotics." *Science* 320 (2008): 100-103.

Darwin, C. *On the Origin of Species by Means of Natural Selection, or the Preservation of Favoured Races in the Struggle for Life*. 1st ed. London: John Murray, 1859.［邦訳『種の起原（上下）』（八杉龍一訳、岩波文庫）、『種の起源（上下）』（渡辺政隆訳、光文社古典新訳文庫）ほか多数］

———. *The Origin of Species by Means of Natural Selection, or the Preservation of Favoured Races in the Struggle for Life*. 6th ed. London: John Murray, 1872. Reprint, New York: A. L. Burt.

———. *The Autobiography of Charles Darwin, 1809-1882*. New York: Norton, 1969.［邦訳『ダーウィン自伝』（八杉龍一・江上生子訳、ちくま学芸文庫）］

Davidson, A. R., and R. T. Sauer. "Folded Proteins Occur Frequently in Libraries of Random Amino Acid Sequences." *Proceedings of the National Academy of Sciences of the United States of America* 91 (1994): 2146-50.

Davis, M. C., R. D. Dahn, and N. H. Shubin. "An Autopodial-Like Pattern of Hox Expression in the Fins of a Basal Actinopterygian Fish." *Nature* 447 (2007): 473-76.

Dawkins, R. *Climbing Mount Improbable*. New York: Norton, 1997.

———. *Unweaving the Rainbow: Science, Delusion, and the Appetite for Wonder*. Boston: Houghton Mifflin, 1998.［邦訳『虹の解体——いかにして科学は驚異への扉を開いたか』（福岡伸一訳、早川書房）］

de Vries, H. *Species and Varieties, Their Origin by Mutation*. Chicago: Open Court Publishing Company, 1905.

Deamer, D. W. "Membrane Compartments in Prebiotic Evolution." In *The Molecular Origins of Life*, edited by A. Brack, 189-205. Cambridge: Cambridge University Press, 1998.

Dekel, E., and U. Alon. "Optimality and Evolutionary Tuning of the Expression Level of a Protein." *Nature* 436 (2005): 588-92.

Delsemme, A. H. "Cosmic Origin of the Biosphere." In *The Molecular Origins of Life,* edited by A. Brack, 100-118. Cambridge: Cambridge University Press, 1998.

Desmond, A., and J. Moore. *Darwin: The Life of a Tormented Evolutionist.* New York: Norton, 1994. [邦訳『ダーウィン――世界を変えたナチュラリストの生涯』(渡辺政隆訳、工作舎)]

Dong, J., and J. Vagners. "Parallel Evolutionary Algorithms for UAV Path Planning." In *AIAA First Intelligent Systems Technical Conference.* Chicago, 2004.

Dong, P. D. S., J. S. Dicks, and G. Panganiban. "Distal-less and Homothorax Regulate Multiple Targets to Pattern the *Drosophila* Antenna." *Development* 129 (2002): 1967-74.

Drake, J. W., et al. "Rates of Spontaneous Mutation." *Genetics* 148 (1998): 1667-86.

Draznin, B. "Molecular Mechanisms of Insulin Resistance: Serine Phosphorylation of Insulin Receptor Substrate-1 and Increased Expression of p85 α—The Two Sides of a Coin." *Diabetes* 55 (2006): 2392-97.

Duarte, N. C., et al. "Global Reconstruction of the Human Metabolic Network Based on Genomic and Bibliomic Data." *Proceedings of the National Academy of Sciences of the United States of America* 104 (2007): 1777-82.

Dubnau, D. "DNA Uptake in Bacteria." *Annual Review of Microbiology* 53 (1999):217-44.

Eco, U. *Zeichen.* Frankfurt: Suhrkamp, 1977.

Ederer, M. M., et al. "PCP Degradation Is Mediated by Closely Related Strains of the Genus *Sphingomonas.*" *Molecular Ecology* 6 (1997): 39-49.

Edwards, J. S., R. U. Ibarra, and B. O. Palsson. "In Silico Predictions of *Escherichia coli* Metabolic Capabilities Are Consistent with Experimental Data." *Nature Biotechnology* 19 (2001): 125-30.

Edwards, J. S., and B. O. Palsson. "The *Escherichia coli* MG1655 in Silico Metabolic Genotype: Its Definition, Characteristics, and Capabilities." *Proceedings of the National Academy of Sciences of the United States of America* 97 (2000): 5528-33.

Eigen, M. "Self-organization of Matter and Evolution of Biological Macromolecules." *Naturwissenschaften* 58 (1971): 465-523.

Eigen, M., and P. Schuster. *The Hypercycle: A Principle of Natural Self-Organization.* Berlin: Springer, 1979.

Einstein, A. "On the Method of Theoretical Physics." *Philosophy of Science* 1 (1934):163-69.

Ekland, E. H., J. W. Szostak, and D. P. Bartel. "Structurally Complex and Highly Active RNA Ligases Derived from Random RNA Sequences." *Science* 269 (1995): 364-70.

Eldredge, G., and N. Eldredge. "Editorial." *Evolution: Education and Outreach (Special Issue: The Evolution of Eye)* 1 (2008): 351.

Eng, M. Y., S. E. Luczak, and T. L. Wall. "ALDH2, ADH1B, and ADH1C Genotypes in Asians: A Literature Review." *Alcohol Research and Health* 30 (2007): 22-27.

England, P. C., P. Molnar, and F. M. Richter. "Kelvin, Perry, and the Age of the Earth." *American Scientist* 95 (2007): 342-49.

Espinosa-Soto, C., P. Padilla-Longoria, and E. R. Alvarez-Buylla. "A Gene Regulatory Network Model for Cell-Fate Determination during *Arabidopsis thaliana* Flower Development That Is Robust and Recovers Experimental Gene Expression Profiles." *Plant Cell* 16 (2004): 2923-39.

Feist, A. M., et al. "A Genome-Scale Metabolic Reconstruction for *Escherichia coli* K-12 MG1655 That Accounts for 1260 ORFs and Thermodynamic Information." *Molecular Systems Biology* 3 (2007).

Feist, A. M., et al. "Reconstruction of Biochemical Networks in Microorganisms." *Nature Reviews Microbiology* 7 (2009): 129-43.

Fell, D. *Understanding the Control of Metabolism*. Miami: Portland Press, 1996.

Ferrada, E., and A. Wagner. "Evolutionary Innovation and the Organization of Protein Functions in Sequence Space." *PLoS ONE* 5 (2010): e14172.

Ferris, J. P., et al. "Synthesis of Long Prebiotic Oligomers on Mineral Surfaces." *Nature* 381 (1996): 59-61.

Feuda, R., et al. "Metazoan Opsin Evolution Reveals a Simple Route to Animal Vision." *Proceedings of the National Academy of Sciences of the United States of America* 109 (2012): 18868-72.

Finkelstein, A. V. "Implications of the Random Characteristics of Protein Sequences for Their 3-Dimensional Structure." *Current Opinion in Structural Biology* 4 (1994): 422-28.

Fletcher, G. L., C. L. Hew, and P. L. Davies. "Antifreeze Proteins of Teleost Fishes." *Annual Review of Physiology* 63 (2001): 359-90.

Fong, S. S., et al. "Latent Pathway Activation and Increased Pathway Capacity Enable *Escherichia coli* Adaptation to Loss of Key Metabolic Enzymes." *Journal of Biological Chemistry* 281 (2006): 8024-33.

Fong, S. S., and B. O. Palsson. "Metabolic Gene-Deletion Strains of Escherichia coli Evolve to Computationally Predicted Growth Phenotypes." *Nature Genetics* 36 (2004): 1056-58.

Fontana, W., and L. W. Buss. " 'The Arrival of the Fittest': Toward a Theory of Biological Organization." *Bulletin of Mathematical Biology* 56 (1994): 1-64.

Förster, J., et al. "Genome-Scale Reconstruction of the *Saccharomyces cerevisiae* Metabolic Network." *Genome Research* 13 (2003): 244-53.

Foster, P. L. "Adaptive Mutation: Implications for Evolution." *BioEssays* 22 (2000): 1067-74.

Futuyma, D. J. *Evolutionary Biology*. Sunderland, MA: Sinauer, 1998. ［邦訳『進化生物学』（岸由二ほか訳、蒼樹書房）。ただし底本は1986年の2nd ed.］

Garcia-Fernàndez, J., and P. W. H. Holland. "Archetypal Organization of the Amphioxus Hox Gene Cluster." *Nature* 370 (1994): 563-66.

Gehring, W. J., and K. Ikeo. "Pax 6—Mastering Eye Morphogenesis and Eye Evolution." *Trends in Genetics* 15 (1999): 371-77.

Gerdes, S. Y., et al. "Experimental Determination and System Level Analysis of Essential Genes in *Escherichia coli* MG1655." *Journal of Bacteriology* 185 (2003): 5673-84.

Gerhart, J., and M. Kirschner. *Cells, Embryos, and Evolution*. Malden, MA: Blackwell, 1997.

Giaever, G., et al. "Functional Profiling of the *Saccharomyces cerevisiae* Genome." *Nature* 418 (2002): 387-91.

Gierer, A., and H. Meinhard. "A Theory of Biological Pattern Formation." *Kybernetik* 12 (1972): 30-39.

Gieryn, T. F. *Science and Social Structure: A Festschrift for Robert K. Merton*. NewYork: New York Academy of Sciences, 1980.

Gilbert, S. F. *Developmental Biology*. 5th ed. Sunderland, MA: Sinauer, 1997. ［邦訳『発生生物学——分子から形態進化まで（上中下）』（塩川光一郎ほか訳、トッパン）。ただし底本は2nd ed.］

———. *Developmental Biology*. 9th ed. Sunderland, MA: Sinauer, 2010.

———. "The Morphogenesis of Evolutionary Developmental Biology." *International Journal of Developmental Biology* 47 (2003): 467-77.

Gilbert, W. "Origin of Life—The RNA World." *Nature* 319 (1986): 618.

Goffeau, A., et al. "Life with 6000 Genes." *Science* 274 (1996): 563-67.

Golding, G. B., and A. M. Dean. "The Structural Basis of Molecular Adaptation." *Molecular Biology and Evolution* 15 (1998): 355-69.

Goldschmidt, R. *The Material Basis of Evolution.* New Haven, CT: Yale University Press, 1940.

Goldsmith, T. H. "What Birds See." *Scientific American* 295 (2006): 68-75.

Gomez, C., and O. Pourquié. "Developmental Control of Segment Numbers in Vertebrates." *Journal of Experimental Zoology Part B: Molecular and Developmental Evolution* 312B (2009): 533-44.

Goodman, F. R. "Limb Malformations and the Human HOX Genes." *American Journal of Medical Genetics* 112 (2002): 256-65.

Goodman, M., et al. "An Evolutionary Tree for Invertebrate Globin Sequences." *Journal of Molecular Evolution* 27 (1988): 236-49.

Gottesman, M. M., et al. "Genetic Analysis of the Multidrug Transporter." *Annual Review of Genetics* 29 (1995): 607-49.

Gottschlich, D. E., and A. P. Smith. "Convective Heat Transfer Characteristics of Toothed Leaves." *Oecologia* 53 (1982): 418-20.

Gould, S. J. "Betting on Chance—And No Fair Peeking." In *Eight Little Piggies: Reflections in Natural History,* 396-408. New York: Norton, 1993.［邦訳『八匹の子豚』（渡辺政隆訳、早川書房）下巻、28章］

Gould, S. J., and R. C. Lewontin. "The Spandrels of San Marco and the Panglossian Paradigm: A Critique of the Adaptationist Programme." *Proceedings of the Royal Society of London Series B: Biological Sciences* 205 (1979): 581-98.

Gould, S. J., and E. Vrba. "Exaptation—A Missing Term in the Science of Form." *Paleobiology* 8 (1982): 4-15.

Graw, J. "Genetics of Crystallins: Cataract and Beyond." *Experimental Eye Research* 88 (2009): 173-89.

Greenwold, M. J., and R. H. Sawyer. "Linking the Molecular Evolution of Avian Beta (β) Keratins to the Evolution of Feathers." *Journal of Experimental Zoology Part B: Molecular and Developmental Evolution* 316 (2011): 609-16.

Griffiths, A., et al. *Introduction to Genetic Analysis.* New York: Freeman, 2004.

Guerrier-Takada, C., et al. "The RNA Moiety of Ribonuclease-P Is the Catalytic Subunit of the Enzyme." *Cell* 35 (1983): 849-57.

Haldane, J. B. S. "A Mathematical Theory of Natural and Artificial Selection." *Transactions of the Cambridge Philosophical Society* 23 (1924): 19-41.

———. "The Origin of Life." *Rationalist Annual* 148 (1929): 3-10.

Hall, B. G. "Activation of the bgl Operon by Adaptive Mutation." *Molecular Biology and Evolution* 15 (1998): 1-5.

Hardison, R. C. "A Brief History of Hemoglobins: Plant, Animal, Protist, and Bacteria." *Proceedings of the National Academy of Sciences of the United States of America* 93 (1996): 5675-79.

Harris, J. A. "A New Theory of the Origin of Species." *The Open Court* 18 (1904): 193-202.

Hartl, D., and A. Clark. *Principles of Population Genetics.* Sunderland, MA: Sinauer, 2007.

Hay, A., and M. Tsiantis. "The Genetic Basis for Differences in Leaf Form between *Arabidopsis thaliana* and Its Wild Relative *Cardamine hirsuta.*" *Nature Genetics* 38 (2006): 942-47.

Hayden, E., E. Ferrada, and A. Wagner. "Cryptic Genetic Variation Promotes Rapid Evolutionary Adaptation in an RNA Enzyme." *Nature* 474 (2011): 92-95.

Hedges, S. B., and S. Kumar. "Genomic Clocks and Evolutionary Timescales." *Trends in Genetics* 19

(2003): 200-206.

———. "Precision of Molecular Time Estimates." *Trends in Genetics* 20 (2004): 242-47.

Hersey, G. L., and R. Freedman. *Possible Palladian Villas (Plus a Few Instructively Impossible Ones).* Cambridge, MA: MIT Press, 1992.

Hingorani, M., I. Hanson, and V. van Heyningen. "Aniridia." *European Journal of Human Genetics* 20 (2012): 1011-17.

Hofacker, I., et al. "Fast Folding and Comparison of RNA Secondary Structures." *Monatshefte für Chemie* 125 (1994): 167-88.

Holm, N. G. "Why Are Hydrothermal Systems Proposed as Plausible Environments for the Origin of Life?" *Origins of Life and Evolution of the Biosphere* 22 (1992): 5-14.

Holm, N. G., and E. M. Andersson. "Hydrothermal Systems." In *The Molecular Origins of Life,* edited by A. Brack, 86-99. Cambridge: Cambridge University Press, 1998.

Horowitz, N. H. "The Origin of Life." *Engineering and Science* 20 (1956): 21-25.

Houssaye, A., et al. "Three-Dimensional Pelvis and Limb Anatomy of the Cenomanian Hind-Limbed Snake *Eupodophis descouensi* (Squamata, Ophidia) Revealed by Synchrotron-Radiation Computed Laminography." *Journal of Vertebrate Paleontology* 31 (2011): 2-7.

Hsu-Kim, H., et al. "Formation of Zn- and Fe-Sulfides near Hydrothermal Vents at the Eastern Lau Spreading Center: Implications for Sulfide Bioavailability to Chemoautotrophs." *Geochemical Transactions* 9 (2008).

Huang, W. H., and J. P. Ferris. "One-Step, Regioselective Synthesis of Up to 50-mers of RNA Oligomers by Montmorillonite Catalysis." *Journal of the American Chemical Society* 128 (2006): 8914-19.

Hügler, M., et al. "Autotrophic CO_2 Fixation via the Reductive Tricarboxylic Acid Cycle in Different Lineages within the Phylum Aquificae: Evidence for Two Ways of Citrate Cleavage." *Environmental Microbiology* 9 (2007): 81-92.

Huxley, J. *Evolution: The Modern Synthesis.* London: George Allen & Unwin, 1942.

Isalan, M., et al. "Evolvability and Hierarchy in Rewired Bacterial Gene Networks." *Nature* 452 (2008): 840-45.

Jäger, J., et al. "Dynamic Control of Positional Information in the Early *Drosophila* Embryo." *Nature* 430 (2004): 368-71.

Johannsen, W. L. *Elemente der exakten Erblichkeitslehre.* Jena: Gustav Fischer, 1913.

Johnson, S. *Where Good Ideas Come From: The Natural History of Innovation.* New York: Riverhead, 2010.［邦訳『イノベーションのアイデアを生み出す七つの法則』（松浦俊輔訳、日経BP社）］

Johnston, W. K., et al. "RNA-Catalyzed RNA Polymerization: Accurate and General RNA-Templated Primer Extension." *Science* 292 (2001): 1319-25.

Jörg, T., O. Martin, and A. Wagner. "Neutral Network Sizes of Biological RNA Molecules Can Be Computed and Are Not Atypically Small." *BMC Bioinformatics* 9 (2008): 464.

Jörnvall, H., et al. "Zeta-Crystallin versus Other Members of the Alcohol Dehydrogenase Super-family. Variability as a Functional Characteristic." *FEBS Letters* 322 (1993): 240-44.

Kacser, H., and R. Beeby. "Evolution of Catalytic Proteins or On the Origin of Enzyme Species by Means of Natural Selection." *Journal of Molecular Evolution* 20 (1984): 38-51.

Kamath, R., et al. "Systematic Functional Analysis of the *Caenorhabditis elegans* Genome Using RNAi." *Nature* 421 (2003): 231-37.

Kapp, O. H., et al. "Alignment of 700 Globin Sequences: Extent of Amino Acid Substitution and Its

Correlation with Variation in Volume." *Protein Science* 4 (1995): 2179-90.
Kappé, G., et al. "Explosive Expansion of $\beta\gamma$-Crystallin Genes in the Ancestral Vertebrate." *Journal of Molecular Evolution* 71 (2010): 219-30.
Kashefi, K., and D. R. Lovley. "Extending the Upper Temperature Limit for Life." *Science* 301 (2003): 934.
Kauffman, S. A. "Autocatalytic Sets of Proteins." *Journal of Theoretical Biology* 119 (1986): 1-24.
Keats, J. *The Complete Poems of John Keats*. New York: Modern Library, 1994.
Keefe, A. D., and J. W. Szostak. "Functional Proteins from a Random-Sequence Library." *Nature* 410 (2001): 715-18.
Kelley, D. S., et al. "A Serpentinite-Hosted Ecosystem: The Lost City Hydrothermal Field." *Science* 307 (2005): 1428-34.
Kelley, T., and J. Littman. *The Art of Innovation: Lessons in Creativity from IDEO, America's Leading Design Firm*. New York: Crown, 2001. ［邦訳『発想する会社！——世界最高のデザイン・ファーム IDEOに学ぶイノベーションの技法』（鈴木主税・秀岡尚子訳、早川書房）］
Kelman, Z., and M. O'Donnell. "DNA Polymerase III Holoenzyme: Structure and Function of a Chromosomal Replicating Machine." *Annual Review of Biochemistry* 64 (1995): 171-200.
Kenrick, P. "Palaeontology: Turning Over a New Leaf." *Nature* 410 (2001): 309-10.
Kern, A. D., and F. A. Kondrashov. "Mechanisms and Convergence of Compensatory Evolution in Mammalian Mitochondrial tRNAs." *Nature Genetics* 36 (2004): 1207-12.
Kettlewell, H. B. D. *The Evolution of Melanism: The Study of a Recurring Necessity, with Special Reference to Industrial Melanism in the Lepidoptera*. Oxford: Clarendon Press, 1973.
Keys, D. N., et al. "Recruitment of a Hedgehog Regulatory Circuit in Butterfly Eyespot Evolution." *Science* 283 (1999): 532-34.
Knight, R. D., S. J. Freeland, and L. F. Landweber. "Rewiring the Keyboard: Evolvability of the Genetic Code." *Nature Reviews Genetics* 2 (2001): 49-58.
Kottler, M. J. "Hugo de Vries and the Rediscovery of Mendel's Laws." *Annals of Science* 36 (1979): 517-38.
Koza, J. R. *Genetic Programming: On the Programming of Computers by Means of Natural Selection*. Cambridge, MA: MIT Press, 1992.
Kreitman, M. "Nucleotide Polymorphism at the Alcohol Dehydrogenase locus of *Drosophila melanogaster*." *Nature* 304 (1983): 412-17.
Kruger, K., et al. "Self-Splicing RNA: Auto-Excision and Auto-Cyclization of the Ribosomal-RNA Intervening Sequence of Tetrahymena." *Cell* 31 (1982): 147-57.
Kuhn, T. S. *The Structure of Scientific Revolutions*. Chicago: University of Chicago Press, 1962. ［邦訳『科学革命の構造』（中山茂訳、みすず書房）］
Kun, Á., M. Santos, and E. Szathmáry. "Real Ribozymes Suggest a Relaxed Error Threshold." *Nature Genetics* 37 (2005): 1008-11.
Land, M. F., and R. D. Fernald. "The Evolution of Eyes." *Annual Review of Neuroscience* 15 (1992): 1-29.
Land, M. F., and D.-E. Nilsson. *Animal Eyes*. Oxford: Oxford University Press, 2002.
Lander, E. S., et al. "Initial Sequencing and Analysis of the Human Genome." *Nature* 409 (2001): 860-921.
Lau, K. F., and K. A. Dill. "A Lattice Statistical Mechanics Model of the Conformational and Sequence Spaces of Proteins." *Macromolecules* 22 (1989): 3986-97.
Lawrence, J. G., and H. Ochman. "Molecular Archaeology of the *Escherichia coli* Genome." *Proceedings*

of the National Academy of Sciences of the United States of America 95 (1998): 9413-17.

Lawrence, P. A. *The Making of a Fly.* Oxford: Blackwell, 1992.

Le Hello, S., et al. "Highly Drug-Resistant *Salmonella enterica* Serotype Kentucky ST198-X1: A Microbiological Study." *The Lancet Infectious Diseases* 13 (2013): 672-79.

Lepland, A., et al. "Questioning the Evidence for Earth's Earliest Life—Akilia Revisited." *Geology* 33 (2005): 77-79.

Levitt, M. "Nature of the Protein Universe." *Proceedings of the National Academy of Sciences of the United States of America* 106 (2009): 11079-84.

Lewin, B. *Genes VI.* New York: Oxford University Press, 1997.

Lewis, E. B. "Gene Complex Controlling Segmentation in *Drosophila*." *Nature* 276 (1978): 565-70.

Lewontin, R. C., and J. L. Hubby. "A Molecular Approach to the Study of Genic Heterozygosity in Natural Populations, II. Amount of Variation and Degree of Heterozygosity in Natural Populations of *Drosophila pseudoobscura*." *Genetics* 54 (1966): 595-609.

Liang, Y. H., et al. "The Crystal Structure of Bar-Headed Goose Hemoglobin in Deoxy Form: The Allosteric Mechanism of a Hemoglobin Species with High Oxygen Affinity." *Journal of Molecular Biology* 313 (2001): 123-37.

Lihoreau, M., L. Chittka, and N. E. Raine. "Travel Optimization by Foraging Bumblebees through Readjustments of Traplines after Discovery of New Feeding Locations." *American Naturalist* 176 (2010): 744-57.

Lipman, D., and W. Wilbur. "Modeling Neutral and Selective Evolution of Protein Folding." *Proceedings of the Royal Society of London Series B: Biological Sciences* 245 (1991): 7-11.

Liu, X. Z., et al. "Avian Haemoglobins and Structural Basis of High Affinity for Oxygen: Structure of Bar-Headed Goose Aquomet Haemoglobin." *Acta Crystallographica Section D: Biological Crystallography* 57 (2001): 775-83.

Lohr, S. "John W. Backus, 82, Fortran Developer, Dies." *New York Times,* March 20, 2007.

Lopes, F. J. P., et al. "Spatial Bistability Generates Hunchback Expression Sharpness in the *Drosophila* Embryo." *PLoS Computational Biology* 4 (2008).

Loreto, E. L. S., C. M. A. Carareto, and P. Capy. "Revisiting Horizontal Transfer of Transposable Elements in *Drosophila*." *Heredity* 100 (2008): 545-54.

Lynch, M. *The Origins of Genome Architecture.* Sunderland, MA: Sinauer, 2007.

Lynnerup, N., et al. "Radiocarbon Dating of the Human Eye Lens Crystallines Reveal Proteins without Carbon Turnover throughout Life." *PLoS ONE* 3 (2008): e1529.

Ma, H. W., and A. P. Zeng. "Phylogenetic Comparison of Metabolic Capacities of Organisms at Genome Level." *Molecular Phylogenetics and Evolution* 31 (2004): 204-13.

Martchenko, M., et al. "Transcriptional Rewiring of Fungal Galactose-Metabolism Circuitry." *Current Biology* 17 (2007): 1007-13.

Martin, O. C., and A. Wagner. "Multifunctionality and Robustness Trade-Offs in Model Genetic Circuits." *Biophysical Journal* 94 (2008): 2927-37.

Martin, W., et al. "Hydrothermal Vents and the Origin of Life." *Nature Reviews Microbiology* 6 (2008): 805-14.

Maynard-Smith, J. "Natural Selection and the Concept of a Protein Space." *Nature* 225 (1970): 563-64.

Mayr, E. *The Growth of Biological Thought: Diversity, Evolution, and Inheritance.* Cambridge, MA: Belknap Press of Harvard University Press, 1982.

McCarthy, D. L., A. A. Claude, and S. D. Copley. "In Vivo Levels of Chlorinated Hydroquinones in a Pentachlorophenol-Degrading Bacterium." *Applied and Environmental Microbiology* 63 (1997): 1883-88.

McMahon, J. M., W. L. B. White, and R. T. Sayre. "Cyanogenesis in Cassava *(Manihot esculenta Crantz)*." *Journal of Experimental Botany* 46 (1995): 731-41.

Mendel, G. "Versuche über Pflanzen-Hybriden." *Verhandlungen des Naturforschenden Vereins Brünn* 4 (1866): 3-47.

Merton, R. K. *Social Theory and Social Structure*. New York: Free Press, 1968. [邦訳『社会理論と社会構造』(森東吾ほか訳、みすず書房)]

———. "The Unanticipated Consequences of Purposive Social Action." *American Sociological Review* 1 (1936): 894-904.

Miller, J. F., and P. Thomson. "Cartesian Genetic Programming." In *Genetic Programming (EuroGP 2000)*, edited by R. Poli et al., 121-32. Berlin: Springer, 2000.

Miller, S. "A Production of Amino Acids under Possible Primitive Earth Conditions." *Science* 117 (1953): 528-29.

———. "The Endogenous Synthesis of Organic Compounds." In *The Molecular Origins of Life*, edited by A. Brack, 59-85. Cambridge: Cambridge University Press, 1998.

Mitchell, M. *An Introduction to Genetic Algorithms*. Cambridge, MA: MIT Press, 1998. [邦訳『遺伝的アルゴリズムの方法』(伊庭斉志監訳、本堂直浩ほか訳、東京電機大学出版局)]

Mjolsness, E., D. H. Sharp, and J. Reinitz. "A Connectionist Model of Development." *Journal of Theoretical Biology* 152 (1991): 429-53.

Moeckel, R., et al. "YaMoR and Bluemove—An Autonomous Modular Robot with Bluetooth Interface for Exploring Adaptive Locomotion." In *Climbing and Walking Robots (CLAWAR 2005)*, edited by M. O. Tokhi, G. S. Virk, and M. A. Hossain, 685-92. Berlin: Springer, 2006.

Mojzsis, S. J., et al. "Evidence for Life on Earth before 3,800 Million Years Ago." *Nature* 384 (1996): 55-59.

Mommsen, T. P., and P. J. Walsh. "Evolution of Urea Synthesis in Vertebrates: The Piscine Connection." *Science* 243 (1989): 72-75.

Monge, C., and F. León-velarde. "Physiological Adaptation to High Altitude: Oxygen Transport in Mammals and Birds." *Physiological Reviews* 71 (1991): 1135-72.

Moore, C., and S. Mertens. *The Nature of Computation*. Oxford: Oxford University Press, 2011.

Moran, N. A., J. P. McCutcheon, and A. Nakabachi. "Genomics and Evolution of Heritable Bacterial Symbionts." *Annual Review of Genetics* 42 (2008): 165-90.

Moran, N. A., H. J. McLaughlin, and R. Sorek. "The Dynamics and Time Scale of Ongoing Genomic Erosion in Symbiotic Bacteria." *Science* 323 (2009): 379-82.

Moran, N. A., and A. Mira. "The Process of Genome Shrinkage in the Obligate Symbiont *Buchnera aphidicola*." *Genome Biology* 2 (2001): research0054-research0054. 12.

Morano, I. "Tuning the Human Heart Molecular Motors by Myosin Light Chains." *Journal of Molecular Medicine* 77 (1999): 544-55.

Morgan, T. H. *The Scientific Basis of Evolution*. New York: Norton, 1932.

Morowitz, H. J., et al. "The Origin of Intermediary Metabolism." *Proceedings of the National Academy of Sciences of the United States of America* 97 (2000): 7704-08.

Mrozikiewicz, P. M., et al. "The Significance of C3435T Point Mutation of the MDR1 Gene in Endometrial Cancer." *International Journal of Gynecological Cancer* 17 (2007): 728-31.

Murray, J. D. *Mathematical Biology*. New York: Springer, 1989.

Nachmann, M. W., and S. L. Crowell. "Estimate of the Mutation Rate per Nucleotide in Humans." *Genetics* (2000): 297-304.

Neidhardt, F. C. *Escherichia coli and Salmonella*. Washington, DC: ASM Press, 1996.

Nelson, K. E., M. Levy, and S. Miller. "Peptide Nucleic Acids Rather Than RNA May Have Been the First Genetic Molecule." *Proceedings of the National Academy of Sciences of the United States of America*. 97 (2000): 3868-71.

Nikaido, M., et al. "Genetically Distinct Coelacanth Population off the Northern Tanzanian Coast." *Proceedings of the National Academy of Sciences of the United States of America* 108 (2011): 18009-13.

Nohynek, L. J., et al. "Description of Four Pentachlorophenol-Degrading Bacterial Strains as *Sphingomonas chlorophenolica* sp. nov." *Systematic and Applied Microbiology* 18 (1996): 527-38.

Nüsslein-Volhard, C., and E. Wieschaus. "Mutations Affecting Segment Number and Polarity in *Drosophila*." *Nature* 287 (1980): 795-801.

O'Brien, P. J., and D. Herschlag. "Catalytic Promiscuity and the Evolution of New Enzymatic Activities." *Chemistry and Biology* 6 (1999): R91-R105.

Ochman, H., and I. B. Jones. "Evolutionary Dynamics of Full Genome Content in *Escherichia coli*." *EMBO Journal* 19 (2000): 6637-43.

Ochman, H., E. Lerat, and V. Daubin. "Examining Bacterial Species under the Specter of Gene Transfer and Exchange." *Proceedings of the National Academy of Sciences of the United States of America* 102 (2005): 6595-99.

Ochoa-Espinosa, A., et al. "Anterior-Posterior Positional Information in the Absence of a Strong Bicoid Gradient." *Proceedings of the National Academy of Sciences of the United States of America* 106 (2009): 3823-28.

Ogata, H., et al. "KEGG: Kyoto Encyclopedia of Genes and Genomes." *Nucleic Acids Research* 27 (1999): 29-34.

Ogburn, W. F., and D. Thomas. "Are Inventions Inevitable? A Note on Social Evolution." *Political Science Quarterly* 37 (1922): 83-98.

Ogueta, M., et al. "The Influence of Adh Function on Ethanol Preference and Tolerance in Adult *Drosophila melanogaster*." *Chemical Senses* 35 (2010): 813-22.

Ohtaka, C., and H. Ishikawa. "Effects of Heat Treatment on the Symbiotic System of an Aphid Mycetocyte." *Symbiosis* 11 (1991): 19-30.

Oparin, A. I. *The Origin of Life*. New York: Dover, 1952. ［邦訳『生命の起源』（東大ソヴェト医学研究会訳、岩崎学術出版社）］

Pál, C., B. Papp, and M. J. Lercher. "Horizontal Gene Transfer Depends on Gene Content of the Host." In *Joint Meeting of the 4th European Conference on Computational Biology/6th Meeting of the Spanish-Bioinformatics-Network*. Madrid, 2005.

Panganiban, G., and J. L. R. Rubenstein. "Developmental Functions of the Distalless/Dlx Homeobox Genes." *Development* 129 (2002): 4371-86.

Pasteur, L. "Des générations spontanées." *Revue des cours scientifiques* I 21 (1864): 257-65.

Piatigorsky, J. "Gene Sharing in Lens and Cornea: Facts and Implications." *Progress in Retinal and Eye Research* 17 (1998): 145-74.

Piatigorsky, J., and G. J. Wistow. "Enzyme/Crystallins: Gene Sharing as an Evoluionary Strategy." *Cell* 57 (1989): 197-99.

Poole, A. R., et al. "Composition and Structure of Articular Cartilage: A Template for Tissue Repair." *Clinical Orthopaedics and Related Research* 391 (2001): S26-S33.

Postgate, J. R. *The Outer Reaches of Life*. Cambridge: Cambridge University Press, 1994.

Povolotskaya, I. S., and F. A. Kondrashov. "Sequence Space and the Ongoing Expansion of the Protein Universe." *Nature* 465 (2010): 922-26.

Price, N. D., J. L. Reed, and B. O. Palsson. "Genome-Scale Models of Microbial Cells: Evaluating the Consequences of Constraints." *Nature Reviews Microbiology* 2 (2004): 886-97.

Ptashne, M. *A Genetic Switch: Phage λ and Higher Organisms*. Cambridge, MA: Cell Press, 1992.

Putman, M., H. W. van Veen, and W. N. Konings. "Molecular Properties of Bacterial Multidrug Transporters." *Microbiology and Molecular Biology Reviews* 64 (2000): 672-93.

Putnam, H. "The Meaning of 'Meaning.' " In *Mind, Language and Reality: Philosophical Papers*, vol. 2: 215-71. Cambridge: Cambridge University Press, 1975.

Radetsky, P. "Life's Crucible." *Earth* 7 (1998): 34-41.

Raman, K., and A. Wagner. "The Evolvability of Programmable Hardware." *Journal of the Royal Society Interface* 8 (2011): 269-81.

Razin, S., D. Yogev, and Y. Naot. "Molecular Biology and Pathogenicity of Mycoplasmas." *Microbiology and Molecular Biology Reviews* 62 (1998): 1094-1156.

Rechenberg, I. *Evolutionsstrategie*. Stuttgart: Frommann-Holzboog, 1973.

Redfield, R. J. "Genes for Breakfast: The Have-Your-Cake-and-Eat-It-Too of Bacterial Transformation." *Journal of Heredity* 84 (1993): 400-04.

Rehmann, L., and A. J. Daugulis. "Enhancement of PCB Degradation by *Burkholderia xenovorans* LB400 in Biphasic Systems by Manipulating Culture Conditions." *Biotechnology and Bioengineering* 99 (2008): 521-28.

Reidhaar-Olson, J. F., and R. T. Sauer. "Functionally Acceptable Substitutions in Two α-Helical Regions of λ Repressor." *Proteins* 7 (1990): 306-16.

Reidys, C. M. "Random Induced Subgraphs of Generalized *n*-Cubes." *Advances in Applied Mathematics* 19 (1997): 360-77.

Reidys, C. M., P. Stadler, and P. Schuster. "Generic Properties of Combinatory Maps: Neutral Networks of RNA Secondary Structures." *Bulletin of Mathematical Biology* 59 (1997): 339-97.

Reinhold-Hurek, B., and D. A. Shub. "Self-Splicing Introns in tRNA Genes of Widely Divergent Bacteria." *Nature* 357 (1992): 173-76.

Reinitz, J., E. Mjolsness, and D. H. Sharp. "Model for Cooperative Control of Positional Information in *Drosophila* by Bicoid and Maternal Hunchback." *Journal of Experimental Zoology* 271 (1995): 47-56.

Riddle, R. D., et al. "Sonic-Hedgehog Mediates the Polarizing Activity of the ZPA." *Cell* 75 (1993): 1401-16.

Rizzi, M., et al. "Structure of the Sulfide-Reactive Hemoglobin from the Clam *Lucina pectinata*: Crystallographic Analysis at 1.5 Å Resolution." *Journal of Molecular Biology* 244 (1994): 86-99.

Rodrigues, J. F., and A. Wagner. "Evolutionary Plasticity and Innovations in Complex Metabolic Reaction Networks." *PLoS Computational Biology* 5 (2009): e1000613.

———. "Genotype Networks, Innovation, and Robustness in Sulfur Metabolism." *BMC Systems Biology* 5 (2011): 39.

Rosen, W. *The Most Powerful Idea in the World*. New York: Random House, 2010.

Rothschild, L. J. "The Evolution of Photosynthesis . . . Again?" *Philosophical Transactions of the Royal*

Society B: Biological Sciences 363 (2008): 2787-2801.
Russell, P. J. *iGenetics*. San Francisco: Benjamin Cummings, 2002.
Samal, A., et al. "Genotype Networks in Metabolic Reaction Spaces." *BMC Systems Biology* 4 (2010): 30.
Sanchez, R., and J. T. Mahoney. "Modularity, Flexibility, and Knowledge Management in Product and Organization Design." *Strategic Management Journal* 17 (1996): 63-76.
Sanghera, D. K., and P. R. Blackett. "Type 2 Diabetes Genetics: Beyond GWAS." *Journal of Diabetes and Metabolism* 3 (2012): 6948.
Schmitt-Kopplin, P., et al. "High Molecular Diversity of Extraterrestrial Organic Matter in Murchison Meteorite Revealed 40 Years after Its Fall." *Proceedings of the National Academy of Sciences of the United States of America* 107 (2010): 2763-68.
Schopf, J. W., et al. "Laser-Raman Imagery of Earth's Earliest Fossils." *Nature* 416 (2002): 73-76.
Schuck, C., B. Haetzer, and J. Becker. "An Interface for a Decentralized 2D Reconfiguration on Xilinx Virtex-FPGAs for Organic Computing." *International Journal of Reconfigurable Computing* 2009 (2009): Article ID 273791, doi: dx.doi.org/ 10.1155/2009/273791.
Schultes, E., and D. Bartel. "One Sequence, Two Ribozymes: Implications for the Emergence of New Ribozyme Folds." *Science* 289 (2000): 448-52.
Schuster, P. "Prediction of RNA Secondary Structures: From Theory to Models and Real Molecules." *Reports on Progress in Physics* 69 (2006): 1419-77.
Schuster, P., et al. "From Sequences to Shapes and Back: A Case Study in RNA Secondary Structures. *Proceedings of the Royal Society of London Series B: Biological Sciences* 255 (1994): 279-84.
Schwab, I. R. *Evolution's Witness: How Eyes Evolved*. New York: Oxford University Press, 2012.
Schwartz, J. H. *Sudden Origins: Fossils, Genes, and the Emergence of Species*. New York: Wiley, 1999.
Searcóid, M. Ó. *Metric Spaces*. London: Springer, 2007.
Sedaghat, A. R., A. Sherman, and M. J. Quon. "A Mathematical Model of Metabolic Insulin Signaling Pathways." *American Journal of Physiology: Endocrinology and Metabolism* 283 (2002): E1084-E1101.
Segre, D., D. Vitkup, and G. Church. "Analysis of Optimality in Natural and Perturbed Metabolic Networks." *Proceedings of the National Academy of Sciences of the United States of America* 99 (2002): 15112-17.
Senecal, P. K., D. T. Montgomery, and R. D. Reitz. "A Methodology for Engine Design Using Multi-dimensional Modelling and Genetic Algorithms with Validation through Experiments." *International Journal of Engine Research* 1 (2000): 229-48.
Sephton, M. A. "Meteoritics—Life's Sweet Beginnings?" *Nature* 414 (2001): 857-58.
Shimeld, S. M., et al. "Urochordate βγ-Crystallin and the Evolutionary Origin of the Vertebrate Eye Lens." *Current Biology* 15 (2005): 1684-89.
Shrestha, B., et al. "Evolution of a Major Drug Metabolizing Enzyme Defect in the Domestic Cat and Other Felidae: Phylogenetic Timing and the Role of Hypercarnivory." *PLoS ONE 6* (2011): e18046.
Sibley, D. A. *The Sibley Guide to Bird Life and Behavior*. New York: Knopf, 2001.
Sim, L., et al. "Structural Basis for Substrate Selectivity in Human Maltase-Glucoamylase and Sucrase-Isomaltase N-Terminal Domains." *Journal of Biological Chemistry* 285 (2010): 17763-70.
Sleep, N. H. "The Hadean-Archaean Environment." *Cold Spring Harbor Perspectives in Biology* 2 (2010): a002527.
Smil, V. *Enriching the Earth: Fritz Haber, Carl Bosch, and the Transformation of World Food Production*. Cambridge, MA: MIT Press, 2000.

Smillie, C. S., et al. "Ecology Drives a Global Network of Gene Exchange Connecting the Human Microbiome." *Nature* 480 (2011): 241-44.

Smith, E., and H. J. Morowitz. "Universality in Intermediary Metabolism." *Proceedings of the National Academy of Sciences of the United States of America* 101 (2004): 13168-73.

Sordino, P., F. van der Hoeven, and D. Duboule. "Hox Gene-Expression in Teleost Fins and the Origin of Vertebrate Digits." *Nature* 375 (1995): 678-81.

Sproewitz, A., et al. "Learning to Move in Modular Robots Using Central Pattern Generators and Online Optimization." *International Journal of Robotics Research* 27 (2008): 423-43.

Stankiewicz, R. "The Concept of 'Design Space.' " In *Technological Innovation as an Evolutionary Process,* edited by J. Ziman, 234-47. Cambridge: Cambridge University Press, 2000.

Stein, U., W. Walther, and V. Wunderlich. "Point Mutations in the MDR1 Promoter of Human Osteosarcomas Are Associated with In-Vitro Responsiveness to Multidrug-Resistance Relevant Drugs." *European Journal of Cancer* 30 (1994): 1541-45.

Steppuhn, A., et al. "Nicotine's Defensive Function in Nature." *PLoS Biology* 2 (2004): e217.

Stevens, M. "The Role of Eyespots as Anti-predator Mechanisms, Principally Demonstrated in the Lepidoptera." *Biological Reviews* 80 (2005): 573-88.

Stevens, M., C. J. Hardman, and C. L. Stubbins. "Conspicuousness, Not Eye Mimicry, Makes 'Eyespots' Effective Antipredator Signals." *Behavioral Ecology* 19 (2008): 525-31.

Stevens, M., C. L. Stubbins, and C. J. Hardman. "The Anti-predator Function of 'Eyespots' on Camouflaged and Conspicuous Prey." *Behavioral Ecology and Sociobiology* 62 (2008): 1787-93.

Stewart, I. *Flatterland.* New York: Perseus, 2001. [邦訳『2次元より平らな世界：ヴィッキー・ライン嬢の幾何学世界遍歴』（青木薫訳、早川書房）]

———. *In Pursuit of the Unknown: 17 Equations That Changed the World.* New York: Basic Books, 2012. [邦訳『世界を変えた17の方程式』（水谷淳訳、ソフトバンククリエイティブ）]

Stone, J., and G. Wray. "Rapid Evolution of cis-Regulatory Sequences via Local Point Mutations." *Molecular Biology and Evolution* 18 (2001): 1764-70.

Strandh, S. "Christopher Polhem and His Mechanical Alphabet." *Techniques and Culture* 10 (1988).

Stryer, L. *Biochemistry.* New York: Freeman, 1995.

Sumida, S. S., and C. A. Brochu. "Phylogenetic Context for the Origin of Feathers." *American Zoologist* 40 (2000): 486-503.

Swallow, D. M. "Genetics of Lactase Persistence and Lactose Intolerance." *Annual Review of Genetics* 37 (2003): 197-219.

Szegezdi, E., et al. "Mediators of Endoplasmic Reticulum Stress-Induced Apoptosis." *EMBO Reports* 7 (2006): 880-85.

Szostak, J. W. "The Eightfold Path to Non-enzymatic RNA Replication." *Journal of Systems Chemistry* 3 (2012).

Takiguchi, M., et al. "Evolutionary Aspects of Urea Cycle Enzyme Genes." *BioEssays* 10 (1989): 163-66.

Tamas, I., et al. "50 Million Years of Genomic Stasis in Endosymbiotic Bacteria." *Science* 296 (2002): 2376-79.

Tanaka, F., R. Fuller, and C. F. Barbas. "Development of Small Designer Aldolase Enzymes: Catalytic Activity, Folding, and Substrate Specificity." *Biochemistry* 44 (2005): 7583-92.

Tanay, A., A. Regev, and R. Shamir. "Conservation and Evolvability in Regulatory Networks: The Evolution of Ribosomal Regulation in Yeast." *Proceedings of the National Academy of Sciences of the*

United States of America 102 (2005): 7203-08.

Tanenbaum, *A. S. Computer Networks*. Englewood Cliffs, NJ: Prentice Hall, 1988.

Tanner, M. A., and T. R. Cech. "Activity and Thermostability of the Small Self-Splicing Group I Intron in the Pre-tRNA(IIe) of the Purple Bacterium Azoarcus." *RNA-a Publication of the RNA Society* 2 (1996): 74-83.

Tautz, D. "Problems and Paradigms: Redundancies, Development and the Flow of Information." *BioEssays* 14 (1992): 263-66.

Taylor, S. V., et al. "Searching Sequence Space for Protein Catalysts." *Proceedings of the National Academy of Sciences of the United States of America* 98 (2001): 10596-601.

Tegmark, M. "The Mathematical Universe." *Foundations of Physics* 38 (2008): 101-50.

Theissen, G. "The Proper Place of Hopeful Monsters in Evolutionary Biology." *Theory in Biosciences* 124 (2006): 349-69.

Thomas, G. H., et al. "A Fragile Metabolic Network Adapted for Cooperation in the Symbiotic Bacterium *Buchnera aphidicola*." *BMC Systems Biology* 3 (2009): 24.

Tirosh, I., et al. "A Yeast Hybrid Provides Insight into the Evolution of Gene Expression Regulation." *Science* 324 (2009): 659-62.

Tishkoff, S. A., et al. "Convergent Adaptation of Human Lactase Persistence in Africa and Europe." *Nature Genetics* 39 (2007): 31-40.

Tomarev, S., and J. Piatigorsky. "Lens Crystallins of Invertebrates—Diversity and Recruitment from Detoxification Enzymes and Novel Proteins." *European Journal of Biochemistry* 235 (1996): 449-65.

Tomasz, A. "Antibiotic Resistance in *Streptococcus pneumoniae*." *Clinical Infectious Diseases* 24 (1997): S85-S88.

True, J. R., and S. B. Carroll. "Gene Co-option in Physiological and Morphological Evolution." *Annual Review of Cell and Developmental Biology* 18 (2002): 53-80.

Tucker, V. A. "The Deep Fovea, Sideways Vision and Spiral Flight Paths in Raptors." *Journal of Experimental Biology* 203 (2000): 3745-54.

Tzoulaki, I., I. M. S. White, and I. M. Hanson. "PAX6 Mutations: Genotype-Phenotype Correlations." *BMC Genetics* 6 (2005).

van der Meer, J. R. "Evolution of Novel Metabolic Pathways for the Degradation of Chloroaromatic Compounds." In *Beijerinck Centennial Microbial Physiology and Gene Regulation: Emerging Principles and Applications*, 159-78. Delft: Delft University Press, 1995.

van der Meer, J. R., et al. "Evolution of a Pathway for Chlorobenzene Metabolism Leads to Natural Attenuation in Contaminated Groundwater." *Applied and Environmental Microbiology* 64 (1998): 4185-93.

van Ham, R., et al. "Reductive Genome Evolution in *Buchnera aphidicola*." *Proceedings of the National Academy of Sciences of the United States of America* 100 (2003): 581-86.

Venter, J. C. "A Part of the Human Genome Sequence." *Science* 299 (2003): 1183-84.

Vermeij, G. J. "Historical Contingency and the Purported Uniqueness of Evolutionary Innovations." *Proceedings of the National Academy of Sciences of the United States of America* 103 (2006): 1804-09.

von Dassow, G., et al. "The Segment Polarity Network Is a Robust Developmental Module." *Nature* 406 (2000): 188-92.

Wächtershäuser, G. "Evolution of the First Metabolic Cycles." *Proceedings of the National Academy of Sciences of the United States of America* 87 (1990): 200-04.

———. "Groundworks for an Evolutionary Biochemistry: The Iron-Sulphur World." *Progress in Biophysics and Molecular Biology* 58 (1992): 85-201.

Waddington, C. H. "Canalization of Development and the Inheritance of Acquired Characters. *Nature* 150 (1942): 563-65.

———. Genetic Assimilation of an Acquired Character." *Evolution* 7 (1953): 118-26.

———. *The Strategy of the Genes*. New York: Macmillan, 1959.

Wagner, A. "Redundant Gene Functions and Natural Selection." *Journal of Evolutionary Biology* 12 (1999): 1-16.

———. "Distributed Robustness versus Redundancy as Causes of Mutational Robustness." *BioEssays* 27 (2005a): 176-88.

———. *Robustness and Evolvability in Living Systems*. Princeton, NJ: Princeton University Press, 2005b.

———. "Robustness and Evolvability: A Paradox Resolved." *Proceedings of the Royal Society B: Biological Sciences* 275 (2008): 91-100.

———. "Evolutionary Constraints Permeate Large Metabolic Networks." *BMC Evolutionary Biology* 9 (2009a): 231.

———. *Paradoxical Life*. New Haven, CT: Yale University Press, 2009b. [邦訳『パラドクスだらけの生命：DNA分子から人間社会まで』（松浦俊輔訳、青土社）]

———. *The Origins of Evolutionary Innovations: A Theory of Transformative Change in Living Systems*. Oxford: Oxford University Press, 2011.

Watson, J. D., and F. H. Crick. "A Structure for Deoxyribose Nucleic Acid." *Nature* 171 (1953): 737-38.

Whitehead, A. N. *Process and Reality*. Corrected ed. New York: Free Press, 1978. [邦訳『過程と実在』（山本誠作訳、ホワイトヘッド著作集第10－11巻、松籟社）]

Wierenga, R. K. "The TIM-Barrel Fold: A Versatile Framework for Efficient Enzymes." *FEBS Letters* 492 (2001): 193-98.

Wigner, E. P. "The Unreasonable Effectiveness of Mathematics in the Natural Sciences." *Communications on Pure and Applied Mathematics* 13 (1960): 1-14.

Williams, L. B., et al. "Birth of Biomolecules from the Warm Wet Sheets of Clays near Spreading Centers." In *Earliest Life on Earth: Habitats, Environments, and Methods of Detection*, edited by S. D. Golding and M. Glikson, 79-112. Dordrecht: Springer, 2011.

Winzeler, E. A., et al. "Functional Characterization of the *S. cerevisiae* Genome by Gene Deletion and Parallel Analysis." *Science* 285 (1999): 901-06.

Wittgenstein, L. *Remarks on the Foundations of Mathematics*. Revised ed. Cambridge, MA: MIT Press, 1983.

Wittkopp, P. J., B. K. Haerum, and A. G. Clark. "Evolutionary Changes in Cis and Trans Gene Regulation." *Nature* 430 (2004): 85-88.

———. "Regulatory Changes Underlying Expression Differences within and between *Drosophila* Species." *Nature Genetics* 40 (2008): 346-50.

Wolfenden, R., and Y. Yuan. "Rates of Spontaneous Cleavage of Glucose, Fructose, Sucrose, and Trehalose in Water, and the Catalytic Proficiencies of Invertase and Trehalas." *Journal of the American Chemical Society* 130 (2008): 7548-49.

Wright, P. A., A. Felskie, and P. M. Anderson. "Induction of Ornithine-Urea Cycle Enzymes and Nitrogen Metabolism and Excretion in Rainbow Trout (*Oncorhynchus mykiss*) during Early Life

Stages." *Journal of Experimental Biology* 198 (1995): 127-35.

Yčas, M. "A Note on the Origin of Life." *Proceedings of the National Academy of Sciences of the United States of America* 41 (1955): 714-16.

Yu, T., and J. F. Miller. "Through the Interaction of Neutral and Adaptive Mutations, Evolutionary Search Finds a Way." *Artificial Life* 12 (2006): 525-51.

Yus, E., et al. "Impact of Genome Reduction on Bacterial Metabolism and Its Regulation." *Science* 326 (2009): 1263-68.

Zaher, H. S., and P. J. Unrau. "Selection of an Improved RNA Polymerase Ribozyme with Superior Extension and Fidelity." *RNA* 13 (2007): 1017-26.

Zakany, J., and D. Duboule. "The Role of Hox Genes during Vertebrate Limb Development." *Current Opinion in Genetics and Development* 17 (2007): 359-66.

Zhang, X. V., and S. T. Martin. "Driving Parts of Krebs Cycle in Reverse through Mineral Photochemistry." *Journal of the American Chemical Society* 128 (2006): 16032-33.

Zhao, C., et al. "Charcot-Marie-Tooth Disease Type 2A Caused by Mutation in a Microtubule Motor KIF1B β." *Cell* 105 (2001): 587-97.

Zimmer, C. *Evolution: The Triumph of an Idea.* New York: HarperCollins, 2001.［邦訳『「進化」大全――ダーウィン思想：史上最大の科学革命』（渡辺政隆訳、光文社）］

訳者解説　「生命が最適者を発見するのに奇跡は必要ない」

垂水雄二

本書の原題は、Arrival of the fittest: Solving evolution's greatest puzzleで、直訳すれば、『最適者の到来――進化の最大の謎を解く』といったところである。これは、本文でも述べられている通り、ド・フリースの「自然淘汰は最適者の到来を説明することはできない」という言葉を念頭に置いたものである。

このタイトルを最初に見たとき、ひょっとしたら、怪しげなトンデモ本の類ではないかという疑念が頭をチラとよぎったが、実際に手にとって読み始めると、その内容の深さと面白さに圧倒された。著者ワグナーはけっして反進化論者ではないが、私を含めて、多くの正統派進化論者が見落としていた進化論の弱点ないし問題点ともいうべきところを明らかにしているだけでなく、その答えを豊富なデータと鮮やかな論証によって提示しているのだ。これは、衝撃的と言ってもいい本である。

知っている人にはいまさらの感もあるだろうが、初心者のためにダーウィンの進化論について簡単に説明しておこう。ダーウィンの時代、学者を含めてほとんどの人は種は神によって個別に創造されたもので、変わることはないと信じていた。それに対して、ダーウィンは自らの観察・実験、および当時の博物学的な情報のすべてを総合して、種は変わる、つまり進化するのだという結論に達した。そして『種の起原』において、渾身の力をふりしぼって、進化のメカニズムについての一つの仮説を提示する。それがいわゆるダーウィンの進化論である。

ダーウィンが進化のメカニズムのモデルとしたのは、育種家の選抜育種、つまり悪いものを間引き、いいものを選んで育てることによって、すぐれた家畜や栽培品種をつくりだす過程である。それによってチワワからグレートデーンまでの多種多様なイヌの品種がつくられ、キャベツの原種から、カリフラワー、ブロッコリー、ケール、メキャベツなど多様な作物ができたのである。自然の生物にも同じ原理が適用でき、環境に適したものが生き残り、適さないものが滅ぶことによって、種は進化していくのだという。これを自然淘汰（自然選択）と呼んだのである。

自然淘汰が起こる原因は次の三つに要約できる。（1）生物はそこで生きていけるよりも多くの子を産む。（2）子の集団にはかならず、より環境に適したものとそうでないものという変異があり、種内の生存競争を通じて、より適した子が生き残る。（3）個体の変異は親から子に受け継がれるので、やがて適したものが多数を占めるようになる。ダーウィンはこれを自然淘汰と呼んだのだが、このメカニズムは当時の人にあまり理解されず、より受け入れやすいようにハーバート・スペンサーがこれを「最適者生存」という言葉に置き換え、ダーウィンものちにこの言葉を受け入れたのである。

ダーウィン説をもとに遺伝学の知識を総合した現代の正統派進化論においては、一つの種（集団）の個体のうちで、より適応的な変異をもつ個体がより多くの子孫を残すことによって、時間とともに集団の遺伝子プールの組成が変わり、種は適応的な進化をとげると考える。これ自体はあまり異論のない考え方で、私も、これまで、これで進化は十分に説明できると考えてきた。しかし、よくよく考えてみると、「適応」というのは、環境の変化がつきつける難題に、生物がうまく対処することである。適応は個体がそれまでより速く走れるとか、空を飛べるとか、それまで消化できなかったものを消化できるようになるとか、毒物を無害なものに変えるとかいった、生物個体が現実に見せている特質、すなわち表現型のレベルの現象である。自然淘汰による進化が起こるためには、個体のそうした能力が遺伝しなければならない。つまり、遺伝子の構成＝遺伝子型として子孫に伝えられなければならない。ところが、遺伝子型と表現型の関係は、ショウジョウバエ遺伝学の黄金時代に想定されていたような単純な一対一の対応関係ではないことが、ヒトゲノム計画以降の分子遺伝学の発展によって明らかになってきた。とすれば、従来の適応的変異個体を発端とする進化という図式では、説明不足で、もっと具体的な肉づけが必要になる。

もっとも大きな問題は、生物が適応的な進化を必要とする場面で、ちょうどいい変異がどうして出現できるのかという点である。言い換えれば、「自然淘汰は最適者を保存することができるが、その最適者はどこからやってくるのか」という疑問である。本書は、この疑問に答えようとしている。

答えを簡単にいえば、自然のなかには「遺伝子ネットワーク」という形で、新機軸、すなわちイノベーションをつくりだす無限の可能性が埋もれているというものである。

生命がもつさまざまな「頑強さ」とは

いったい、どうしてそういうことが言えるのか。その根底にあるのは、生命の「頑強さ」である。「頑強さ」というのは、生命は、少々の突然変異ではビクともしないということである。その「頑強さ」の理由は、じつは生命の構成要素そのもののなかにある。世の中には、DNAが人間のすべてを決めているというような思い込みをしている人がいるかもしれないが、そんなことはない。DNAが直接指定できるのは、タンパク質のアミノ酸配列だけである。

ご承知のように、DNAは四つの塩基の暗号（A、T、C、G）の三文字の組み合わせでアミノ酸を指定しているが、その組み合わせの数は六四通り（４×４×４）あるのに対して、生命が必要とするアミノ酸の数は二〇しかない。そのため一つのアミノ酸を指定するＤＮＡの暗号は複数あることになる。ふつう三文字めの暗号はどれでもいい場合が多く、したがって、三文字めに突然変異が起きても、アミノ酸に変化は生じない。つまり表現型は影響を受けないという「頑強さ」が備わっている。もちろん、一文字めや二文字めに突然変異が起きれば、一文字だけの突然変異でアミノ酸が変わってしまい、ひいてはそのアミノ酸を含むタンパク質が機能を失い、たとえばフェニルケトン尿症のような先天性の病気を引き起こす。

タンパク質は生命にとってもっとも重要な構成要素の一つで、筋肉や毛や眼の水晶体などの部品として重要なだけでなく、酵素として、生命活動の鍵を握ってもいる。酵素は自分自身が変化することなく、生体内の化学反応を触媒する分子である。酵素反応の第一段階は、酵素が基質（作用を受けるもとの分子）に結合することだが、ここで重要なのは、酵素と基質の形が、錠と鍵のようにぴったり嵌《はま》ることである。タンパク質である酵素の形はそれを構成するアミノ酸によって決まるが、その空間的な構造はきわめて複雑な要因によって決まるため、アミノ酸組成から予測するのが難しい。肝心な点は、アミノ酸の一つや二つが違っていても、最終的にできあがるタンパク質の空間的な形が変わらないことがあり、形さえ同じであれば、酵素として立派に役目を果たせるということである。ここにもまた、「頑強さ」が潜んでいる。

酵素がなぜ大切かといえば、それが生命の代謝の進行役だからである。代謝とは、生物が食物を分解してエネルギーをとりだす過程、あるいは、そのエネルギーを使って毒物を分解したり、体に必要なものをつくりだしたりする過程である。一つの代謝にはいくつもの化学反応がかかわっているが、ここにもまた別の「頑強さ」が見られる。一つの物質を分解する代謝経路は一つではなく、また途中の一つの反応が停止しても、別のルートを迂回して目的を達することができるからである。

さらに、生命を維持する上で重要な活動として、遺伝子作用の「調節」があるが、この遺伝子のスイッチのオン・オフを調節する回路にも「頑強さ」がある。私たちの体のすべての細胞は同じ遺伝子情報をもっているのだが、それぞれの器官の細胞は特定の遺伝子にしかスイッチが入っていない。たとえば筋肉の細胞はもっぱら筋タンパク質を、赤血球はヘモグロビンをつくっているだけなのだ。

遺伝子発現の「調節」がとりわけ重要なのは、個体発生、つまり一つの卵細胞から、細胞分裂を重ねてしだいに複雑な胚の形を経て、最終的に成体をつくりあげる過程においてである。そのためには、適切な場所にある細胞の特定の遺伝子のスイッチが適切なタイミングで入らなければならない。この難解きわまりない作業をやりとげているのが、調節因子の複雑なネットワークである。調節因子もタンパク質であり、遺伝子の支配を受けているが、調節因子どうしを調節しあう回路が存在し、それが全体として遺伝子のスイッチのオン・オフのタイミングを調節して、個体発生がうまくすすむことを保証している。胚の一部の細胞がなくなっても、別の場所に移されても、最終的に完全な成体ができるのは、その調節作用のおかげだ。一つの調節回路がだめになっても別の調節回路を通じて、ある程度はやりくりができるのである。

このような「頑強さ」は、生きていくための方策がつねに複数存在することを意味する。生物が危機に際して、新しいやり方、すなわちイノベーションが必要なときに、そうした頑強な変異が潜在的な最適者の候補になりうる。

最適者の膨大な候補

それでは、そうしたイノベーションの潜在的候補はどれくらいあるのか。いくら複数あるといっても、数個しかなければ、最適者に偶然に出会える確率はありえないほど小さくなってしまう。そこで著者は、代謝、タンパク質、遺伝子の発現調節回路という三つの領域で、コンピューターと数学理論を駆使して候補者の数を数えようと試みる。

そもそも、その三つの領域で可能な組み合わせの数は天文学的な膨大さである（五〇〇〇種類の化学反応からなる代謝の数は10^{1500}、たった一〇〇個のアミノ酸からなるタンパク質の数だけで10^{130}、四〇の遺伝子からなる回路によって相互に調節できるパターンは10^{700}を超える）。その膨大な組み合わせを把握する方法として、著者は、作家ホルヘ・ルイス・ボルヘスの『バベルの図書館』という短編小説で使われているイメージを借用する。この図書館はこの世のすべての本が収められている万有図書館である。

万有図書館のイメージを借りて、著者は、そうした組み合わせの体系化を図り、そのなかで、イノベーションの候補者を捜す。詳細は本文をお読みいただくしかないが、結論として、膨大な数の候補者がいることが明らかになる。しかも、それらの候補者はすべて、一歩ずつの遺伝子変化でつながった遺伝子ネットワークを形成していることがわかった。つまり、最適者は、生命の構成要素そのものの性質の中にたくさん用意されていたのである。個体ではなく、個体群（集団）で、このネットワークを探索していけば、生物が最適者を見つけることは、想像以上に簡単なのである。

著者はこの自然に内包されたイノベーション能を生命の起源以前にまで拡張して、ある種の宇宙の本質的原理のように考えているようだが、いまのところ、その妥当性をどう判断すべきか私にはわからない。

けれども、自然のイノベーションと技術革新の類似性を論じた第七章は、生物学にかかわりのない多くの読者にも、とりわけ技術的なイノベーションの原理に関心のある読者には、きわめて興味深いものだろう。著者が共通点としてまず指摘するのは、イノベーションは試行錯誤なしでは成り立たないこと、および集団による試みの必要性である。多くの発明は天才のひらめきによるという俗説に反して、実際には多くの協力者の営為によってもたらされることが、具体例によって示されている。そして、進化におけるのと同様に、技術的問題にもつねに複数の解決策があること、さらに、自然と技術のイノベーションには、つねに古い要素を組み合わせることによって新しい命を生みだすという共通性があることも指摘されている。

最後にイノベーションは単純なシステムからよりも、複雑なシステムから生まれやすいが、その根底にある原理は、限られた数の構成要素の限られた数のつなぎ方という単純さのなかにあると結論する。その意味で、すべての生物が同じＤＮＡの遺伝暗号をもち、エネルギー通貨としてＡＴＰをもつという事実は、生命のイノベーション能が規格化された構成要素に負うところが大きいことを示唆している。このことは、モジュール化などの概念と関連して、今後の技術発展を考えるうえで、大きなヒントになりうるかもしれない。

最後に、本書の翻訳の機会を与えていただき、私自身の急病で作業に滞りがあったにもかかわらず、辛抱強く最後までつきあっていただいた文藝春秋編集部の髙橋夏樹氏に感謝を申し上げる。

著者

アンドレアス・ワグナー　Andreas Wagner

エール大学で博士号を取得し、現在スイス、チューリッヒ大学の進化生物学・環境研究所教授。ゲノムから分子ネットワークまでの、生命のシステムと、そこに起こるイノベーションを研究する。『パラドクスだらけの生命』（青土社）は2010年のインディペンデント・パブリッシャー・ブック・アウォードで科学書の金賞に輝いた。

数学、コンピューターを駆使して生命の謎に迫る、気鋭の生物学者である。

訳者

垂水雄二　Yuji Tarumi

翻訳家・科学ジャーナリスト。京都大学大学院理学研究科博士課程修了。

生物学、進化論翻訳の第一人者として知られる。訳書に『ドーキンス自伝〈I〉　好奇心の赴くままに』、『進化の存在証明』、『神は妄想である』（以上リチャード・ドーキンス、早川書房）、『恐竜はなぜ鳥に進化したのか』（ピーター・D・ウォード、文春文庫）、著書に『科学はなぜ誤解されるのか』（平凡社新書）、『進化論の何が問題か——ドーキンスとグールドの論争』（八坂書房）ほか多数。

進化《しんか》の謎《なぞ》を数学《すうがく》で解《と》く

2015年 3月30日　　第1刷発行

著　者　アンドレアス・ワグナー
訳　者　垂水雄二《たるみゆうじ》
発行者　飯窪成幸
発行所　株式会社　文藝春秋
東京都千代田区紀尾井町3-23（〒102-8008）
電話　03-3265-1211（代）
印　刷　大日本印刷
製本所　大口製本

・定価はカバーに表示してあります。
・万一、落丁・乱丁の場合は送料小社負担でお取り替えいたします。
小社製作部宛にお送りください。
・本書の無断複写は著作権法上での例外を除き禁じられています。
また、私的使用以外のいかなる電子的複製行為も一切認められておりません。

ISBN 978-4-16-390237-1　　Printed in Japan

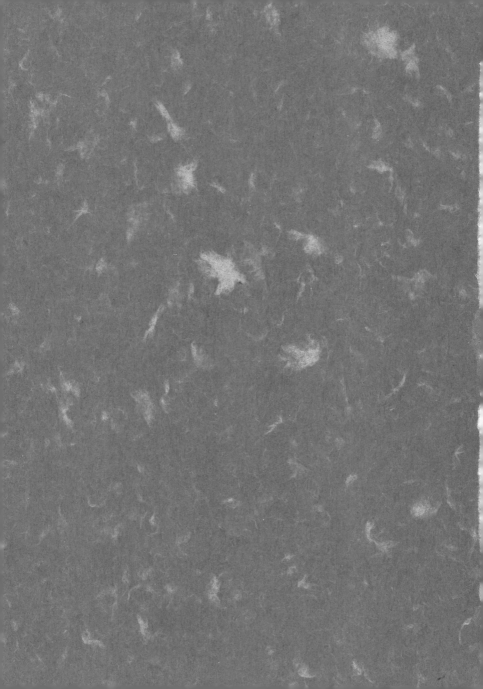

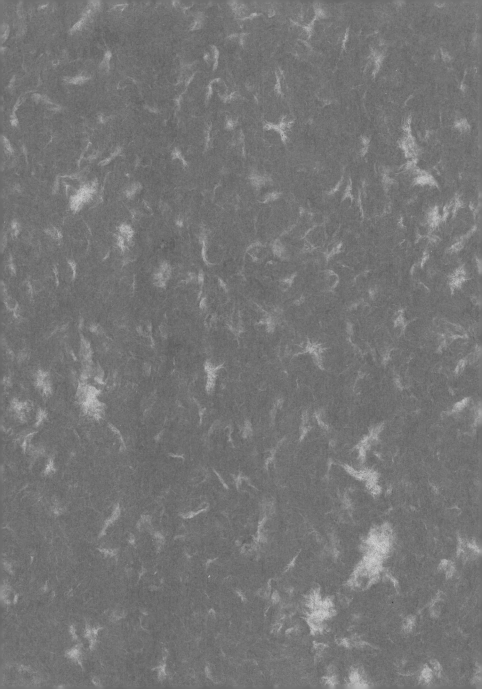